技术赋能与国家实力转化研究

张庭珲 · 著

时 事 出 版 社
北京

本书系国家社科基金重大项目“百年变局下的全球治理与‘一带一路’关系研究”（20&ZD148）子课题“‘一带一路’为全球治理提供的实践经验研究”阶段成果。

本书由厦门理工学院资助出版

前　言

党的二十大报告指出，教育、科技、人才是全面建设社会主义现代化国家的基础性、战略性支撑。必须坚持科技是第一生产力、人才是第一资源、创新是第一动力，深入实施科教兴国战略、人才强国战略、创新驱动发展战略，开辟发展新领域新赛道，不断塑造发展新动能新优势。科学技术是人类历史发展中最具变革性的力量，先进技术在国家综合实力中占据重要地位，但是技术在国家实力中起到什么作用，技术通过什么途径影响国家实力，制约国家通过技术路径获得实力优势的因素有哪些，国家构筑技术优势的模式有哪些等问题仍待解析。因此，本书从技术赋能视角尝试进行分析和解决上述问题，力图深化技术与国家实力优势转化的关系研究。

技术赋能是先进技术的研发创新和转化应用以赋能国家实力增长的过程。技术赋能不是简单地、被动地由技术赋予国家实力，而是主动地、自主地创造各种条件以最大限度发挥技术赋能效用的过程。技术赋能是由技术创新、技术融合、技术耦合三个方面综合构成的统一体：技术创新即一国对关键性、前沿性技术的研发创新，强大的技术创新力是国家掌握先进技术并以此赋能国家综合实力提升的前提和基础；技术融合包括技术转移融合和技术转化应用两方面，技术融合转化的过程是技术作用于综合国力诸要素诸领域的过程，也是发挥先进技术赋能作用的实践过程；技术耦合即一国的制度设计、机制运行、政策制定、文化环境等与技术发展方向、特点、要求之间的契合性。基于技术创新、技术融合、技术耦合综合构成的国家技术赋能水平关系到一国能否引领技术发展潮头，能否将先进技术成果全面高效地转化应用，能否长期维持适宜的赋能环境，进而影响国家经济生产力、军事战斗力、制度规制力、文化软实力的变迁，最终改写国家实力优势对比，重塑国际力量格局。

国家技术赋能力的形成是诸多要素相互影响、相互解放、相互贯通、相互成就的结果，影响一国技术赋能的因素包括经济和市场因素、战略和政策因素、政治与经济制度因素、人才与教育科研因素等。其中现实需求和有效市场是激励技术革新最持久、最根本的推动力；一国的国家战略规划、政府政策左右着先进技术发展道路，关乎着一国的战略方向定位，关系着先进技术领域所能得到的支持力度和投入力度；国家的政治经济制度与特定技术的契合性制约着技术研发创新和转移运用的效率；高层次人才队伍和完善的教育科研体系则直接关系到国家技术创新与应用水平。在这些要素中，政府能力和经济市场起着关键性作用，影响着其他要素的生成和效力的发挥。

基于技术发展演进特点和历史国家案例分析，可以将国家技术赋能体系的生成和运行归纳为政府主导型、市场主导型、政府市场协作型三种模式。政府主导型技术赋能模式以政府统筹和主导为驱动力，一般由政府直接主导技术研发创新，政府推进技术融合转化，政府主动进行制度机制改革提升技术耦合度，该模式必须以拥有强大的组织行动力、资源调配力、自我革新力的政府存在为前提。政府主导型模式有着高速、短期内完成特定关键技术创新转化以实现国家实力提升的优点，以及灵活性低、覆盖面小、风险性大的缺点。市场主导型技术赋能模式以经济市场为主要驱动力，一般由庞大的市场需求激励技术革新、由激烈的市场竞争鞭策技术创新转化，由金融市场提供资本支持，由经济市场倒逼制度机制改革。市场主导型模式的生成和正常运行需要强大繁荣且有序的经济市场存在为前提，该模式具有覆盖范围广、跟进及时、容错率高的优点，也有着经济利益驱动与国家实际需求不完全契合等缺点。政府市场协作型技术赋能模式基于政府和市场的协作而来，一般由政府负责基础科学研究和重大项目攻关，政府以财税、政策、补贴等手段支持鼓励特定技术的融合转化，而市场负责更广范围的产业技术创新，通过市场竞争、经济激励、金融资本加速技术转化的速率，同时经由市场和政府的共同努力不断改进和完善各项机制。这种模式兼具政府主导型和市场主导型的优点，但也对政府能力和经济市场提出更高的要求。诸类模式的路径不同、特点不同，随着时代发展、技术演进和综合国力构成的变化而发展。

当前以数字化、智能化为代表的新一轮技术革命已经拉开帷幕，新兴技术将为国家综合实力提供更为强大的赋能力，分析总结以往不同时期技术赋能国家实力的一般规律和经验模式，对于研究新技术革命对国家实力的赋能转化有着重要启示作用。

绪 论

第一节 研究背景与意义

一、研究背景

当前新一轮技术革命和产业革命正以前所未有的速度和规模席卷全球，给经济、社会、文化等各个领域带来了深刻的影响，成为重塑全球经济结构、改变全球竞争格局的关键力量。以人工智能、量子计算、生物技术、大数据、新能源为代表的新一代信息技术取得重大突破，其发展速度之快、辐射范围之广、影响程度之深前所未有。新的技术突破不仅催生了新产业、新业态、新模式，而且快速渗透到各个行业，正加速推动产业结构的调整和升级，展现出巨大的应用潜力和市场空间，为经济社会发展注入了强大动力。与此同时，部分国家采取了一系列手段对中国的高新技术和高端制造业进行打压遏制，在战略上明确将中国定位为技术霸权的挑战者，全面加强对中国高新技术进步的警惕和防范；在技术产品流动上设置多重壁垒遏制中国高技术产业的发展；在市场准入上以行政手段设置障碍，阻挡中国高新技术企业的国际化进程，打压中国高新技术产品的海外市场；在科研学术上滥用安全审查程序，限制正常学术交流；在同盟领域联合盟国共同限制中国的先进技术设备的引进和应用，技术竞争成为大国关注的焦点。

从历史经验看，重大技术革命和产业变革都是推动国际格局大调整的重要原因，如何引领技术革命潮头，抢占未来发展的制高点，如何最大规模、最高效率推动技术转化成为国家实力提升的关键，也是当下新质生产力赋能国家高质量发展需要思考的问题。历史上为何有些国家能够不断引领技术创新，把握和利用技术革新的机遇而走向富强，而有些国家却未能有效利用先进技术？不同技术时期的国家是通过哪些技术的创新和应用而获得了实力优势，构筑技术赋能优势是否具有一般路径？由此引发一些思考，即技术在大国实力中起到什么作用，技术与国家实力优势转化的生成逻辑是什么，影响国家通过先进技术获得实力优势的因素有哪些，国家构筑技术赋能优势的模式有哪些，这些问题成为引发本书研究的出发点。

二、研究意义

国家实力变迁和大国兴衰一直是国际关系研究的重点。现有的大国竞争研究从地理地缘因素视角、经济变迁视角、制度机制视角、文化宗教视角、政治领导力视角分析了具体要素对大国竞争和国家实力的影响，提出了相应的观点和理论，但目前从技术视角对国家实力影响的研究未能像其他视角一样全面深入。当前聚焦技术要素的研究或是关于技术对国际关系整体层面的影响，或是关于技术发展对具体领域的影响，如研究核技术对战争与和平的影响，互联网、大数据对国家主权的影响等。科学和技术在推动国家实力增长中哪个更为重要，技术到底怎样影响大国竞争，技术通过什么途径改变国家综合实力，影响国家通过技术获得实力提升的因素等研究仍可进一步挖掘。

本书在理论上首先分析了技术在国家实力变迁中的地位作用；其次提出了国际政治中的技术赋能概念，从技术创新、技术融合、技术耦合三个层面解释和回答了大国实力优势生成的逻辑；再次从制度机制、政府能力、经济市场、人才科教等角度分析制约国家技术赋能的原因；最后基于对历史大国案例的研究归纳总结出大国技术赋能力生成的三种模式，即政府主导型模式、市场主导型模式以及政府市场协作型模式。本书在前人研究的基础上深化了技术与大国实力转化的研究，构建了技术赋能与国家实力优势生成的逻辑，总结了技术赋能体系运行的一般模式。

需要说明的是，本书并不认同技术决定论，也不认为技术可以解释和解决一切问题，而是从技术视角出发研究技术赋能与国家实力转化之间的逻辑关系，总结其规律特点。影响国家实力变迁的要素有很多，但多因中存在着主要原因，理论研究也有着简约客观的需要，本书仅认为特定技术时期内一国的技术赋能水平在国家实力变迁和大国竞争命运中起到关键性作用，进而对此开展研究。

实现中华民族伟大复兴是近代以来中国人民最伟大的梦想，经过党领导人民100多年的艰苦奋斗，当前我国推进民族复兴具备了更为坚实的物质基础、更为完善的制度保证、更为主动的精神力量，我们比历史上任何时期都更接近实现中华民族伟大复兴。与此同时，世界百年未有之大变局加速演进，新一轮的技术革命与产业变革正在加速发展，国际环境日趋复杂，局部冲突和动荡频发，来自外部的打压遏制随时可能升级，实现中华民族伟大复兴机遇与挑战并存。本书的现实意义在于建立一种技术视角的国家实力转化分析框架，通过考察不同历史时期具有代表性的国家的技术赋能水平、技术赋能优势的生成和技术赋能国家实力转化的史实，总结历史国家构筑技术赋能优势的经验教训和一般规律，为中国抓住新一轮技术革命与产业变革的历史机遇、构建强大技术赋能力加速国家实力提升提供经验借鉴。

第二节 国内外相关研究综述

一、国家实力变迁的影响因素研究

学术界对于国家实力变迁的原因探究已久，不同学科、不同学派都从各自角度提出了相应的见解，归纳起来主要有：从地理因素和地缘角度考量的地理地缘论；从政治制度和经济制度角度研究的制度机制论；从文化、宗教、社会伦理等角度出发研究的文化文明论；从国家生产力发展和经济变迁角度出发衡量的经济变迁论；从政治领导能力和国家道义角度研究的政治领导论等。这些研究都将各自假定要素与国家崛起和国家兴衰之间建立了强相关关系，并得出了不同的学术结论。

（一）地理地缘因素与国家兴衰

地理地缘论是最早分析和考察国家兴衰影响因素的学说，该学说可以分为早期的地理环境论和近现代的地缘空间论。地理环境论学者认为，地理位置、地质条件、气候差异对该区域人们的身体素质、民族性格、风俗习惯、法律法规、国家体制等产生了重大的影响，进而造就不同的民族和国家。地缘论学者认为，国家所处的地缘位置、所控制的战略空间决定着国家的权力获取和对世界的影响，因此能否对关键地缘空间进行控制决定着大国的兴衰。

1. 早期地理环境论

地理环境对国家的影响研究可以追溯到古希腊时期，学者大多认为希波克拉底在其《论风、水和地方》一书中最早探讨了气候环境对人体健康及民族差异的影响。他认为，由于地理和气候的不同，亚洲地区[①]总体上处于冷热之间的中间位置，形成了温良和蔼的风俗，但不利于培养人们勇敢和坚韧顽强的精神，欧洲地区气候多变造就了人们性格粗犷、勇敢、好斗的民族性格，同时亚欧地区内部气候和地理地形的差异也导致了民族精神的不同。[②] 柏拉图在《法律篇》中论及海洋对国民性格和社会的影响，他希望理想之国不要靠近海洋，因为临近海洋零售和批发就会盛行，人们的灵魂“容易培养起卑劣和欺诈的习惯，使得市民们变得彼此不可信任和怀有敌意”。[③] 亚里士多德被认作正式创立自然地理学的鼻祖，其《天象论》被认为是最早的气象学专著，该书致力于创造能够按照严格的机械学来解释各种自然现象的系统理论。[④]《天象论》着重研究了各种气象现象，指出由于不同的水旱气候导致埃及、希腊、利比亚等国战争、疾疫、饥荒的发生与变迁。[⑤] 在《政治学》中，亚里士多德进一步研究气候对人的精神和社会性质的影响，他认为希腊所处的温带气候特征造就了希腊的民族特性和城邦政治，“寒冷地区人民精神充足，但拙于技巧，炎热地区人民多擅长技巧，但热忱不足。唯有希腊地理处于两大陆之间，既热忱理智精神健旺又能保持自由使政治得以发展”[⑥]。

---

① 希波克拉底笔下的亚洲与现代亚洲地理范围不同，受制于当时对世界范围认知的限制，其采用的是赫卡泰到埃弗勒的爱奥尼亚人的传统划分方法，非洲包括在亚洲范围内。

② ［法］保罗·佩迪什著，蔡宗夏译：《古希腊人的地理学——古希腊地理学史》，商务印书馆 1983 年版，第 54 页。

③ ［古希腊］柏拉图著，张智仁、何勤华译：《法律篇》，上海人民出版社 2001 年版，第 108 页。

④ ［法］保罗·佩迪什著，蔡宗夏译：《古希腊人的地理学——古希腊地理学史》，商务印书馆 1983 年版，第 58 页。

⑤ ［古希腊］亚里士多德著，吴寿彭译：《天象论宇宙论》，商务出版社 1999 年版，第 16—17 页。

⑥ ［古希腊］亚里士多德著，吴寿彭译：《政治学》，商务出版社 1983 年版，第 360—361 页。

中世纪后，思想家们对地理环境的影响研究更加突出地理环境对民族性格、政治体制和经济发展的塑造，这些学者以法国的思想家让·博丹、孟德斯鸠和德国的黑格尔为代表。让·博丹探究不同行星对人的影响，他认为，地球北方地区的人们受火星的影响而善于战争，地球中部的人们受木星的影响更易于接受法治下的文明生活，南方的人民则受土星的影响更易于进行宗教禅修生活。孟德斯鸠被称作“地理决定论天才的最光辉的代表”[①]，在其著作《论法的精神》中用大量的篇幅讨论地理环境与法律、制度类型的关系，他相信地理环境、维度、气候和土壤等都会对民族性格、道德风尚、政治制度、法律性质产生决定性影响，他指出，不同的气候条件是形成不同的政治奴隶制的原因，各民族性格的勇怯也与气候寒热相关。[②] 孟德斯鸠认为，地理因素影响着统一帝国的形成，亚洲南北纬度气候差异造成了善战和怯懦的不同民族性格，加之大量平原地形利于强国对弱国兼并，最终致使亚洲容易出现大帝国。而欧洲的气候变化不那么明显，毗邻国家的气候类型几乎相似，导致各国都拥有勇敢的民族特性，造成欧洲很难通过兼并形成大帝国。[③] 德国哲学家黑格尔在《历史哲学》中提出了历史的地理基础概念以凸显地理的作用，“助成民族精神产生的那种自然的联系便是地理的基础”[④]。黑格尔相信在不同的地理环境中的国家，其居民的性格和社会关系、国家特性等都随着地理的不同而各具特色。黑格尔将地理环境分为三类：在干燥的高地荒漠，农业生产受限，以游牧为主，形成了家长制的生活模式和缺失法律的特点；在被大江大河流过的平原地区，土地肥沃、农业发达，为大国的建立和法律的产生创造了可能；在海岸地区，大海的浩瀚无垠激发起人们无穷的勇气，使其偏爱于征服、掠夺及从事商业等追求利润的事业。[⑤] 黑格尔认为，平凡的土地和平原流域把人们束缚在土壤上，卷入无穷的土地依赖之中，而临近海洋的

---

① ［苏］B. A. 阿努钦著，李德美译：《地理学的理论问题》，商务印书馆 1994 年版，第 34 页。

② ［法］孟德斯鸠著，张雁深译：《论法的精神》（上），商务印书馆 1961 年版，第 273 页。

③ ［法］孟德斯鸠著，张雁深译：《论法的精神》（上），商务印书馆 1961 年版，第 274—278 页。

④ ［德］黑格尔著，王造时译：《历史哲学》，生活·读书·新知三联书店 1956 年版，第 123 页。

⑤ ［德］黑格尔著，王造时译：《历史哲学》，生活·读书·新知三联书店 1956 年版，第 132—136 页。

国家时刻面临着生命财产风险，迫使人们超越土地对思维和活动的限制，这也是平原流域的中国和亚细亚国家被束缚在土地上，而欧洲国家率先开展海外扩张的原因。

2. 近现代地缘论

如果说早期的地理气候论探讨的是地理地形、气候环境对国民健康、民族性格、法律制度、国家实力的影响，近代的地缘论则主要描述地缘空间与国家战略、国家权力的关系，他们认为对于关键性地缘空间的掌控关系着国家实力的兴衰。索尔·科恩就指出“地缘政治分析的实质是国际政治权力和地理环境之间的关系”[①]。地缘论主要包括海权论、陆权论和空权论。

美国军事学家阿尔弗雷德·马汉在19世纪末提出了著名的海权论，将海权置于主宰国家和世界命运的决定性地位，其海权思想主要反映在《海权对历史的影响：1660—1783》、《海权对法国革命和法帝国的影响：1793—1812》和《海权与1812年战争的联系》等著作中。马汉认为，海权与国家的兴衰休戚相关，将海权定义为“有益于使一个民族依靠海洋或利用海洋强大起来的所有的事情”[②]。他把商品生产、海洋运输和殖民地列为海权的三大环节，其中国内生产提供海洋贸易所必需的产品，强大的海军和运输船队保证交通线的顺畅，殖民地提供商品输出地和海运安全据点。另外，马汉还提出了影响国家海权实现的六个主要条件，即地理位置、领土范围、自然结构、人口、民族特点以及政府政策。[③] 马汉把英国长久称霸世界皆归功于对海权的掌控，将海洋控制权与国家繁荣、民族崛起相关联，其海权论目的是主张美国通过强大的海上力量控制关键海洋通道和殖民地以实现国家崛起和持久强盛。

哈尔福德·麦金德提出的陆权论是地缘政治学走向成熟的重要标志。陆权论的建立有两个背景，首先随着俄国、美国、法国、德国等国实力的相继增长，英国在世界上的主导地位不断受到冲击；其次伴随着工业革命的深入展开，大陆国家不断缩小与传统海洋帝国的差距，由此使得英国精

---

① Saul B. Cohen, “Geography and Politics in a World Divided,” Oxford University Press, 1973, p. 29.

② ［美］A. T. 马汉著，安常容、成忠勤译：《海权对历史的影响 1660—1783》，解放军出版社 1998 年版，第 1 页。

③ ［美］A. T. 马汉著，安常容、成忠勤译：《海权对历史的影响 1660—1783》，解放军出版社 1998 年版，第 29 页。

英阶层倍感焦虑。在此背景下，麦金德提出“国家的不平衡发展很大程度上是地球表面上资源和战略机会分配不均衡的结果”①，而20世纪不会再有新的大片大陆、山脉、河流被发现了，由此物产丰富和有安全保障的本土基地是海洋强国的根本。铁路的兴起使得陆运比海运更具经济优势，拥有极为丰富的人口、自然资源和庞大铁路网的俄国成为英国的主要威胁，为此麦金德将欧亚大陆上俄国占据的广阔地区命名为“枢纽地区”，在枢纽地区以外为“内新月形地区”和“外新月形地区”。② 枢纽地区的国家在向边缘地区扩张过程中能够利用庞大的大陆资源来建立舰队，进而成为世界帝国。随着德国崛起成为英国最危险和强大的敌人，麦金德对其陆权论进行调整，将亚非欧三大洲合并称为“世界岛”，世界岛的中心“心脏地带”即德国所在的大东欧地区，并指出谁统治了东欧和“心脏地带”谁便控制了“世界岛”，进而控制整个世界。③ 可以说麦金德是第一个从全球角度分析地缘政治的学者④，其陆权论最终目的是服务于大英帝国霸权的延续和打击遏制竞争对手的崛起，该理论和阿尔弗雷德·马汉的海权论一样具有鲜明的时代性。

伴随着人类航空技术的突破，空域对国家的影响研究以及空权论随之出现。空权论的代表人物有意大利的吉里奥·杜黑，美国的米切尔，英国的特伦查德、哈里斯等，最为著名的是意大利将军杜黑，其空权论思想主要体现在《制空论》《未来战争的可能面貌》《扼要的重述》等著作中。相较于海权论和陆权论，空权论并没有提出完整的学术理论，它更多的从战争和军事角度出发考虑制空权的重要性。杜黑认为，航空技术的发展为人类开辟了新的活动空间，空中必将成为一个新的战场，国家若想在战争中取胜必须获取制空权。其空权论可以概括为以下四点。第一，航空的发展将给未来战争带来深刻的变化，飞机在行动上享有陆海力量所不具备的充分自由，空军可以将战场扩大到敌国的全境。第二，空军在未来战争中

---

① ［英］哈尔福德·麦金德著，武源译：《民主的理想与现实》，商务印书馆1965年版，第13页。

② ［英］哈尔福德·麦金德著，林尔蔚译：《历史的地理枢纽》，商务印书馆1985年版，第61页。

③ ［英］哈尔福德·麦金德著，武源译：《民主的理想与现实》，商务印书馆1965年版，第134页。

④ Colin S. Gray, “In Defence of the Heartland: Sir Halford Mackinder and His Critics a Hundred Years On,” Comparative Strategy, Vol. 23, No. 1, 2004, pp. 9 –25.

被定位为进攻性力量，飞机不受地面障碍影响的特点使其成为优秀的进攻性武器。飞机将改变现阶段防御一方比进攻一方有利的战争模式，地面战、战壕战、拖延战将成为过去。第三，掌握制空权将成为战争胜负决定因素，并把制空权定义为“一种态势，能够阻止敌人飞行，同时保持自己的飞行”[①]。第四，为了发挥航空兵的巨大效用，必须组建独立的空军。空权论思想顺应了航空技术发展的要求，提出了以制空权为核心的空权论，对纳粹德国和英国空军的发展产生了极大的影响。

对地理地缘论的评述：地理地缘作为一种客观静态因素对国家权力的生成和获取产生着制约和影响，但该学说过于强调静态因素的作用而忽视了人类的主观能动性。随着人类改造世界能力的提高，地理地缘对国家的影响制约力度越来越低，同时，地缘政治学的关注点从陆权到海权再到空权的发展恰恰是人类技术能力的提高所带来变化的结果。汉斯·摩根索批评地缘政治学是一种伪科学，指出该学说把地理因素提高到绝对高度，将国家的相对权力简单地归结为由各国所占空间这一要素决定，进而影响国家的命运，总的来看是一幅歪曲的图画。[②] 德隆·阿西莫格鲁用现实案例反驳地理决定论，他例举同样处于朝鲜半岛的朝鲜和韩国，拥有相同的气候、地理条件和民族性格，但发展程度各异。一墙之隔的美国亚利桑那州诺加利斯市和墨西哥索诺拉州诺加利斯市具有相同的地理、气候、共同的祖先和文化，但却在公共卫生、社会安全、基础设施、居民收入等方面形成巨大反差。[③] 清华大学阎学通教授认为，地缘政治学具有内生缺陷，该学说把地理条件作为国际关系分析的根本出发点，否定了人在国际关系中的决定性作用，同时，随着现代信息技术的进步，地理因素对国家的影响呈下降趋势，在当今数字时代国家不再需要地缘战略通道。[④]总之，广阔的国土面积、丰富的自然资源、适宜的气候环境以及控制关键性地理空间的确是国家实力提升的有利条件，但仅仅依赖地理优势并不能使国家走向强盛，地理地缘论的漏洞在于充分夸大了地理这一静态要素的作用而陷于自身的逻辑泥潭中。

---

① ［意］吉里奥·杜黑著，曹毅风译：《制空权》，解放军出版社 1986 年版，第 19 页。

② ［美］汉斯·摩根索著，徐昕、郝望、李保平译：《国家间政治——权力斗争与和平》，北京大学出版社 2006 年版，第 196—197 页。

③ ［美］德隆·阿西莫格鲁、詹姆斯·A. 罗宾逊著，李增刚译：《国家为什么会失败》，湖南科学技术出版社 2015 年版，第 1—2 页。

④ 阎学通：《超越地缘战略思维》，《国际政治科学》2019 年第 4 期，第 IV 页。

（二）制度机制因素与国家兴衰

制度论学者将特定制度视为国家经济发展、社会繁荣以至盛衰兴废的关键性因素，该理论主要来源于西方学者对于近代西方部分国家何以率先崛起的原因思考，通过大量案例和历史分析，这些学者得出特定制度是影响国家兴衰的关键的结论。制度论大体可以分为政治制度论和经济制度论两大类。

1. 政治制度论

政治制度论对国家兴衰的研究是将某种政治制度模式作为激发社会活力、促进经济增长、鼓励科研创新、削弱利益集团阻碍以达到增加国家实力的核心要素。德隆·阿西莫格鲁和詹姆斯·罗宾逊的《国家为什么会失败》一书是论述政治制度与国家兴衰的典型。作者将具有足够的集中化和多元化特征的制度表述为包容性政治制度，而将与此相对应的由少数精英控制权力的政治制度表述为汲取性政治制度，包容性政治制度推动和保护包容性的经济制度，而汲取性政治制度则与汲取性的经济制度互相促进。①作者认为，在18世纪以前，欧洲大部分国家采用汲取性政治经济制度，传统贵族因新的生产方式将减少其土地收益甚至威胁其政治权力而拒绝拥抱新的生产力，英国则通过光荣革命建立了包容性政治制度，社会各阶层均有表达和维护其利益的渠道，由此率先完成了工业革命成为世界大国。黄仁宇在研究中国传统政治制度时认为，与英国相比，大明的贫弱在于法律和制度，“帝国在体制上实施中央集权，其精神上的支柱为道德，管理的方式则依靠文牍”②，最终形成强大的文官利益集团和小集团，在这样一个人口众多的国家中，“个人的行动全凭儒家简单粗浅而又无法固定的原则所限制，而法律又缺乏创造性，其社会发展的程度必然受到限制”③，整个帝国各个阶层的人不分善恶都不能在事业上取得有意义的发展，帝国已经走到尽头。总之，包容性政治制度能够积极回应经济的需求和社会的渴望，能够代表更多阶层和团体的利益，鼓励新技术的投资，诱发人们的创新激情，进而创造出有活力的经济使得国家走向富强；汲取性政治制度使

---

① ［美］德隆·阿西莫格鲁、詹姆斯·A. 罗宾逊著，李增刚译：《国家为什么会失败》，湖南科学技术出版社2015年版，第55—60页。

② 黄仁宇：《万历十五年》，生活·读书·新知三联书店2006年版，第59页。

③ 黄仁宇：《万历十五年》，生活·读书·新知三联书店2006年版，第279页。

得权力集中在少部分人手中且被轻易滥用，特权阶层支持下的汲取性经济制度阻碍经济发展和社会进化，使得国家陷入长期贫困走向衰亡。

2. 经济制度论

经济论学者将特定的经济制度视作国家经济发展和崛起的最重要前提，其代表人物为道格拉斯·诺斯。诺斯把制度置为内生变量去研究经济发展，将以产权制度为核心的经济制度的建立作为近代西方国家经济增长和崛起的根本因素。诺斯和罗伯特·托马斯在20世纪70年代初发表的《西方世界成长的经济理论》和《庄园制度的兴衰：一个理论模式》学术论文中首先论及制度因素在经济增长中的作用，认为提供适当个人激励的有效制度是经济增长的决定因素，激励机制的导向使得在经济活动中提高生产率更加有利可图，而西方世界的崛起正是这种制度创新带来的结果。[①]在此基础上两人合著的《西方世界的兴起》更加全面地论述其经济制度理论，诺斯认为，以往的研究中创新、规模经济、教育、资本积累等都不能解释西方国家的经济增长，他给出的答案是西方国家率先建立了有效率的经济组织才是西方崛起的原因所在。而“能够将个人的经济努力变成私人收益率接近社会收益率”[②] 的便是有效率的经济组织模式。为了实现有效率的经济活动必须设计相应的机制，其重点便是产权制度，当产权制度不完善时便会出现私人收益和社会收益之间的不一致，私人从事经济活动的成本超过收益，个人不愿意从事经济创新活动，国家便难以崛起，反之，有效率的经济制度则能够推动国家的经济发展和崛起。

对制度论的评述：政治制度论和经济制度论基本上都属于对近代西方崛起和发展的制度性原因的总结，前者将民主制度、法治制度作为破除特权阶层、保证社会公平、维护个人权利的前提条件，后者将产权制度、专利制度等经济制度作为激励社会生产和产业扩张的保障，政治制度和经济制度的有效结合拓宽了社会经济的参与阶层，减少了社会经济进步的阻力，鼓励了经济技术创新和产业发展，提高了社会经济效率，使国家内部形成了一个良性循环，进而实现国家实力的上升。制度论是对于近代西方

---

① Douglass C. North and Robert Paul Thomas, “An Economic Theory of the Growth of the Western World,” The Economic History Review, Vol. 23, No. 1, 1970, pp. 1 – 17; Douglass C. North and Robert Paul Thomas, “The Rise and Fall of the Manorial System: A Theoretical Model,” The Journal of Economic History, Vol. 31, No. 4, 1971, pp. 777 – 803.

② ［美］道格拉斯·诺斯、罗伯特·托马斯著，厉以平、蔡磊译：《西方世界的兴起》，华夏出版社1989年版，第1页。

国家崛起的总结和归纳，其很多有益结论已经被世界广泛接纳，但仅仅将西方的崛起归纳为制度的优势并不能让人充分信服，西方的崛起史也是一部扩张史，更多的是凭借坚船利炮而不是制度机制赢得的世界主导权。另外，任何制度都应符合特定国家国情，顺应社会经济发展的时代要求，并不存在某一国家制度能够放之四海而皆准，当前西方国家的制度并没有发生变化，但西方的发展却逐渐陷入低效甚至停滞，矛盾层出不穷，制度论无法对此给出满意的回答。

（三）经济变迁因素与国家兴衰

经济实力是国家实力最重要也是最基础的组成部分，经济论强调经济力量变迁在国家崛起与衰落中的决定性作用，为国家兴衰研究提供了物质主义的经济研究视角。保罗·肯尼迪的《大国的兴衰：1500—2000年的经济变迁和军事冲突》、罗伯特·吉尔平的《世界政治中的战争与变革》是经济论的代表，经济论的主要观点可以归纳为以下几个方面。

首先，经济崛起是国家崛起的基础，世界经济力量的转移预示着新的大国的崛起。肯尼迪通过详细列举近500年的大国兴衰的案例，提供详实且严密考证的生产力、工业产量、人口、贸易、军备统计数据，说明大国竞争的优势总是属于那些有更强的物质创造力和经济生产力的国家。吉尔平认为，现代经济增长强化了财富与权力之间的关系，经济增长率、社会经济规模越来越决定着国家在国际体系中的实力和地位。[①]

其次，在经济和军事的关系上，经济力量是军事实力的后盾，因为“国家的生产力一旦得到提高，便自然能比较容易地在平时承受大规模扩军备战的负担，能在战时保持和供给庞大的陆军和舰队”，“一场大国间的长期战争中，胜利往往属于有坚实经济基础的一方”[②]，因此，国家经济力量在战争中起到更为基础和决定性的作用。考察国际关系史可以发现，在长期的国家对抗中，胜利和优势总是属于经济力量雄厚的一方，强大的经济实力保证了国家持续的军事投入和长期对抗的可能。

再次，经济投入和军事消耗之间的平衡是维持国家地位的关键。肯尼

---

① ［美］罗伯特·吉尔平著，宋新宁、杜建平译：《世界政治中的战争与变革》，上海人民出版社2007年版，第130页。

② ［美］保罗·肯尼迪著，陈景彪等译：《大国的兴衰：1500—2000年的经济变迁和军事冲突》，国际文化出版公司2006年版，第36、43页。

迪强调，如果国家过分地将力量投入到军事和安全领域，必然会减少对经济发展的投资，妨碍社会经济的发展，最终将耗尽国力走向衰败。他认为，世界强国具有三个重要任务，即“为国家利益提供军事安全、满足国民的经济需求、保证经济持续增长”①，而前两项任务与第三项很多时候是矛盾的，一方面国家的经济实力在经过某一阶段后不可避免地下降，另一方面挑战和国内开支又越来越多，其结果是挤掉了本应用于生产性投资的部分。一国政府如何平衡好经济发展和军事消耗之间的关系成为其兴衰的关键。

对经济论的评析：经济论将国家的兴衰、国家的竞争力与其经济实力之间建立起正相关关系，从经济实力的高速增长到停滞再到下滑，构建起国家兴衰的周期。当国家具有较强大的生产能力、较雄厚的经济实力时，国家便具备了最基本和最重要的崛起条件。随着国内矛盾凸显，国际生产中心的转移，以及对外扩张、国际投入的持续消耗，守成国的经济越发难以支撑现有的局面，最终被崛起的国家超越。经济论从经济实力角度衡量国家的兴衰具有较强的说服力，但经济实力并不必然能够转化为综合国力的其他方面，同时国家经济得以高速发展的背后原因往往不是经济本身，其关键在于一国是否具有持续性的技术创新能力和技术融合转化能力，单从经济实力的变迁角度无法触及国家实力兴衰的核心。

（四）文化宗教因素与国家兴衰

文化论学者认为，国家的兴衰与其宗教教义、民族伦理、社会价值等文化因素有关，文化是国家走向现代化和富强的决定因素。文化论最主要的代表是德国政治学家、社会学家马克斯·韦伯，韦伯宣称英国的宗教改革和新教伦理精神是英国率先迈向近代资本主义并走向富强的关键。韦伯认为信誉、守时、勤奋、节俭等美德是资本主义精神的核心表现②，而这些精神的产生源于新教伦理，即路德教、加尔文教的宗教改革，正是这些改革带来了新教伦理以及资本主义精神。路德教对资本主义精神的影响在于“天职”观念，“天职”即上帝的任务，它“不是要人们以苦修的禁欲

① ［美］保罗·肯尼迪著，陈景彪等译：《大国的兴衰：1500—2000 年的经济变迁和军事冲突》，国际文化出版公司 2006 年版，第 431 页。

② ［美］马克斯·韦伯著，于晓、陈维纲译：《新教伦理与资本主义精神》，生活·读书·新知三联书店 1987 年版，第 33—37 页。

主义超越世俗道德，而是要人完成个人在现世里所处地位赋予他的责任和义务”[①]。加尔文教改革的核心是“预定论”，“预定论”认为，上帝将人们分为选民和非选民，而只有少部分人是处于蒙恩的选民，能否成为上帝的选民并不由教皇和主教决定，而要通过勤奋工作、努力进取且不贪图享乐获得现世的成功，以此证明自己是属于蒙恩的选民。这种改革后的基督教新教伦理与资本主义精神有着内在的亲和关系，由此，一种积极进取、奋力拼搏、专注诚信、勤俭节约、注重现世成就的职业观逐渐形成，近代资本主义首先在新教国家中产生和壮大，逐渐推动新教国家走向崛起。

对文化论的评析：文化论突出文化的独立性一直颇受质疑，马克思主义认为，思想文化等上层建筑必须依托于经济基础而存在，而韦伯反驳历史唯物主义，认为文化可以自主发挥重要作用。许多学者质疑新教伦理与西欧国家崛起的关系，认为政治因素在西方崛起中起到很大的作用，新兴的民族国家为了追求安全和财富推行了重商主义的政策，鼓励贸易和生产，培养国民勤劳节俭的风气，才最终推动了西方的崛起。另外，大量国际关系史实也对文化论进行质疑，法国是天主教占优势的国家，并没有像英国和荷兰一样使新教取得优势地位，但也在18世纪末紧随英国取得快速发展。二战后，韩国、新加坡、中国等相继取得经济发展成就，但这些国家和地区更多受中华文化及儒家观念影响而非新教伦理的价值，文化论并不能解释这些现象。

文化因素对于理解和解释国家兴衰有着一定的作用，特别是当特定的文化适应当时的生产力和社会发展特点时，能够形成正面的外部环境激励经济社会的高速发展。面对生产力变革的要求，如果没有社会文化和大众心态的改变，新的生产方式的运用和推行就很难进行，但是不能过分强调特定文化的作用，没有哪种社会文化是完全优越的，更不存在某种特定文化是世界各国发展所必须的道理。

（五）政治领导因素与国家兴衰

政治领导论把政治领导力作为大国崛起成败的核心要素，即政治领导力强的崛起国对内能够增强国家的综合实力，对外能够维护战略信誉度从

---

① ［美］马克斯·韦伯著，于晓、陈维纲译：《新教伦理与资本主义精神》，生活·读书·新知三联书店1987年版，第59页。

而获得国际支持，进而最终完成与守成国的国际权力地位的转换。清华大学阎学通教授是政治领导论的倡导者，其道义现实主义认为，国家道义的有无和水平的高低对国家战略的影响至关重要，政治领导力决定了大国实力对比的转化，是一种典型的政治决定论。[①] 阎学通教授认为，世界上存在着一些低层次的且被国家广泛接受的道义，大国建立可持续的国际权威需要道义做支撑，其中战略信誉度是大国建立国际权威和世界领导权的重要条件，因此将一国国际道义的核心归结为具有良好的战略信誉。进取型的政治领导较为重视本国的战略信誉度，使得本国获得更多的盟友和国际支持，有助于改变现有的国际格局实现国家崛起。

道义现实主义的核心理论为国家的政治领导力决定国家的综合国力的升降，政治领导力的差别将决定国际格局的变化。[②] 该理论将国家实力分为操作性实力和资源性实力，其中政治领导力为操作性实力，当政治领导力强时，对内能够迅速增强军事、经济实力，增加凝聚力，对外能够增加盟友和国际支持，从而实现综合国力的增长。而一国的政治领导力弱时，将制约国家的经济军事实力发展、降低国民的凝聚力、失去盟友并削弱其国际影响力。

对政治领导论的评析：秦亚青教授在 *Continuity through Change：Background Knowledge and China's International Strategy*（《变革中延续：中国的国际战略及其背景》）一文中，认为阎学通教授对道义的定义不清晰，将战略信誉等同于讲道义，进而把不区分对错地支持盟友归于道义，“这种对道义的界定很奇怪，除了部分与摩根索的道义定义相似外，其道义不是普世的而是一种国家利益，这种定义完全是从现实主义角度定义的道义，其目的还是为了争夺权力和领导权”[③]。尹继武认为，当前国际环境并不等同于一战、二战时期的结盟时代，以盟国的多少判断道义高低，将盟友之间的战略信誉跟道义划等号并不合理。另外，政治领导力的强弱并不与国家的发展战略、发展成就构成强相关关系，在康熙帝文治武功的领导下，清朝国力仍被英国超越，工业革命时期英国并没有著名的政治领导人物却

---

① 阎学通：《道义现实主义的国际关系理论》，《国际问题研究》2014 年第 5 期，第 102—128 页。

② 阎学通：《世界权力的转移：政治领导与战略竞争》，北京大学出版社 2015 年版，第 21 页。

③ Qin Yaqing，“Continuity through Change：Background Knowledge and China's International Strategy，” The Chinese Journal of International Politics，Vol. 7，No. 3，2014，pp. 285 – 314.

获得了国家实力的跃升，建立了“日不落帝国”，因此，将国家兴衰的最重要原因归结于政治领导力值得商榷。

对上述国家兴衰影响要素研究的综合评述：

任何理论的产生都受时代发展和社会环境制约，黑格尔有句名言：“就个人来说，每个人都是他那时代的产儿。哲学也是这样，它是被把握在思想中的它的时代。妄想一种哲学可以超出它那时代，这与妄想个人可以跳出他的时代，跳出罗陀斯岛，是同样愚蠢的。”[①] 上述学者从不同的考察角度对国家兴衰的核心影响要素进行了分析，在各自的理论假设范围内解释了特定的历史现象，不仅丰富了国际政治研究，也为本书提供了诸多有益参考。本书无意对前人学者进行指摘，仅从大国实力变迁这一现象指出上述研究可能存在的不足：

首先，以静态的视角分析大国竞争的要素，理论的生命周期较短。上述研究中，地理地缘论、制度机制论、文化文明论较少以发展的视角来看问题，随着国际政治的发展，某些较为重要的国家实力影响因素可能发生变化，例如，气候类型和地理地形在农业社会时期是制约国家发展的重要因素，但随着人类技术能力的提高逐渐摆脱了部分自然因素的限制，地理地缘论的解释力就逐渐下降。同理，随着人类技术水平的发展，经济政治制度需要随生产力需求而改变，因此，西方传统制度论和文化论的解释力不再如早年强大。

其次，评价和考量标准较为主观，难以进行客观对比和衡量。政治制度、经济制度、宗教教义、文化风俗、领导能力等都是较主观的标准，很难进行客观衡量，而且不同的国家（地区）有着自身的特点和发展状况，难以考察哪种制度或文化先进与否。同时，随着技术革新、生产力发展和国际社会演化，无论是政治经济制度、领导方式，还是和国家文化都会随之发生变化，并不存在恒定标准，因此将某一制度、某种文化作为国家兴衰的决定作用缺乏理论的客观性。

最后，西方视角和西方中心主义使得理论的适用性受到削弱。由于近代西方国家在国际体系中的核心地位以及对学术话语权的绝对把控，无论是政治制度论、经济制度论，还是文化文明论的内核都存在着深深的西方决定论的烙印。这些理论大部分是对西方国家特别是欧洲早期发展国家兴

---

① ［德］黑格尔著，张企泰等译：《法哲学原理》，商务印书馆 1961 年版，第 12 页。

起原因的总结，其研究必然带有西方视角、反映西方利益。西方学者从不同角度入手，通过分析和归纳将西方的政治制度、经济模式、宗教文化视作国家兴衰的必备条件和决定因素，进而推论为世界其他国家普适的标准，其学术的客观性和理论的适用性必然受到一定的限制。

二、国际政治学对技术的研究

（一）国外学者研究综述

国外学者对技术的关注较早，研究角度多样、研究范围广泛，研究结论也各有不同，归结起来可以分为国际关系主要理论流派对于技术的研究、技术对国际关系影响的综合研究、国家技术创新能力的研究以及技术对大国战争与和平影响的研究几个方面。

1. 国际关系三大流派对于技术的研究

第一，现实主义与对技术的研究。现实主义学者大多比较重视技术在国际政治中的作用，其中肯尼思·沃尔兹、巴里·波森等现实主义学者将技术列为跨国物质能力分配的重要组成部分①，吉尔平将技术作为世界政治中战争与变革的重要推动力和大国统治的基石②，罗伯特·杰维斯认为进攻性军事技术和防御性军事技术的平衡会影响战争的动机③，斯蒂芬·沃尔特认为技术变革能够改变国家的综合实力，从而影响联盟的形成和国际威慑的平衡④。

现实主义之父摩根索将技术看作国家权力要素中军事战备要素的组成部分，他认为，“国家和文明的命运往往取决于战争技术上的差距，技术落后一方无法以其他方法弥补这种差距”⑤。欧洲从15世纪开始的世界殖民扩张，就是凭借远高于非洲、近东、远东的战争技术。摩根索指出，战

① Kenneth N. Waltz, “Theory of International Politics,” McGraw - Hill, 1979; Barry R. Posen, “The Sources of Military Doctrine: France, Britain and Germany Between the World Wars,” Cornell University Press, 1986.

② Robert Gilpin, “War and Change in World Politics,” Cambridge University Press, 1981.

③ Robert Jervis, “Cooperation under the Security Dilemma,” World Politics, Vol. 30, No. 2, 1978, pp. 167 - 214.

④ Stephen M. Walt, “The Origins of Alliances,” Cornell University Press, 1987.

⑤ ［美］汉斯·摩根索著，徐昕、郝望、李保平译：《国家间政治——权力斗争与和平》，北京大学出版社2006年版，第162页。

争技术的革新能够给予率先使用先进技术的国家一定的优势，为此，他总结出20世纪迄今出现的四项重大军事技术革新：第一项为潜艇，一战期间德国使用潜艇攻击英国船只，在护航手段出现之前似乎决定了德国战争的优势。第二项为坦克，英国一战末期大量应用坦克，坦克优异的突击和防御能力成为协约国取胜的重要保证。第三项为陆海空的战略战术协同，该项军事战术是二战早期德国和日本赢得战争优势的原因。第四项为核武器及其运载工具，核武器的巨大杀伤力使得拥核国家具有轻易摧毁敌国的巨大优势，历史证明在出现应对这些新兴军事技术的对策之前，率先获得和使用这些技术的国家都获得了巨大的战争优势。①

在进攻性现实主义代表人物约翰·米尔斯海默的研究中，技术是大国采取进攻性行为的重要原因。由于在无政府体系中国家具备着摧毁对方的军事技术能力，国家的安全无法得到保障，因此追求权力成为获取安全的最佳手段。在进攻性现实主义中，国家追逐权力的终极目标是成为国际体系霸主，但米尔斯海默认为，除非一国获得明显的核武器技术优势，任何国家都不可能成为全球霸主。②倘若两个以上的国家掌握核报复能力，国家之间的安全将维系下去，但常规军事力量较量仍旧重要，大国政治的悲剧不会停止。

在防御性现实主义的理论中，技术是大国采取防御性战略的一个重要原因。防御性现实主义者认为，掌握核武器的双方具备了相互摧毁的能力，防御性武器效力的增加使得侵占他国土地和征服带来的收益越来越低，理性的国家会基于得失比来约束自己的行为，更多的采用维持现状的战略。另外，经济技术的进步也影响着国家的对外战略选择，斯蒂芬·范·埃弗拉指出，1945年后，随着发达国家朝向知识经济转变，通过征服手段获得资源的效力大大降低，战争变得不再合乎收益。③ 因此，防御现实主义者认为，安全在国际体系中并不稀缺，国家不通过军事扩张手段便能够保护自身的安全和获得国家利益。

吉尔平在《世界政治中的战争与变革》中认为，经济技术在霸权的更

---

① ［美］汉斯·摩根索著，徐昕、郝望、李保平译：《国家间政治——权力斗争与和平》，北京大学出版社2006年版，第163—165页。

② ［美］约翰·米尔斯海默著，王义桅、唐小松译：《大国政治的悲剧》，上海人民出版社2003年版，第53页。

③ Stephen Van Evera, “Primed for Peace: Europe after the Cold War,” International Security, Vol. 15, No. 3, Winter, 1990/1991, pp. 14 - 15.

迭及世界政治的变革中起到关键作用。霸权的衰落在于霸权国维持现状的成本超过其经济收益，其中技术要素的作用在于：一是技术发展的缓慢导致霸权国的经济增长呈S型曲线，国家内部经济盈余降低；二是经济技术不可避免地扩散以及技术革新发源地的转换成为国家权力再分配的关键因素；三是军事技术向新兴市场国家的扩散导致霸权国的防务成本增高。[①] 这些因素导致霸权国维持现状的成本比现状带来的收益高得多，霸权国面临严重的财政危机和外部竞争，越来越无利可图，最终在实力上被崛起国超越。

第二，新自由制度主义对技术的研究。相比现实主义，新自由制度主义不太关注技术与国家权力之间的关系，更加注重技术对国际制度与国际合作的影响，无论是国际制度的产生、相互依赖与全球主义的形成，还是国际机制的运行都与技术密切相关。

首先，新自由制度主义及其国际制度概念与科学技术的发展密不可分，国际制度概念就是约翰·鲁杰在思考技术发展引起的国际社会变化和集体问题而提出的。鲁杰在 *International Responses to Technology*：*Concepts and Trends*（《对技术的国际反应：概念与趋势》）一文中正式提出国际制度概念，他认为，由于二战后科学和技术发展的范围和复杂性超过了现有国际组织管理能力，科学技术在人类事务上的应用使得“自然”问题日益政治化，核问题、海洋问题、外层空间问题、大气问题都成为国际关系的焦点。[②] 从规模上看，科学技术使得政治化进程比以往更加密集和广泛，同时，科学技术使得政治问题更具争议性和复杂性，无论是国内政治领域还是国际政治领域越发表现出相互依赖的情形，使得一国的国内政策追求与其他国家的国内政策追求联系起来。在此情况下，国际问题越来越需要集体反应，为了适应和解决复杂的国际集体问题提出了国际制度这一概念和解决方案，由此可见，由技术发展带来的国际问题复杂化是新自由制度主义研究的起点和主要内容。

其次，技术的发展加强了跨国参与，推进了复合相互依赖世界的形成。罗伯特·基欧汉认为，信息技术革命独特的标志是信息传递成本的剧

---

① ［美］罗伯特·吉尔平著，宋新宁、杜建平译：《世界政治中的战争与变革》，上海人民出版社2007年版，第161—188页。

② John Ruggie, “International Responses to Technology: Concepts and trends,” International Organization, Vol. 29, No. 3, 1975, pp. 557 – 583.

降，在信息技术革命的推动下，信息传播的成本可以忽略不计，而信息传播的渠道数量呈几何级增长，信息传播规模接近于无限，由此带来了一个重大影响——社会之间的多渠道联系成为可能。跨国参与成本的降低使得非政府组织和个人都能够将信息有效地传播到世界各地并开启国际议程，由此增加了非国家行为体在国际关系中的行动能力，冲击了现实主义的“国家中心”范式。信息技术又大大加深了全球化的深度和维度，由此带来相互依赖的敏感性和脆弱性的加深，致使国际关系中政治、经济、环境、军事等多重议题之间不再有明确的等级之分，武力作为政策工具的作用也越来越低，由此形成复合相互依赖的世界，扩宽了国际关系研究视角。①

最后，在国际制度的运行中技术也发挥着重要作用。在新自由制度主义理论中，国际机制作为一种原则、规范和决策程序能够建立沟通渠道、改变交易成本、提供必要信息以减少不确定性，促进国际合作的完成。②而通过技术手段恰恰能帮助国际机制增加沟通渠道，整理公布准确信息以降低沟通成本、减少信息不对称和欺诈行为，同时，通过技术手段改进机制设计可以提高国际机制运行效率，最终增加国际合作的可能。例如，在新冠疫情期间，各国领导人受到疫情阻碍无法参加各类国际机制会议，而通过网络峰会和在线会谈的方式不仅解决了会晤难题，同时还减少了沟通成本，提高了会晤效率，开辟了在线外交新模式。

第三，建构主义对技术的研究。一般而言，建构主义学者对观念性因素的重视超过物质性因素③，建构主义者认为，国际体系结构是一种观念结构，无政府状态是国家建构而来的，强调观念、认同、知识、文化和身份等社会性因素在国际政治中的作用。因此，建构主义对技术本身的关注并不太多。但是在建构主义者看来，在构建共同知识和集体文化的过程中，技术可以起到很大作用，他们认为，技术能够帮助改变人们的社会身份，甚至创造新的跨国选区从而影响国际政治，并相信技术变革将帮助人

① ［美］罗伯特·基欧汉、约瑟夫·奈著，门洪华译：《权力与相互依赖》，北京大学出版社2002年版，第253—266页。

② ［美］罗伯特·基欧汉著，苏长和、信强等译：《霸权之后：世界政治经济中的合作与纷争》，上海人民出版社2001年版，第109—115页。

③ ［美］鲁德拉·希尔、彼得·卡赞斯坦著，秦亚青、季玲译：《超越范式——世界政治研究中的分析折中主义》，上海人民出版社2013年版，第57页。

类克服战争暴力以及无政府逻辑，最终构建起一个世界国家。①

2. 技术对国际关系影响的综合研究

罗伯特·吉尔平在 *Technological Strategies and National Purpose*（《技术战略与国家目标》）一文中指出，二战后技术革命对世界经济和商业产生了重要影响，技术与国家经济的关系发生深刻的改变，由此导致三个后果：第一，各国经济间相互依赖加强；第二，技术进步在国家经济增长中发挥重要作用；第三，跨国企业在海外迅速扩张。无论是发达国家还是发展中国家，面临的问题都是如何更快的利用技术。吉尔平指出，一国要保持领先地位必须制定长期的技术战略，为技术发展提供充分的资金投入并制定长期的计划和承诺。国家可以采取的技术战略分为三类：一是全方位的技术发展战略，以获取国际政治中的充分优势，这种策略适合美国、苏联这类超级大国；二是集中资源支持特定领域的科技创新和技术专业化，这种政策在荷兰、瑞典、瑞士等国取得了成功；三是技术进口战略，引进和购买先进国家的技术，这种方法以日本、德国进口美国技术为典型。②

查尔斯·韦斯在 *Science*, *Technology and International Relations*（《科学、技术和国际关系》）一文中认为，科学、技术与国际事务的相互影响是重要和普遍的，这一领域应该被认定为一个独立的子学科。③ 科学、技术与国际事务三者之间的关系可以归类为四点：第一，改变国际体系的架构包括其结构、关键组织概念和行动者之间的关系；第二，改变国际体系运作的过程，包括外交、战争、行政、政策制定、商业、贸易、金融、通信和情报搜集；第三，在外交政策的运作环境中创造新的问题领域、新的限制和权衡；第四，为国际体系的运行提供观念的转变、信息和透明度的来源，为国际关系理论提供新的概念和理念。

丹尼尔·德雷兹纳在 *Technological Change and International Relations*（《技术变革与国际关系》）中通过分析 20 世纪的技术变革对国际关系产生的巨大影响，提出了两个主要观点。第一，技术变革与国际关系是相互影响的，技术变革对国际关系产生不可否认的影响的同时，世界政治性质的

---

① Wendt, Alexander, "Why a world state is inevitable: teleology and the logic of anarchy," European Journal of International Relations, Vol. 9, No. 4, 2003, pp. 491 – 542.

② R, Gilpin, "Technological Strategies and National Purpose: Domestic and foreign developments necessitate a new relationship," Science, New Series, Vol. 169, No. 3944, 1970, pp. 441 – 448.

③ Weiss, C, "Science technology and international relations," Technology in Society, Vol. 27, Issue 3, August 2005, pp. 295 – 313.

变化也影响着技术变革的步伐；其次，技术变革是一种经济再分配和社会破坏的实践，它创造了新的赢家和输家，并允许新的规范和组织的构建。[①]德雷兹纳特别强调和分析了20世纪两项重要技术创新即核武器和互联网对国际关系的影响，并对技术持乐观态度，认为技术创新虽然给世界政治带来暂时的不确定性，但随着时间的推移则是稳重的。

约翰·葛朗歌的 *Technology and International Relations*（《技术与国际关系》）一书对科技与国际关系的研究贡献在于：第一，描述现代技术的性质、产生的方式、潜力和局限性，以及政府和工业界如何组织和运作技术企业；第二，表明各国政府如何个别地和集体地寻求指导和管制技术的使用、影响和国际流动，以及这些活动对社会各方面的政治影响；第三，通过贸易和投资、国家安全和发展援助等领域说明国际技术相互依存的普遍性和复杂性及其所引起的公共政策问题。[②]

关于技术对国际政治总体影响的研究还包括威廉·奥格波恩的 *Technology and International Relations*[③]（《技术与国际关系》），卡里尔·海斯金斯的 *The Scientific Revolution and World Politics*[④]（《科学革命与世界政治》），维科特·巴休克的 *Technology, World Politics, and American Policy*[⑤]（《技术、世界政治与美国政策》），杰弗瑞·赫莱拉的 *Technology and International Transformation: The Railroad, the Atom Bomb, and the Politics of Technological Change*[⑥]（《技术与国际体系变迁：铁路、原子弹与国际政治》）等。

3. 国家技术创新能力的研究

埃利斯·布雷齐斯着重研究了国际竞争中国家技术领先的周期理论，他认为，虽然个别国家建立了长期的技术领导地位，但这种优势并非永远存在，领先国在经济技术发展的一个阶段取得的成功，会阻碍它在下一个

---

① Drezner D. W., "Technological change and international relations," International Relations, Vol. 33, Issue 2, 2019, pp. 286-303.

② John V. Granger, "Technology and International Relations," W. H. Freeman, 1979.

③ Ogburn W. F., "Technology and International Relations," University of Chicago Press, 1949.

④ Caryl P. Haskins, "The Scientific Revolution and World Politics," Harper and Row, 1964.

⑤ Victor Basiuk, "Technology, World Politics, and American Policy," Columbia University Press, 1977.

⑥ Geoffrey L. Herrera, "Technology and International Transformation: The Railroad, the Atom Bomb, and the Politics of Technological Change," State University of New York Press, 2006.

阶段发挥带头作用。布雷齐斯将技术变革分为渐进式和重大突破式，当一项新技术出现时，它最初看起来可能并不比旧技术好多少，特别是对于一个在旧技术方面已确立了绝对领先地位的国家来说更是如此，只有在一个落后的国家，旧技术不那么发达，新的、相对未经试验的技术才显得有吸引力。[①] 最终原技术领先国在新技术领域落后，国家技术领先优势完成周期转变。

马克·扎卡里·泰勒对国家的技术创新能力强弱原因进行了分析，他指出，政治科学家长期认为技术创新与政治无关，但是通过研究他发现技术本身绝不是由技术决定的，相反，政治似乎一直在塑造新技术和决定创新率方面发挥着重要作用，每个国家对内部和外部安全威胁的平衡决定了其技术发展轨迹。[②] 他认为，在其他条件相同的情况下，更关心国内安全和国内利益集团之间秩序的国家进行创新较少；更关心外部安全威胁的国家将会进行更多的创新。泰勒在 *Innovation and Alliances*（《创新与联盟》）中更为详细地分析了国家技术创新的国际因素，并将战略军事联盟作为影响国家创新的重要解释变量。通过收集整理 193 个国家的安全、创新、经济、政治变量的数据，泰勒建立模型分析得出战略军事联盟对整体创新具有较强促进作用的结论。[③]

大卫·S. 兰德斯在 *Why Europe and the West? Why Not China?*（《为什么是欧洲和西方，而不是中国?》）一文中对近代技术发展史上中国落后于欧洲进行了研究。他认为，中国在技术发展上有两次机会：第一次是在本土传统和成就的基础上，形成一个持续的、自我维持的科技进步进程，第二次是在 16 世纪外国人进入中国后，可以学习欧洲的科学技术，但两次都失败了。[④] 兰德斯认为，造成这种情况的原因有以下几个方面，首先，古代中国缺乏自由市场和产权制度；其次，封建王朝的集权控制导致个人主动

---

① Brezis E. S., Tsiddon D., "Leapfrogging in International Competition: A Theory of Cycles in National Technological Leadership," The American Economic Review, Vol. 83, No. 5, 1993, pp. 1211 - 1219.

② Taylor, Mark Zachary, "An International Relations Theory of Technological Change," SSRN Electronic Journal, 2007, pp. 1 - 24.

③ Schmid J., Brummer M., Taylor M. Z., "Innovation and Alliances," Review of Policy Research, Vol. 34, Issue 5, 2017, pp. 588 - 616.

④ David S. Landes, "Why Europe and the West? Why Not China?" Journal of Economic Perspectives, Vol. 20, No. 2, 2006, pp. 3 - 22.

性缺失，没有可以逃脱官方控制的公共生活表达；再次，古代中国文化上的胜利主义、儒学对科学研究的轻视使古代中国不愿意学习外来先进技术；最后，“天朝上国”自尊压倒一切的重要性也给引进外来技术带来了阻碍。

4. 技术与大国战争及和平的研究

技术对大国间战争与和平影响研究的代表人物是约翰·刘易斯·加迪斯，其在著作《长和平——冷战史考察》中认为，核威慑是维持二战后长久和平的重要因素，正是这种能把核武器投射到地球任何地方的技术，大大降低了突然进攻的可能性。另外，随着侦察卫星的发展，“侦查技术的革命在一定程度上纠正了美苏关系中两个完全不同的政治和社会组织形式导致的不对称”，“通过技术进步实现了减少战争危险，而非增加战争危险”①。肯尼思·沃尔兹认为，核武器的扩散有利于国内和地区的稳定，核威慑促使各方更加小心，由此降低了战争发生的可能性。对于拥核国家，核武器不仅可以缓解战争强度，也可以降低战争的频率。② 关于技术对大国战争与和平的影响进行研究的还有卡丽娜·梅恩的 *Realism for Nuclear - Policy Wonks*③（《核政策工作者的现实主义》），阿伦·弗里德伯格的 *A Contest for Supremacy: China, America, and the Struggle for Mastery in Asia*④（《霸权之争：中国、美国和亚洲控制权之争》）等等。

（二）国内学者研究综述

相对国外学者，我国国际关系学者对于技术与国际关系的研究起步较晚，改革开放后，随着科学技术在社会经济发展中的作用更加得到重视，加之国家安全和大国竞争的现实需要，中国学者逐渐开展对国际关系中技术要素的研究，归纳起来可以分为早期科学技术对国际政治影响的宏观介绍，网络等新兴技术对国家安全、国家主权以及国际政治影响的研究，技术对大国竞争的影响研究这几类。

---

① ［美］约翰·刘易斯·加迪斯著，潘亚玲译：《长和平——冷战史考察》，上海人民出版社 2019 年版，第 304—305 页。

② Kenneth N. Waltz, “The Spread of Nuclear Weapons: Why More May Be Better,” Adelphi Papers, No. 171, International Institute for Strategic Studies, 1981.

③ Carina Meyn, “Realism for Nuclear - Policy Wonks,” The Nonproliferation Review, Vol. 25, No. 1 - 2, 2018.

④ Aaron L. Friedberg, “A Contest for Supremacy: China, America, and the Struggle for Mastery in Asia,” Norton, 2011.

1. 科学技术对国际政治影响的宏观介绍

国内早期对科学技术的研究大多宏观地描述科学技术对国际政治的影响，以介绍科学技术的概念及历次科学技术革命的重大影响为主，辅以未来科学技术发展对国际关系影响的展望，并呼吁中国加强对科学技术研究的重视。例如，中国人民大学黄顺基教授的《科技革命影响论》主要探讨了科技革命对马克思主义的影响，并对现代科学革命、技术革命、现代科学发展模式、科技哲学等进行了介绍。[①] 郑州大学林今柱教授的《科技革命与当代中国的命运》介绍了科技革命对人类文明和社会变革的影响，详细分析了三次科技革命与资本主义发展阶段的关系，并认为科学技术是巩固发展社会主义的重要基础。[②] 中国传媒大学冯宋彻的《科技革命与世界格局》介绍了古代科学技术发展的历程、近代科学技术的发展以及对世界格局的影响、未来知识经济时代科技与世界格局的演进关系。[③]

中国人民大学李景治教授是国内国际关系领域较早论述技术与国际政治影响的学者，其《新科技革命与剧变中的世界格局》一书以工业技术革命和近代国家关系发展为主线，探究科技革命与世界格局演变及国家兴衰之间的关系，论证了科学技术是第一生产力。[④] 在《科技革命与大国兴衰——科教兴国的历史思考》一书中，李景治教授通过详细分析近代三次浪潮和四次革命对国际格局和国家命运的影响，指出任何率先完成新科技革命的国家都能够推动经济快速发展、社会大步前进、国际地位提升，而无论哪个国家，哪怕是霸权国，只要在新技术研发和推广上停滞不前，也必将走向衰败，面对新世纪的机遇和挑战，中国必须坚持科教兴国战略。[⑤]

北京大学王逸舟教授认为，自近代世界体系建立以来，科技对国际关系一直产生着重要的作用，并且在今天其作用范围更加广泛、作用效力更加强大。他认为，当代科学技术对国际关系的影响主要体现在：第一，高技术增强了军事的破坏力，改变了战争的形式；第二，科学技术成为当代综合国力中的重要因素，技术的领先地位意味着综合国力的领先；第三，技术的发展带来的交通通信的便利，推动同质文明的融合和异质文明的冲

① 参见黄顺基：《科技革命影响论》，中国人民大学出版社 1997 年版。
② 参见林今柱：《科技革命与当代中国的命运》，中国纺织出版社 1998 年版。
③ 参见冯宋彻：《科技革命与世界格局》，北京广播学院出版社 2003 年版。
④ 参见李景治：《新科技革命与剧变中的世界格局》，河北教育出版社 1993 年版。
⑤ 参见李景治：《科技革命与大国兴衰——科教兴国的历史思考》，华文出版社 2000 年版。

突；第四，科技的发展制约了传统国家主权的行使，古典主权的观念被迫稀释和改变；第五，科技的发展使得国际关系更加具有全球维度，以民族国家为主体的国际化让位于更加多元广泛的全球化；第六，科技进步整合和解构着世界秩序，改变着现有国际格局。① 在此基础上，王逸舟教授判定新时代的科技正在迈向至尊地位，无论其具体影响结果会怎样，必须接受这种现实。

中国科学技术大学冯江源教授在20世纪90年代对科技发展与当代国际政治的转型进行了研究，他认为，自20世纪70年代起，科技的发展使得国际关系的重点从军事领域转移到了经济和科技领域，技术对推动国家综合国力越发具有战略作用，引导着新旧世界的交替和转换。在此情况下，传统的国际政治受到强烈冲击，其表现为：第一，高科技的发展动摇了传统的主权概念，改变了国家主权的范围；第二，技术的发展使得安全问题更加复杂，给外交事业增加了难度；第三，技术进步对不同地区的文化认同和民族凝聚力产生积极或消极的影响；第四，技术的发展使得非政府力量、国际组织在国际事务中发挥更大的作用；第五，技术的发展促进和加速了经济全球化，使得国家利益的着眼点从军事领域转向经济领域。②

东北大学金虎博士在《技术对国际政治的影响》一文中提出制域权的概念，将制域权界定为“人类政治集团在特定技术水平下，在某一地区内，对维持生存与发展所必需的自然空间发挥支配的能力”③。金虎认为，技术对制域权产生着影响，制域权直接导致国家权力、国际格局、国际冲突方式等国际政治基本要素的演变，因此，制域权成为技术作用于国际政治的主要媒介。金虎根据技术发展的路线从制陆权、制海权、制空权、制天权、制波权、制网权六个角度论证了技术发展对国家制域权的影响，并对中国当前制域权不足的现状进行了分析并提出相关建议。

2. 新兴技术对国际政治的影响研究

随着信息技术的发展和互联网作用力的凸显，各种由信息技术引起的国家安全、网络主权及国际互联网空间治理问题随之显现，一批学者以互联网、大数据等为关注点对新兴技术与国际政治的相关问题进行研究。

---

① 王逸舟：《试论科技进步对当代国际关系的影响》，《欧洲》1994年第1期，第4—12页。

② 冯江源：《高科技发展与当代国际政治的改组和转型》，《欧洲》1995年第2期，第13—21页。

③ 金虎：《技术对国际政治的影响》，东北大学出版社2004年版，第49页。

复旦大学蔡翠红教授是专注于研究信息网络政治、网络安全、网络空间治理方面的学者，在《国际关系中的网络政治及其治理困境》中，蔡翠红教授分析了网络政治的作用途径和模式，认为网络政治在国际关系中以权力、身份、规则等形式存在，国际关系的权力分配、权力范畴和权力的性质都受到了网络技术影响产生了改变。[①] 在《网络空间的中美关系：竞争、冲突与合作》中，蔡翠红教授指出网络空间冲击了传统的中美关系，引发两国在网络空间治理、技术优势、军备竞赛方面的竞争，中美应避免在网络空间陷入安全困境并呼吁建立全球性的网络命运共同体。[②] 在《云时代数据主权概念及其运用前景》中，蔡翠红教授提出了数据主权的概念，分析和总结了数据主权的内涵，指出了数据主权具有相对性、相互依赖性和不平等性的特点，分析了维护数据主权的原因。[③] 在《人工智能影响复合战略稳定的作用路径：基于模型的考察》中，蔡翠红教授指出人工智能可以打破国家战略能力、战略行为和战略意愿的间隔，通过对战略能力的全面渗透效应、对战略意愿的双向引导效应、对战略行为的动态介入效应，从正负两个方面影响复合战略稳定。[④]

复旦大学沈逸教授在《后斯诺登时代的全球网络空间治理》一文中指出，全球网络空间中的行为体在能力和资源方面是不平等的，随着数据价值的凸显，当前国家对于数据主权的竞争已不可避免，也成为国家竞争的最前沿部分。沈逸认为，应以数据主权重塑网络空间治理，未来国家在网络空间治理领域的关注点应该在网络基础设施、关键技术标准及核心网络资源的分配利用等领域。[⑤] 除此之外，沈逸教授对于网络空间治理及网络空间战略的观点反映在《全球网络空间治理原则之争与中国的战略选择》《中美战略博弈下的网络安全与网络空间治理新秩序》等文章中。

郑州大学余丽教授认为，互联网的技术身份使其具有工具中性特征，

---

① 蔡翠红：《国际关系中的网络政治及其治理困境》，《世界经济与政治》2011 年第 5 期，第 94—111 页。

② 蔡翠红：《网络空间的中美关系：竞争、冲突与合作》，《美国研究》2012 年第 3 期，第 107—121 页。

③ 蔡翠红：《云时代数据主权概念及其运用前景》，《现代国际关系》2013 年第 12 期，第 58—65 页。

④ 蔡翠红、戴丽婷：《人工智能影响复合战略稳定的作用路径：基于模型的考察》，《国际安全研究》2022 年第 3 期，第 79—108 页。

⑤ 沈逸：《后斯诺登时代全球网络空间治理》，《世界经济与政治》2014 年第 5 期，第 144—155 页。

但是一旦被国家使用便成为国家竞逐权力和利益的工具，因此就具有了“非中性”特征。霸权国利用技术维持既有优势和战略领先，技术领先国可以利用技术进行政治渗透和意识形态输出，新兴市场国家也可以通过后发优势实现技术赶超和权力转移。[①] 在《互联网对国际政治影响机理探究》中，余丽教授以层次分析法在个人、国家和国际体系三个层次解释了互联网对国际政治的影响路径。并着重指出互联网在国家层次对国家权力、国家利益和国家安全三个方面的影响以及对于国际体系结构变迁的催化、同步和建构作用。[②]

关于互联网、大数据、人工智能等技术对国家政治、国家安全、全球治理的研究还包括董青岭教授的《数据力量的崛起与新秩序形成》《网络空间威慑与国际协作：一种合作治理的安全视角》《人工智能与数字外交：新议题、新规则、新挑战》[③]，任琳研究员的《网络空间战略互动与决策逻辑》《大数据时代的网络安全治理：议题领域与权力博弈》[④]，郎平研究员的《网络空间国际规范的演进路径与实践前景》[⑤] 等等。

3. 科学技术与大国竞争研究

随着中国综合国力的稳健增长以及在数字信息技术领域的突破，美国为了维持技术优势和阻碍中国的崛起采取多种方式打压中国的高新技术发展，中美之间的科技战拉开序幕，在此情况下，一批国内学者将视线转移到中美技术竞争之中，围绕大国的技术竞争和国家命运开展了相关研究。

阎学通教授是国内对于大国技术竞争研究的重要学者，其在多篇论文及公开演讲中都将技术竞争作为未来中美大国竞争的核心。在《数字时代的中美战略竞争》一文中，阎学通教授认为，国际关系随着新一轮科技革

---

① 郑志龙、余丽：《互联网在国际政治中的“非中性”作用》，《政治学研究》2012 年第 4 期，第 61—70 页。

② 余丽：《互联网对国际政治影响机理研究》，《国际安全研究》2013 年第 1 期，第 105—127 页。

③ 董青岭：《数据力量的崛起与新秩序的形成》，《世界知识》2019 年第 20 期，第 20 页；董青岭：《网络空间威慑与国际协作：一种合作治理的安全视角》，《太平洋学报》2020 年第 11 期，第 27—34 页；董青岭：《人工智能与数字外交：新议题、新规则、新挑战》，《人民论坛 · 学术前沿》2023 年第 4 期，第 78—85 页。

④ 任琳：《网络空间战略互动与决策逻辑》，《世界经济与政治》2014 年第 11 期，第 73—90 页；任琳、吕欣：《大数据时代的网络安全治理：议题领域与权力博弈》，《国际观察》2017 年第 1 期，第 130—143 页。

⑤ 郎平：《网络空间国际规范的演进路径与实践前景》，《当代世界》2022 年第 11 期，第 53—57 页。

命进入了新时代，传统的以意识形态和地缘政治为核心的竞争策略需要加以改变。如今技术不仅能够决定国家的军事实力，而且决定着国家的财富增长速度、社会的变化和综合国力的发展。在数字技术时代国家竞争有以下特点：第一，数字经济在 GDP 中的比重快速增高，地缘作用越来越小，大国竞争从自然资源领域转移到数字经济领域；第二，数字经济具有垄断性和跨越性特点；第三，数字技术时代国家的竞争凸显政治领导的改革能力。[①] 在《美国遏制华为反映的国际竞争趋势》一文中，阎学通教授认为当前国际格局两极化竞争的核心是技术优势竞争，主要表现为以技术标准为重点的国际规则制定权的竞争。[②] 阎学通教授认为，在未来技术竞争中，技术优势将比意识形态对大国战略的影响更大，国家将以技术实力划分为不同的梯队，并将技术需求作为衡量对外关系的重要考量。

蔡翠红教授在《大变局时代的技术霸权与“超级权力”悖论》中指出，美国已经将维护技术霸权上升为国家意志和战略举措，她将当前美国的技术霸权手段总结为四种：第一，贸易保护和技术壁垒策略；第二，经济制裁和司法干预策略；第三，限制交流和技术封锁策略；第四，政策倾斜和技术联盟策略。[③] 她认为，美国对技术的过分封锁和限制反而会使得美国竞争力下降，软实力受损，联盟体系破坏，最终削弱美国的实力和合法性。

中国社会科学院任琳研究员从国家和市场的逻辑互动的角度，以技术为主要变量分析了技术和霸权国兴衰的关系。在《技术与霸权兴衰的关系——国家与市场逻辑的博弈》中，任琳指出市场的逻辑在于寻求财富利润的最大化，为了追求国际利润，跨国企业是技术扩散和技术创新的主要推动力，而国家追求权力最大化，更注重相对收益的获取，因此更注重技术的垄断。技术既可以创造财富也可以被用来追求权力，财富既可以是权力的支撑也可以违背权力，两者既互补又互相矛盾。任琳认为，决定霸权国兴衰的关键在于在旧技术衰退时期，霸权国是否能够引领新一轮的技术创新，当技术创新受挫时，霸权国更愿意采取技术管制的方法抑制技术扩

---

① 阎学通：《数字时代的中美战略竞争》，《世界政治研究》2019 年第 2 辑，第 4—7 页。

② 阎学通：《美国遏制华为反映的国际竞争趋势》，《国际政治科学》2019 年第 2 期，第 3—6 页。

③ 蔡翠红：《大变局时代的技术霸权与“超级权力”悖论》，《人民论坛 · 学术前沿》2019 年第 14 期，第 17—31 页。

散来阻止新兴市场国家的崛起。[①]

上海交通大学黄琪轩教授将专注点放在重大技术变迁出现的原因上，在《世界技术变迁的国际政治经济学——大国权力竞争如何引发了技术革命》《大国政治与技术进步》[②] 等文章中，黄琪轩教授认为，原有的技术变迁研究更多的将原因放在国内政治因素，如国家能力、制度安排、利益集团等方面，忽视了大国竞争对重大技术变革的推动作用。大国竞争对技术突破的推动主要在政府资助和政府采购两个方面，而政府的资助和采购具有支持集中度高、对成本的敏感性较低和对性能的要求极高的特点，这些都有利于重大技术的进步和突破。当世界政治处于权力转移时期，崛起国与守成国基于威胁感知和权力争夺将大幅增加技术投入，在此期间极大地推动了技术的变革。另外，黄琪轩教授梳理了美国对华技术政策的变迁历程，并对通过新型举国体制构建科技强国提出了相关建议。[③]

从国内外国际政治学者对技术的相关研究看，无论是国际关系理论对于技术的研究，还是技术革命与大国兴衰的研究，以及具体技术对国际政治的影响研究，大多成果丰富，但仍有很大的研究空间可待挖掘。例如，技术与国家实力变迁的关系、国家技术优势建构的影响因素、国家技术赋能力生成的方式途径等仍有着很大的继续研究的空间，因此，本书在前人的研究基础上，从技术赋能视角尝试深化技术与国家实力关系的研究。

第三节　研究目标与结构设计

一、研究目标

本书的主要研究目标为：第一，探寻技术赋能与国家实力转化的生成

① 任琳、黄宇韬：《技术与霸权兴衰的关系——国家与市场逻辑的博弈》，《世界经济与政治》2020 年第 5 期，第 131—153 + 159—160 页。

② 黄琪轩：《世界技术变迁的国际政治经济学——大国权力竞争如何引发了技术革命》，《世界政治研究》2018 年第 1 辑，第 88—111 页；黄琪轩：《大国政治与技术进步》，《国际论坛》2009 年第 3 期，第 59—63 页。

③ 黄琪轩：《大国战略竞争与美国对华技术政策变迁》，《外交评论》2020 年第 3 期，第 94—120 页；丁明磊、黄琪轩：《以新型举国体制为加快建设科技强国提供有力支撑》，《国家治理》2022 年第 23 期，第 40—45 页。

逻辑，分析影响大国技术赋能水平的因素；第二，通过对不同技术时期代表性国家技术赋能的史实分析论证理论假定；第三，总结归纳大国技术赋能的一般模式，分析每一模式的特点。

二、主要创新点

社会科学研究的创新主要在于提出新的理论观点、发掘和使用新的材料、应用新的研究方法三个方面。笔者不敢遑论创新，仅仅是对前人的研究进行延伸补充，主要创新点在于：第一，理论观点方面，本书提出了技术赋能概念，界定了技术赋能的内涵，从技术创新、技术融合、技术耦合三个方面建构了技术赋能与国家实力转化的逻辑关系，丰富了现有理论；第二，研究材料方面，不同于以往研究大多以几次技术革命对国家影响的整体概括，本书大量运用经济史、技术史、军事史以及农业史的详尽数据分析论证技术赋能优势在国家实力转化中的作用，保证了研究的客观性，丰富和补充了相关研究数据；第三，研究时代性上，本书紧密结合当前新一轮科技革命和产业变革蓬勃发展的现实，通过建立一种技术视角的国家实力变迁分析框架服务于当下新技术革命研究，力图通过历史大国兴衰的经验教训为中国的伟大复兴提供借鉴。

三、内容与结构设计

除绪论外，本书分为六章：

第一章为相关概念界定与理论分析框架构建。概念界定部分对文章中关键概念进行严格的界定，并对不同时期先进技术表现进行界定和解释。理论分析框架部分，首先梳理技术要素对国家实力的影响作用，其次从技术创新、技术融合、技术耦合三个方面建构技术赋能与国家实力优势生成逻辑，最后从政府能力、制度机制、经济市场、人才科教等层面分析影响国家技术赋能力的主要因素，建构国家技术赋能一般模式。

第二章以战国时期秦国与六国的国力竞逐为案例，分析政府主导型技术赋能模式。第一部分梳理农业技术时期的技术发展特点和先进技术表现，第二部分进行秦国与六国技术赋能水平对比，第三部分分析秦国政府主导下技术赋能优势的形成，第四部分以史实分析验证技术赋能与秦国国力优势的转化，最后对政府主导型技术赋能模式进行总结。

第三章以 18 世纪至 19 世纪中期英国与欧洲大陆国的国力竞逐为案例，分析市场主导型技术赋能模式。第一部分梳理该时期的技术发展特征和先进技术的表现作用，第二部分对英国和欧陆法国、德国、俄国、意大利等国的技术赋能水平进行对比，第三部分分析市场主导下的英国技术赋能优势的形成，第四部分以史实论证英国技术赋能优势对其构筑强大国力最终建立世界霸权的作用，最后对市场主导型技术赋能模式进行总结。

第四章以二战后美国和苏联的国力竞逐为案例，分析政府市场协作型技术赋能模式。第一部分梳理该时期技术发展的背景以及先进技术表现，第二部分对比苏联和美国技术赋能水平，第三部分分析美国和苏联在不同领域技术赋能力差距形成的原因，第四部分论证技术赋能差距对美苏实力的影响，最后对政府市场协作型技术赋能模式进行总结。

第五章为新技术革命下的技术赋能展望。第一部分梳理逐渐展露的新技术革命的发展特点及其对国家实力的影响，第二部分为历史经验教训对中国的借鉴及战略对策。

第六章为结语。总结文章的主要结论，探讨可进一步开展研究的方向。

第一章　相关概念界定与理论分析框架构建

第一节　相关概念界定

一、科学、技术的概念及区别

要分析技术与国家实力的关系，首先必须将技术的概念、内涵和范围进行界定，而目前社会科学领域和新闻媒体一定程度上还存在对科学、技术、科技等词的混用和错用，对科学、技术、科学革命、技术革命、工业革命这些不同含义、不同指向的专有名词未经严格区分便相互代替使用的现象。清晰的概念界定是开展学术研究的基础，概念不清将误导研究过程，降低研究质量，影响研究结论，因此有必要对上述概念及其关系进行界定和区分。

（一）科学的概念及界定

科学一词最早起源于拉丁文 scio，后来演变成 scientia，英文为 science，原义都是指知识、学问的意思。科学一词在亚洲首先出现是在明治维新时期的日本，当时日本思想家、教育家福泽谕吉将 science 翻译为科学，后来随着康有为、严复在《日本书目志》《天演论》等书中将科学一词在中国的译文确定下来。

关于科学的定义，不同时期不同学者对其内涵和外延的界定不同，世界上还没有一个公认的版本。康德在《自然科学的形而上学基础》中提到，“任何一种学说，如果它可以成为一个系统，即成为一个按照原则而整理好的知识整体的话，就叫做科学”。[①] 尼采认为，科学是一种社会的、历史的、文化的人类活动，是发现而不是发明不变的自然规律。达尔文认为，科学就是整理事实，从中发现规律，做出结论。《辞海》将科学定义为“运用范畴、定理、定律等思维形式反映现实世界各种现象的本质的规律的知识体系”。根据苏联《大百科全书》的定义，科学“是在社会实践的基础上历史地形成的和不断发展的关于自然界、社会和思维及其客观发展规律的知识体系……从现实的事实出发，科学揭示现象的本质联系”[②]。马克思认为：“科学就在于把理性方法运用于感性材料。归纳、分析、比较、观察和实验是理性方法的主要条件。”[③] 美国学者李克特认为，科学“是一个过程，或一组相互关联的过程，通过这组过程我们获得了现代的甚至是正在变化之中的关于自然世界的知识”[④]，即科学发明发现的过程也是人类智慧对自然界的认知过程。查尔斯·维斯将科学定义为“基于实验、观察和理论分析的自然世界的知识，并将这一定义扩展到科学界的工作中”。[⑤] 在中国，梁启超在《科学精神与东西文化》中对科学的解释是“有系统之真知识，叫做科学”[⑥]；陈独秀在《敬告青年》中认为，科学是“对于事物之概念，综合客观之现象，诉之主观之理性，而不矛盾之谓也”[⑦]。

从历史上学者们对科学的界定可以看出，想给科学下一个简洁而精确的定义是十分困难的，但从上述对科学的界定中可以总结出学界公认的科学的一些特征：第一，科学是一个抽象的理论知识体系。科学是对客观对象的本质及其规律的认识和描述，研究对象是客观的，而科学知识是主观的，是通过人类的思维体系加工抽象而成的，是客观对象的规律在人脑中

---

① ［德］康德著，邓晓芒译：《自然科学的形而上学基础》，生活·读书·新知三联书店1988年版，第2页。

② ［苏］П. А. 拉契科夫著，韩秉成等译：《科学学：问题·结构·基本原理》，科学出版社1984年版，第33页。

③ ［德］马克思、恩格斯：《马克思恩格斯文集》第1卷，人民出版社2009年版，第331页。

④ ［美］李克特著，顾昕、张小天译：《科学是一种文化过程》，生活·读书·新知三联书店1989年版，第3页。

⑤ Charles Weiss, “How Do Science and Technology Affect International Affairs?” Minerva, Vol. 53, No. 4, 2015, p. 412.

⑥ 梁启超：《科学精神与东西文化》，《科学》第7卷，1922年第9期。

⑦ 陈独秀：《独秀文存》，安徽人民出版社1987年版，第8页。

的反映。同时，科学是理论体系，并非单独某一知识形式的显现，科学是一种知识的集合。常识虽属于知识，但因其分散性和表面性而不成体系，所以不能成为科学。第二，科学是动态更新的研究过程。拉德尼茨基认为，科学知识并不是固定的，它是增长着的知识，并不断被改善。科学理论是通过人们对客观对象的观察、分析、实验、归纳而总结出来的知识，它不是封闭和固定的，而是随着时间的推移和人类认知能力的提高而不断发展的，随着新的理论体系或补充或代替旧的理论体系，科学也在被逐渐地修正和完善，因此具有新陈代谢的特征。第三，科学必须接受实践的检验。科学理论的形式是一个十分复杂的过程，往往通过科研人员的实践而被发现，又必须接受更广泛的实践检验和确认。无论什么样的科学理论，唯有经受住长期客观实践检验才是真正的科学理论，而很多新的科学观点一开始不被认可和接受，也是在长期的实践中逐渐被证明和确认的。本书把科学概括为：人们为了认识客观世界而通过观察、总结、归纳、实验等实践建立的反映客观世界的本质和规律，并在长期的实践检验中不断地补充、扬弃和完善以无限接近客观真理的知识理论体系。

（二）技术的概念及界定

1. 技术的定义

同科学一词的概念界定一样，学界对于技术一词也没有公认统一的定义，据统计，中外学者对于技术的不同定义有上百种。技术一词最早起源于古希腊语 techne，表示“器具”“技能”“工艺”“本领”。近代技术一词首先出现在17世纪的英国，仅指各种应用技艺，到20世纪初逐渐拓展为工具、机器的使用方法和过程，再后来指人类改变或控制客观环境的手段和活动。①

亚里士多德把技术看作制作的智慧，法国思想家狄德罗对技术的定义是“为了完成特定目标而协调动作的方法、手段和规则结合的体系”②。查尔斯·维斯认为，技术“指的是为了实际目的而对自然界有组织的技术知

① 李景治：《新科技革命与剧变中的世界格局》，河北教育出版社1993年版，第3页。

② 曾国凭、高亮华、刘立：《当代自然辩证法教程》，清华大学出版社2005年版，第144—145页。

识的任何应用，或者开发和使用这些知识的能力”[①]。《剑桥技术发展简史》更认可托马斯·施莱雷恩的观点，将技术主要指向为人类创造的多样性物品，即“人类用以应付物质世界，方便社会交流，实现幻想，满足娱乐以及创造具有意义的象征性符号的一切东西”[②]。

在古汉语中，“技”表示“技能、本领”，如《庖丁解牛》：“善哉！技盖至此乎?”而“术”的含义则十分广泛，包括方法、手段、计谋、策略、学识等，即能够实现目的方法都可称为“术”。根据中国大百科全书出版社的《自然辩证法百科全书》的定义，技术是“人类为了满足社会需要而依靠自然规律和自然界的物质、能量和信息，来创造、控制、应用和改进人工自然系统的手段和方法”。[③] 远德玉等认为，技术是“按照人所需要的目的，适用人所掌握的知识和能力，借助人可能利用的物质手段使自然界人工化的动态系统或过程，并且是实现自然界人工化的手段”。[④] 综合上述学者对技术的定义，本书将技术界定为：人类为满足自身生存和发展的需要，根据长期实践经验或科学理论所创造的各种工具和方法的总和。

2. 技术的形态

第一，实体形态的技术。实体技术是最为广泛和最为直观的技术形态，以各类工具、机械、机器等生产工具为主要代表。依照人类改造自然、开展生产的不同阶段发明创造的技术工具的不同，可以将技术工具划分为手工工具、机械工具、自动装置、电子信息机器等。第二，经验形态的技术。经验形态的技术是人们在长期的实践过程中总结下来的技能、技巧、方法和手段等，也是最为基本的技术表现形态。在不同的时期，经验形态的技术表现也不同。例如，在以手工工具为主的时代，技术经验主要表现在对手工工具的制作和使用上；在近代机械工具为主的时代，技术经验主要表现为对机器设备的设计改造能力，对机械的操作实用技能；在现代信息社会，经验技术更多的表现为对信息化设备的制造使用能力。第三，知识形态的技术。知识形态的技术是对人们技术能力和技巧的总结和升华，

---

① Charles Weiss, “How Do Science and Technology Affect International Affairs?” Minerva, Vol. 53, No. 4, 2015, p. 412.

② Thomas J. Schlereth, “Material culture studies in America,” American Association for State and Local History, 1982, p. 2.

③ 《自然辩证法百科全书》编辑委员会：《自然辩证法百科全书》，中国大百科全书出版社1995年版，第214页。

④ 远德玉、陈昌曙：《论技术》，辽宁科学技术出版社1986年版，第65页。

主要表现为成体系的技术经验和理论知识。知识形态的技术是近现代技术传播和传承的主要形态，包括对各类生产制造的规范化记载的经验知识以及体系化规范化的理论知识。不同形态的技术之间是不可分割的有机体关系，三者之间相互联系、相互补充、相互作用，共同构成人类技术体系。

3. 技术的分类

由于技术本质上是人类的实践活动，自早期人类开始使用技术以来创造了无数形态的技术，技术在时间上跨度百十万年，内容上包罗万象，体系十分庞大，因此技术的分类标准有很多种。按照自然的基本运动形式分类，可以把技术分为机械技术、物理技术、化学技术、生物技术。① 根据技术所解决或应用的领域划分，技术可以分为农业技术、工业技术、建筑技术、交通技术、通信技术、医疗技术、国防技术等。根据解决问题所用的工具和手段的不同，可以把技术分为电子技术、人工智能技术、自动化技术、机械技术、手工技术等。根据生产性划分，可以分为生产性技术和非生产性技术，生产性技术包括机械制造、自动化、建筑、采矿、冶金等生产过程中的技术，非生产性技术包括音乐、美术、舞蹈、体育等人文艺术领域的技术。根据生产过程进行分类，技术可以分为三大类，每一大类又包含具体的细分领域：农业生产技术大类，包括种植技术、饲养技术、育种技术等；工业生产技术、包括材料技术、机械技术、运输技术、工程技术、动力技术等；信息产业技术，包括计算机技术、微电子技术、通信技术、传感技术、控制技术、系统开发技术等。另外，根据各生产要素在部门中的集中程度，可以把技术分为劳动密集型技术、资本密集型技术、知识密集型技术等。

从对技术的分类可以看出，技术类别根据不同的分类标准多种多样，不同分类基于所从事的研究工作和分析要求而定，而在国际政治中，一般较为重视经济生产技术、交通技术、信息技术、军事技术等直接关系到国家安全和生产力发展的技术。

（三）科学与技术的关系

科学与技术最早是完全独立存在和各自发展的两个体系，并且技术的出现远早于科学，随着时间的推移，科学与技术逐渐交汇，从发展历程上

① 徐治立主编：《自然辩证法概论》，北京航空航天大学出版社 2008 年版，第 159 页。

看存在两者各自发展、相互交汇和紧密联系三个阶段，但科学与技术始终具有各自独立性，不会完全融合。

1. 技术早于科学，科学与技术各自发展

技术出现的历史远远早于科学，技术的历史和人类的历史一样久远，在人类掌握科学知识之前，技术便随着早期人类制造工具的过程而产生。人类社会早期受知识积累和生产力发展的客观条件限制，很难进行科学研究，但早期技术的使用和进步并不需要太多条件，随着人类的劳动和实践而不断演进。早期的技术或是来源于偶然发现，或是来自对长期的生产生活经验的积累总结，或是来自实际生活的需要而通过不断的尝试获得。以人类掌握用火技术为例，据考古学家研究，中国大约在 100 万年前的元谋人[①]时期便有使用火的痕迹，早期人类首先使用雷鸣闪电以及火山喷发等带来的天然火种获取光和热以进行取暖、照明、烤制熟食及防御野兽，极大地提高了人类的生存能力。但天然火种的保存和携带较为困难，限制了人类对火的应用，后来在长期生活实践中，人类逐渐掌握了钻木取火、燧石取火等摩擦取火的技术，使得火的应用范围和易取性大大提高。恩格斯认为，“摩擦生火第一次使人支配了一种自然力，从而最终把人同动物界分开”。[②] 此后较长一段时期人类虽然掌握了获取和应用火的技术，但却不了解物质何以燃烧的原理，直到法国科学家拉瓦锡于 1775 年和 1777 年公布了《使金属煅烧增重元素的性质》《燃烧概论》研究报告，该研究全面推翻了错误的“燃素学说”[③]，提出了燃烧氧化的科学原理，使得人们真正了解了燃烧的本质。[④] 但在燃烧的科学原理揭示之前，人类已经在其文明中熟练使用火来服务于生产生活和战争，由此可见，技术的应用早于科学的探索，缺乏科学理论的技术应用同样可以产生和发展。

早期的科学和技术呈现不同轨道发展的情形，形成各自的体系而联系较少。科学研究在早期阶段属于僧侣、贵族等特定阶层专有，希腊的哲学

---

① 因发现地点在云南元谋县上那蚌村西北小山岗上，定名为“元谋直立人”，根据古地磁学方法测定，其生活年代距今约 170 万年，根据出土的石制品、大量的炭屑和哺乳动物化石，证明他们是能制造工具和使用火的原始人类。

② ［德］恩格斯著，中央编译局译：《反杜林论》，人民出版社 1970 年版，第 112 页。

③ 燃素说认为，一切可燃物都富含一种燃素，可燃物是燃素和灰渣按照一定比例构成的化合物，一切与燃烧有关的化学变化都可以归结为物体吸收燃素或放出燃素的过程。

④ 周雁翔：《拉瓦锡与化学革命》，《科学学与科学技术管理》1999 年第 8 期，第 47—49 页。

家往往专注于观察思考人与世界的问题，更多的偏向于哲学思辨。早期的技术与劳动实践相关，和工匠关系紧密，独立于科学之外。例如，古代农业工具的发明和制造并没有多少材料科学、结构力学的理论支撑，而是在长期的劳动实践中不断地总结和改进完善的。从石器到青铜器再到铁器的使用都是古代匠人们凭借长期的实践经验得出的配比冶炼方法，他们并不了解其中的化学元素和化学反应关系。也因为科学和技术掌握者的阶层不同，导致无论是古代东方国家还是西方国家，科学思想和技术实践之间都较少进行交流和融合，科学与技术彼此独立发展。著名历史学家麦克尼尔指出，人类历史的大部分时期，科学与技术彼此之间都是毫不相干的，科学主要影响思想观念却极少作用于实践层面，而技术往往来源于工匠且几乎没有什么科学培训。[①]

2. 科学与技术逐步相互联系

近代以后，随着科学革命带来的科学知识的迸发，技术发明创造中越来越多的使用科学理论，科学在技术发展中开始占据一定位置。科学与技术独立发展一直持续到19世纪工业革命初期，甚至是英国工业革命早期阶段的技术发明也主要源自工匠的发明和经验，科学在其中的作用甚微。科学与技术相结合出现在19世纪后半叶，阿尔弗雷德·怀特海指出："19世纪最伟大的发明是找到了发明的方法。"[②]"有机化学的发展使得大规模的综合整染工艺成为可能，对电与磁性质的研究为电灯、电力和交通业奠定了基础。"[③]此时技术的精密性和稳定性等都要求科学理论参与技术发明和改造。大威力火炮的设计必须了解各种金属元素的性质，才能找出适合的材料制造膛压更高、耐用性更久的炮管，弹道科学的运用在设计不同弹道曲线和类型的火炮中占据重要位置，水面舰艇和水下潜艇在建造之初，就必须根据科学公式设计其外形和结构以减少阻力。这一时期科学的发展也逐渐需要更多的技术工具帮助，以化学元素的发现为例，虽然有几种化学元素都是科学家根据推理预测判断的，但真正发现和证明其存在则需要相应的分析仪器的帮助。稼（Ga）元素在1871年由著名科学家门捷列夫根

① ［美］约翰·R. 麦克尼尔、威廉·H. 麦克尼尔著，王晋新等译：《人类之网——鸟瞰世界历史》，北京大学出版社2011年版，第301页。

② ［英］A. N. 怀特海著，何钦译：《科学与近代世界》，商务印书馆1989年版，第101页。

③ ［美］乔治·巴萨拉著，周光发译：《技术发展简史》，复旦大学出版社2000年版，第30页。

据元素周期表推算得出，但当时并没有真实的稼元素被发现以证明其确实存在，直到1875年法国化学家布瓦博得朗在观察锌矿的光谱时发现两条未知的线条，并经过极其复杂的化学提取才得到元素稼，由此证实了稼的存在。由此可见，随着科学发现的难度增高，科学的发展进步对于技术的需求和依赖也越来越多。

3. 科学指导下的技术和技术支撑下的科学

现代科学与技术联系越来越紧密，形成辨证统一的关系。早期的科学研究较为容易被观察和发现，例如，浮力定律就是阿基米德在洗澡时发现水的溢出进而总结出来的，万有引力定律是牛顿在受到掉落的苹果的启发进而推理计算出的。随着科学研究的深入，近现代的科学研究已经远非早期科学那般容易开展，对宇宙天体的宏大研究及粒子等微观世界的探索必须借助射电望远镜、高能加速器等极为精密和先进的技术工具设备，科学对技术的依赖越来越强，出现科学技术化的趋势。同时，现阶段技术的发展也离不开科学的指导。早期的技术发展更多依靠长期反复摸索总结的经验，技术发展的方向不明确、失败率高、进步缓慢，而现代技术大都是在科学理论的指导之下进行的技术创造和革新，基本上都是根据科学原理和科学规律的明确指向开展的。以人类对于热核能源的追求为例，目前人类已经掌握了核聚变和核裂变的科学原理，并且已经掌握利用核裂变所释放的能量进行发电的技术。科学理论使得人类知悉核聚变的能源转换效率相对核裂变更优更高，但人类现有技术无法实现对核聚变的可控利用，因此，核聚变技术的发展就需要沿着科学道路的指引进行，从而具有明确的目标和方向。这一阶段科学和技术相互联系、相互支持、联系紧密，同时仍要强调的是，科学和技术依然是两个领域，即便联系愈加紧密也不能将两者认为是一体。科学仍旧是反映客观事物本质属性及其规律的知识体系，而技术仍然是改造世界的方式、方法、手段，两者的本质和特征各异，不能也不可能互相代替。

（四）科学与技术具体区分

科学和技术是明确不同的两个概念，但在现实生活甚至学术研究中经常出现关于科学、技术、科技的混用现象。从上文分析可知，科学与技术都是从西方国家引入到中国的词汇，科学和技术都有专有的名词相对应，即science和technology，二者各有所指，意义不同。科学主要是对未知的探索、真理的追求，是一种形而上的理论体系，而技术是对自然和社会的改造，注重应用和效率。在国内，为表示对科学和技术的重视以及显示科学和技术的巨大作用，往往以“科技”代替科学和技术，但该词是中国独创，在国际上并无对应词汇。当然，随着近代科学与技术的发展，两者之间的关系越来越紧密，科学的发明发现离不开技术的支撑，而技术的进步往往是沿着特定科学理论的指导下进行的。尽管如此，笔者认为科学与技术毕竟是两个领域，仍有必要分开理解，科学和技术仍有不同的发展逻辑，其发展时间并不完全重合，发展速度并不完全同步。如果把科学和技术这两个内涵及特性不同的词汇不加区分地混用，既不利于开展学术研究，也会阻碍科学和技术各自的进步，更容易误导相关政策的制定。具体来说科学与技术有着以下的区别：

从本质上看，科学属于认知范畴，主要回答“是什么”以及“为什么”的问题，探索和解释自然社会现象，揭示和总结其中的客观规律，即马克思所说的，“把可以看见的、仅仅是表面的运动归结为内部的现实的运动”①；而技术更多的是因为人类的需求去实践的范畴，主要解决实践中的“做什么”和“怎么做”的问题。

从使命上看，科学的基本使命在于认识客观世界，探索真理、发现规律、解释和预见是科学的主要任务。科学是人类认识自然的实践活动，其目的在于认识、了解和解释世界，科学理论是关于客观世界的有条理系统化的知识。而技术的使命在于根据人的目的，借助特定的手段去改造、控制客观世界，与科学相比技术更具有工具性，是人类改变自然的手段和方法。

从起源上看，科学最早源于人们对外界自然的惊奇和疑惑而试图去了解和解释这些现象。最早的科学源于哲学，被亚里士多德称为有关某些原理与原因的知识，“古往今来人们开始哲理探索，都应起于对自然万物的惊异，他们先是惊异于种种迷惑的现象，逐渐积累一点一滴的解释，对一些较重大的问题作出说明，只是想脱出愚蠢”。② 可见人类最早从事科学探索的目的在于部分人摆脱了生活基本必需品的限制，进而为摆脱愚昧而寻找智慧，并没有使用目的。技术则是直接起源于人类的劳动和实践，基于

① ［德］马克思、恩格斯著：《马克思恩格斯全集》第 25 卷，人民出版社 1974 年版，第 349—350 页。

② ［古希腊］亚里士多德著，吴寿彭译：《形而上学》，商务出版社 1981 年版，第 5 页。

生存的需求和长期实践经验总结逐渐积累而来。

从时间上看，科学出现的时间较晚，虽然古代的阿基米德、亚里士多德有一定的科学发现，但并没有形成科学体系。主流学者的观点认为，科学出现在近代以后，特别是16世纪、17世纪天文学革命和牛顿力学出现以后，至今不过三五百年。而技术则随着早期人类的出现而被创造和应用，其历史和人类的历史一样久远，并始终伴随着人类的进步而不断演进。

从表现形式上看，科学活动最终成果的表现形式是科学论文和研究报告，宣布新的物质发现以及阐述新的理论立场等知识形态。而技术活动的最终表现一般是有形的、物质性的材料、工具、机械等实物，以及相对应的方法和手段。

在价值方面，科学的价值在于判断事实、解释规律，科学往往对社会经济发展不产生直接的作用，其产出以理论形式表现且很难对其进行量化评价，但重大的科学发现往往会推动技术的重大突破，通过指导技术的改进而对社会经济产生长远性、深刻性甚至革命性的影响；技术直接与社会经济生产相关联，通过发明创造直接对生产力产生作用，直接产生可量化的社会经济价值。

在评价标准上，对于科学的评价在于真伪，科学有正确和谬误之分，科学的进步在于对科学理论的完善，通过实践对科学理论进行检验。由于科学并不与生产生活产生直接联系，不能用直接社会价值来衡量科学，因此，科学的评价更多的是同行评议。对于技术的评价以功利角度为主，以技术的效率高低、先进落后、好坏善恶为划分，衡量其对生产力的推动程度、对经济的促进作用、对生态环境的影响程度等。一如英国生物学家刘易斯·沃尔珀特总结道："技术的成功与欲求和需要有关，而科学的成功依赖于与实在符合。"①

在开放性上，科学是无国界的，科学发现是面向学术界和全人类开放的，科学的开放性与专利制是对立的。科学的发现大都以论文的形式公开展示给学术界，寻求同行的检验和认可，其发现成果由全人类共享。技术由于直接作用于社会生产，涉及所有者的利益，因此技术往往是排外的。古代工匠的技术只传授给自己的子女、徒弟，近现代产生的专利制度同样是对于技术的保护。对国家而言，某些先进技术直接关系到国家的生产

① Wolpert, Lewis, "The Unnatural Nature of Science," Faber and Faber, 1992, p. 32.

力、国际贸易竞争力和军事作战能力，为了保持竞争优势国家会选择技术出口限制等措施避免先进技术的流失。

在推动力上，科学的推动力往往是科学家认知世界基本原理的好奇心，探索真理的求知欲望，而不是基于人的生存生活需要，从科学史来看，科学重大进步往往依靠少数的、独特的个人来实现。科学研究由于其理论性特征一般不直接作用于生产和市场，因此对科学研究成果的奖励是崇敬和名誉而非金钱。而技术往往是由需求推动的，需求刺激发明可以用来解释说明大部分的技术活动。① 人们基于居住和庇护需要发明了房屋和城堡，基于饮食需要发明了农业器具，基于出行需要发明了各种交通工具。而基于国家社会的现实需求以及经济市场给技术所有者带来的回报则会促进技术的投入，加速技术的进步。

表 1－1　科学与技术的区别

	科学	技术
本质	认知范畴	实践范畴
使命	认识世界、发现规律	改造世界、满足需要
起源	好奇和疑惑	劳动和实践
出现时间	近代以后	与人类同步
表现形式	知识体系、科研论文	工具、发明及经验方法
价值作用	难以量化、间接生产力	可量化、直接生产力
评价标准	真伪、谬误	效力、效率
开放性	面向全人类开放	保护和专利
推动力	好奇心、探索精神	需求、市场、回报

二、科学革命、技术革命的界定

（一）科学革命的概念和阶段划分

1. 科学革命的概念

革命即根本性的变革，是对某一领域的迅速的、激烈的、彻底的改

① ［美］乔治·巴萨拉著，周光发译：《技术发展简史》，复旦大学出版社 2000 年版，第 6 页。

造。革命既包括对旧事物的破坏也包括对新事物的创造和建设，科学革命的标志就是新的科学范式的出现，新的科学范式取代旧的科学范式，带来科学理论、科学框架、研究方法、思维方式的根本性变革。最早对于科学革命概念研究的是法国科学思想史家柯瓦雷，其在《伽利略研究》中将科学革命意指哥白尼日心说和牛顿力学对人类思想观念转变的影响。对于科学革命的研究最权威和最有影响的是美国科学史家托马斯·库恩，其在《科学革命的结构》一书中对科学革命的一般模式和相关理论进行了详尽的探讨。库恩认为，科学革命是指科学发展中的非积累性事件，是旧的范式全部或部分的被与其完全不能并立的新范式取代的过程。[①] 库恩将科学革命的结构或者历程总结为以下几部分：

第一，前科学阶段。在前科学阶段，科学家们持有不同的观点、理论、方法，彼此之间各抒己见，相互争论。

第二，常规科学阶段。在这一阶段，科学团体逐渐接受了一个单一的范式，科学家们以一个单一的范式或一组密切相关的范式作为研究依据，在范式规范的科学概念、理论、工具和方法下进行研究，稳定地拓展科学的广度和精度。

第三，反常阶段。科学共同体中的一小部分人注意到出现了利用现有范式无法有效地探究某些问题，而且在现有的范式指导下的预设结果与反常现象差距甚远，开始对现有范式产生怀疑。

第四，危机与革命阶段，当科学界越来越多的人注意到反常现象，并且原有的范式无法解释越来越多的反常现象，原有的范式出现危机，更多的杰出人物投入到反常现场研究中，最终新的范式出现代替旧的范式。当然，对新的范式的接受是一件十分艰难的过程，甚至会遭到很大的反对，德国物理学家马克思·普朗克认为，要等到反对新范式的旧范式支持者都去世后，接受新范式的一代成长起来，新范式才可以被完全接受。经过这一历程完成了范式的转换，也就是科学革命的完成，然后再进入常规阶段和新一轮科学革命。

总之，库恩认为，科学革命就是抛弃旧范式建立新范式的过程。其中范式可以理解为科学团体围绕某一学科的理论上和方法上的共同信念，正

---

① ［美］托马斯·库恩著，金吾伦、胡新和译：《科学革命的结构》，北京大学出版社 2003 年版，第 85 页。

是有了共有范式，经过相同教育和训练的科学家们才能进行交流，形成科学共同体。在库恩之前，一般认为科学发展是一个渐进式过程，而库恩明确地否定这一观点，认为科学不是历史中的积累过程而是跳跃式的，“每一次革命都迫使科学共同体抛弃一种盛极一时的科学理论，而赞成另一种与之不相容的理论”①。库恩认为，科学革命就是范式的转换，科学范式具有不可通约性，范式的差异是不可调和的，每一次科学革命也是对科学思维的改变，是对科学家进行科学研究的世界观的转变，“范式一旦改变，这个世界就随之改变了”②。需要说明的是，科学革命并不是对旧的科学理论的完全抛弃，而是对旧的理论框架的打破，构建新的分析框架和基本假设以释放更大的探究力，原有的理论的真理部分将被保存并融入新的范式框架之内。

2. 科学革命的阶段划分

科学革命很少发生，一般情况下，新的科学范式会从某一学科率先诞生，继而传播到其他学科，逐渐取代原有的科学范式，当新的范式被科学界普遍接受时，就可以认为新的科学革命的完成，因此以重大范式转换为标志的科学革命是稀少的、罕见的。一般认为，自近代科学产生以来，一共发生过两次科学革命。

第一次科学革命即“伽利略－牛顿革命”，时间上处于16世纪到18世纪，以哥白尼的日心说天文学革命为开端，以伽利略和牛顿为代表的经典力学体系的建立为标志。③ 在日心说被提出以前，整个欧洲的科学被宗教垄断和独裁，哥白尼的日心说提出地球是运动的且不是宇宙的中心，推翻了统治天文学领域长达1000多年的托勒密的地心说体系，“是一场观念上的革命，是人的宇宙概念以及人与宇宙关系的概念的一次转型”④，被恩格斯赞誉为自然科学的独立宣言，“从此自然科学便从神学中解放出来”⑤。牛顿运动定律则阐述了经典力学中的基本规律，基本上解决了宏观低速世

① ［美］托马斯·库恩著，金吾伦、胡新和译：《科学革命的结构》，北京大学出版社2003年版，第5页。

② ［美］托马斯·库恩著，金吾伦、胡新和译：《科学革命的结构》，北京大学出版社2003年版，第112页。

③ 胡志坚：《世界科学革命的趋势》，《科技中国》2019年第12期，第1页。

④ ［美］托马斯·库恩著，吴国盛、张东林译：《哥白尼革命——西方思想发展中的行星文学》，北京大学出版社2003年版，第1页。

⑤ ［德］恩格斯著，于光远等译：《自然辩证法》，人民出版社1984年版，第7页。

界的运动问题。此外，科学的研究方法也在此期间诞生，弗朗西斯·培根的《新工具》提出了实验归纳法，泰勒·笛卡尔的《方法论》提出了数学演绎论法，伽利略提出了理想实验法、数学与实验相结合的科学研究方法，牛顿则倡导实验抽象法、分析综合以及归纳演绎法。总之，第一次科学革命打破了宗教对科学的垄断，培养了崇尚理性的科学精神，确立了科学的研究方法，确立了机械唯物主义的自然观。

第二次科学革命是“相对论－量子力学革命”，发生的时间在20世纪初，其标志为爱因斯坦相对论和普朗克量子论的提出。牛顿力学建立在绝对时空的基础上，其局限性在于把时间和空间看做各自独立的、绝对的存在，将物质运动归结为简单的机械运动，因此只适用于宏观低速物体，无法解释高速运动和微观物理现象。相对论则提出了“四维时空”的概念，认为时间和空间都不是绝对的，因此可以合理的解释高速运动和微观的物理现象。以相对论－量子力学为标志的第二次科学革命在范式上完成了对经典力学的超越和革命，改变了人类对宇宙的固有观念，更新了人们的世界观，引领了新一轮科学革命的发展。

第三次科学革命尚未见端倪。根据前述对科学革命的定义和特征的描述可知，科学革命是很少发生的，在没有科学范式转换和新的颠覆式理论产生的情况下不能判定新的科学革命发生。目前的科学前沿仍然处于相对论和量子力学的范式之内，在该范式之内的黑洞研究、引力波研究、暗物质研究、多元宇宙研究等，仍是对当前范式的验证和补充，并未有迹象表明新的科学范式和科学革命的出现。中国科学技术发展战略研究院胡志坚院长认为，当前所属的科学革命的挖掘已经到了报酬递减期，现有范式下可供挖掘的科学空间日渐枯竭，重大的科学发现越来越难以产生，基础科学的投入产出比日渐降低。[①] 当前的科学发展是在现有范式下的补充完善，更多的科学家开始将重点向应用科学方向转移。因此部分文章在描述当下科学技术发展对国家崛起的重要影响时提到“新一轮科学革命”“新一轮科技革命的到来”“我们要抓住新的科技革命”，缺乏对科学革命定义的考证。

（二）技术革命的概念和阶段划分

技术革命一般指生产工具和工艺过程的重大变革。技术革命具有跨越

① 胡志坚：《世界科学革命的趋势》，《科技中国》2019年第12期，第2页。

性和累积性的特征，每一次新的技术革命都是对前一次技术革命的超越，能够创造以前技术手段所难以企及的生产工具，进而带来生产力的极大提升。每一次新的技术革命都能够给人类的生产生活带来巨大的影响，改变人们的生活形态和习惯，丰富人类的物质和精神活动，使人类对提高改造自然的能力和手段越发积极。蒸汽机带来的动力是对人力和畜力等原始动力的一种革命性超越，使用喷气式发动机的飞机在动力和性能上是对螺旋桨－活塞发动机飞机的飞跃，这些技术的进步都具有跨越性特征。但是技术的创新和革命并非是对前期技术的完全否定和废弃，而是在新技术的改造下赋予前期技术新的活力和能动性，形成一种多层次技术相互融合的特征。例如，机械动力的发明并没有否定早期农具的作用，而是赋予早期农具以机械动力，形成改造自然更具效率的结构。依照学界较为认可的分类方法，已经发生的重大技术革命可以分为三个阶段：

第一次技术革命以18世纪英国纺织机的发明为起点，以蒸汽动力的发明和改进为标志。这次技术革命是机械机器对手工劳动的革命，在此之前的很长时间内人类主要凭借双手直接使用工具进行生产，并且以人类自身的力量为主要动力来源。第一次技术革命使人类摆脱了手工工具为主的生产方式，开始以蒸汽为推动力，以机器机械为主体进行生产活动。第一次技术革命促进了纺织、采矿、机械制造、交通运输等部门的发展和变革。

第二次技术革命发生在19世纪下半叶到20世纪上半叶，以内燃机和电力的发明为标志。以煤炭和蒸汽机为主要动力的机械存在诸多缺点，比如能效转化率低、体积较大运输不便、机器沉重适用范围有限等，内燃机和电力的发明使得人类能够更为便捷高效地使用能源。内燃机和电力的发明又促进了合金技术、导体和绝缘体技术、航天技术、控制技术等的发展。

第三次技术革命发生在20世纪中叶，以雷达技术、火箭技术、原子能技术等军用技术为开端，其后出现半导体微电子技术、生物技术、纳米技术、信息技术、空间技术等群体性发展，其中计算机信息技术为第三次技术革命的核心。与前两次技术革命相比，第三次技术革命已经从原来的单一领域技术创新和突破为主发展到群体性创新、群体性进步的阶段，技术研发领域越来越细化，研究越来越深入，各项技术之间的融合越来越紧密，技术研发创新以科学理论为基础和指导，技术创新和更新的速度也远超前两次技术革命。

三、技术赋能的概念界定与内涵

（一）技术赋能中的技术界定

技术赋能中的技术特指一定时期内对生产力发展和国家实力增长有着巨大推动力的先进技术。先进技术又称高技术、新技术，英文对应 advanced technology 或 new technology，牛津词典将其定义为 new technology，是一种从根本上改变物质生产或执行方式的技术，可见先进技术是指具有革新性和极大进步性的技术。但是在国际政治领域，先进技术并不涵盖所有技术领域范围，而是专指对生产力发展、国家综合实力以及国家竞争力具有重要推动作用的技术。技术具有多样性的特征，人类的生活、社会的发展无时无刻离不开技术，虽然很多技术较为先进且非常重要，但并不是所有的技术都对国家的综合国力和竞争力产生影响。例如，在工业革命时期，英国较为领先的布匹花色印染技术并不能列为同蒸汽机、纺纱机同等重要的先进技术。本书将技术赋能中的技术定义为代表一定历史时期较高水平、满足国家社会现实需求、对生产力发展具有极大推动作用、对国家综合实力增长具有重要影响的相关技术。具体来说赋能技术需要符合以下标准：

第一，技术的发明和出现必须基于强烈的社会需求或巨大的应用潜力，而非纯粹的发明创造。当现有技术难以满足现实需求，社会存在对技术革新的强烈需求和热切渴望时，能够满足现实生产发展需要的新技术才属于先进技术范畴。在农业技术时期，冶铁技术的进步和铁制农具的发明就根植于当时人地关系矛盾突出，石制、木制、青铜工具难以满足农业生产的现实需求，蒸汽机的发明革新与矿石燃料需求增加、煤矿排水困难的急迫需求息息相关。而其他纯粹的发明创造无论技术水平高低并不被纳入国际政治中先进技术范围。

第二，赋能技术具有高于既有技术的优势，能够弥补技术研发和技术变迁的成本。新技术必须有效率优势，使国家社会采用该项技术能够带来更大的收益和回报，以弥补研发创新的成本和技术变迁带来的各类运转模式转变的冲击。例如，在农业技术时期，冶铁技术的难度和成本高于青铜冶炼，但通过冶铁技术带来的铁制农具的革新能够弥补矿石采集和冶炼的成本投入，并且能够极大地促进农业生产的发展。电子计算机和信息技术涉及各类芯片、半导体的研发制造，成本投入巨大，但其计算能力、信息收集分析处理能力带来的生产效率的提升和社会经济回报远大于投入，因此才能带来该项技术产业的推广和繁荣。而在其领域中不具备效率优势和回报优势的技术并不能算作先进技术。

第三，赋能技术必须能够对国家实力的增长具有较大的推动作用。这一点是赋能技术最重要的衡量指标，即必须能够在经济生产、交通运输、国防军事等重要领域产生重要影响，具备重大推动作用的技术才属于赋能技术。例如：对原子核技术的掌握和核武器的研制，使得一国具有了强大的国防军事优势，其他国家任何常规军事技术装备在此面前都显得不堪一击；超级计算机具备海量数据的高速处理能力，能够用于气象监测分析、基因测序、流体力学分析、航天测算、宇宙空间分析等领域，有着巨大的社会经济价值和军事价值，因此属于较为先进的技术工具范围。当然，不同时期和不同技术水平下推动国家实力增长的先进技术的表现不同，先进技术随着人类技术的进步处于动态更新之中。

人类技术处于不断发展演进的过程之中，不同时期、不同阶段的主导性先进技术不同。生产工具的革新是生产力进步的重要标志，本书以人类创造和使用的生产工具作为技术演进的划分标准，从早期国家产生到现今可以分为农业技术时期、工业技术时期、信息技术时期和智能技术时期，每一大的技术时期由于技术的不断演进又可以划分为若干个小的技术时期。每一技术时期的主导性先进技术不同：

1. 农业技术时期

农业技术时期上自国家产生下至18世纪织布机、蒸汽机发明前为止，该技术时期又可以分为石器技术时期、青铜器技术时期、铁器技术时期三个阶段。农业技术时期的技术发明进步围绕农业生产展开，这一时期的主导性先进技术为农业生产的相关技术和各类金属工具的冶铸技术，青铜器技术时期的主导性先进技术为青铜冶炼技术以及各类青铜工具和兵器的铸造技术，到了铁器技术时期主导性先进技术为冶铁技术以及各类铁制器具的铸造技术。

2. 工业技术时期

工业技术时期以18世纪织布机、蒸汽机的发明使用为开端，到20世纪中叶信息技术的出现为止。工业技术时期又可以分为蒸汽技术时期和内燃机－电气技术时期。工业技术时期的主导性先进技术的发明围绕各类机器机械展开，包括动力织布机、蒸汽机、内燃机、发电机等。该时期技术发展的最大特点是机器生产代替手工生产，以化石能源代替人力、畜力作为驱动力。

3. 信息技术时期

信息技术时期起步于20世纪四五十年代，持续到21世纪初。信息技术时期最具影响力的赋能技术包括电子计算机、互联网、信息技术、原子能、生物工程等，诸类技术的推广应用改变了生产力的发展模式，迫使军事装备和军事战略进行信息化革命，同时改变了人们的工作生活娱乐方式甚至思维模式，信息技术在全球发挥着惊人的效力。

4. 智能技术时期

智能技术时期发端于21世纪10年代，由于智能技术仍属于发展的初级阶段，学界对于这一技术的界定存在争议。从目前已有的研究和趋势来看，智能技术以物联网、人工智能、大数据、云计算、量子计算等先进技术的突破和应用为代表，通过密布的传感器和高速无线传输实现物物互联、人物互联和万物互联，并通过大数据、云计算、通用大模型等智能方式辅助人脑思维判断和从事生产活动，对人类的生产生活产生不可估量的影响。

（二）技术赋能的概念与内涵

赋能一词并非国际政治学科的原创和专有词汇，其最初来源于心理学，并逐渐应用于经济学、管理学等更多领域，因此不同学科和不同学者对于赋能具体的含义界定不一。赋能在英文中一般对应enable和empower。enable的含义为：给（某人）提供做某事的权力、手段、方法，使可行或可能；使（设备或系统）可操作，启用激活；赋予权力、能力或许可。empower的含义为：赋予（某人）权力，增加（某人）自主权；授予（某人）官方权力或法律权力。两者的区别在于enable主要指提供方法或手段以达到目的，而empower更多指代授权赋能和放权增能。在心理学中，赋能一般指通过语言、态度、环境等方式给予对象心理感知的影响，从而产生内在激励以最大限度地提高个人效能感。[1] 在经济学和管理学领域，赋

---

① Conger J. A., Kanungo R. N., "The Empowerment Process: Integrating Theory and Practice," Academy of Management Review, Vol. 13, No. 3, 1988, pp. 471-482; Bandura A., "Self-efficacy: Toward a unifying theory of behavioral change," Psychological Review, Vol. 84, No. 2, 1988, pp. 191-215.

能多指代上级给予下级更多额外的权力以提升组织灵活性和保证生产效率，是“把决策往下推，让那些在前线的人，通常是那些拥有最好信息的人，能够迅速果断地采取行动”的组织管理方式。[①] 这种赋能的定义更具放权赋能和决策去中心化的指向，其内涵与 empower 更为贴切，授权赋能，即给予下级更多职权以使其分享信息、资源和决策权，培养其自主能力和责任感，激发其创造性和事业热情，以克服传统命令－支配型管理模式的弊端，最终提升组织效能。[②] 近年来，赋能更多与具体的方法和路径相结合，以主语＋赋能的形式展现，通过特定方式以赋予主体更强大的能力以实现更高效能，如技术赋能教育、文化赋能城市、数字赋能产业等等。[③]

在本书中，技术赋能中的“赋能”一词更接近于英语 enable，而非代表授权赋能的 empower，赋能的基本含义为赋予能量使之能够或更有能力，技术赋能的字面含义即通过技术方式和路径赋予国家更多实力或能力，因此技术赋能就是通过先进技术的研发创新和转化应用以赋能国家实力增长的过程。技术赋能不是简单地由技术赋予能力，也不可能被动地由技术赋予能力，而是国家主动地、自主地创造各种条件以最大限度地发挥先进技术的赋能作用来获得实力的提升，而代表着技术赋能水平的国家技术赋能力，即一国持续性地通过先进技术的研发创新和转化融合推进综合国力提升以最终赢得综合国力优势的自主能力。

技术赋能是由技术创新、技术融合、技术耦合三个方面综合构成的统一体。技术创新，即特定技术时期内的国家对于关键性、核心性以及前沿性、未来性技术研发创新的总称；技术融合包括技术转移融合和技术转化应用两部分，技术转移融合即不同领域间的技术相互转移、渗透、融合的

---

① McChrystal S. , Silverman D. , Collins T. , “Team of Teams: New Rules of Engagement for a Complex World,” Portfolio Press, 2015.

② Barner, Robert, “Enablement: The Key to Empowerment,” Training and Development, 1994 (June), pp. 33 –36; Burke, W. , “Leadership as empowering others,” Jossey – Bass, 1986; Laschinger H. K. S. , Finegan J. , Shamian J. , “The impact of workplace empowerment, organizational trust on staff nurses' work satisfaction and organizational commitment,” Health Care Management Review, Vol. 26, No. 3, 2001, pp. 7 – 23; Malone T. W. , “Is empowerment just a fad? Control, decision making, and IT,” Sloan Management Review, Vol. 38, No. 2, 1997, pp. 23 – 35.

③ 葛和平、吴福象：《数字经济赋能经济高质量发展：理论机制与经验证据》，《南京社会学》2021 年第 1 期，第 24—33 页；陈乙华、曹劲松：《文化赋能城市的内在机理与实践路径》，《南京社会科学》2020 年第 8 期，第 129—137 页；刘静、惠宁、南士敬：《数据赋能驱动文化产业创新效率的非线性研究——基于 STR 模型的实证检验》，《经济与管理研究》2020 年第 7 期，第 31—46 页。

过程，技术转化应用即先进技术成果的转化应用与实践；技术耦合，即国家的政治经济制度设计、政策制定、文化风俗等与该时期技术发展的方向、特点、要求之间的契合程度，具体包含制度耦合、政策耦合以及文化耦合等要求。三者中技术创新是技术赋能的前提和基础，在无政府体系舞台上，由于国家利益的排他性和竞争的必然性，任何国家都难以通过技术引进和模仿来长期获取关键性核心技术，因此必须通过自主研发创新来掌握核心技术，由此，技术创新成为技术赋能的前提。技术融合是技术赋能的实践之路，是先进技术成果在综合国力各组成部门融合转化的过程，技术融合的效率和范围决定着技术赋能的成效。技术耦合为技术创新和技术融合提供着必要的制度、环境支撑，技术耦合根据程度不同会带来持续性技术赋能到短暂性技术赋能以至排斥性技术赋能的不同的结果。技术赋能的三个组成要素是一个相互影响、相互支持的统一整体，三者缺乏其一，另外两者就难以发挥最大效力，没有技术创新，就不能最大程度地发挥技术融合转化的效用，没有技术融合与转化，技术创新便成为实验室产品而无法发挥赋能作用，而没有技术耦合的保护与支撑，就难以产生真正意义上的技术创新和高效深入的技术融合转化。

第二节　技术对国家实力的影响作用

明确技术在国家实力中的作用是研究技术赋能的前提。综合国力是一种动态和系统的综合力量，技术的演进改变着综合国力各要素的效用，使得综合国力各要素的重要性随着技术变迁发生动态调整；技术的演进同时改变着国家实力获取的主要范围和领域，决定着国家获取实力优势的主要方式和手段；特定时期的先进技术最终通过赋能综合国力各部门各要素来实现增强国家实力优势的目的。

一、技术演进改变综合国力构成要素的效用

构成综合国力的要素有很多，但各要素的重要性既不相同也非一成不变，技术的发展使得综合国力构成要素的重要程度发生动态调整。随着先进技术对原有技术的超越，原有对综合国力发展具有较高赋能作用的要素

效用降低，重要性下降，这些要素往往是综合国力构成的静态要素，例如，人口数量、土地面积、地理地缘、自然资源等。与此同时，基于技术的发展，同样也会使得有些要素比重上升，成为影响国家综合国力的关键性要素，如智力资源、科研能力等。

技术演进与人口数量。人口是国家最基本的组成要素，也是综合国力不可或缺的组成部分。在技术发展早期阶段，人力作为最主要的动力来源，人口数量直接关系到国家的农业生产和国防力量，因此是综合国力的最关键要素。随着生产技术的进步，机器更多地代替人力进行劳动生产，人口的素质与综合国力的关联越来越密切，人口数量与综合国力的相关性随之下降。这也是在技术发展早期大国都拥有庞大的人口数量的原因，而现今国家的综合实力和人口的数量不再呈强相关关系，印度尼西亚、巴西、尼日利亚、墨西哥、埃塞俄比亚的人口数量都超过1亿，但其国家实力并没有因此领先于英国、法国、德国等人口数量较少的国家。

技术演进与自然资源。自然资源是国家进行生产发展必不可少的条件，在综合国力构成中占有重要比重，掌握更多自然资源的国家能够在生产发展中占据原料优势，并且减少对外依赖性。但随着技术的发展演进，原料资源在综合国力的构成中的作用越来越低，进行资源深加工和工业生产的能力在综合国力的构成中变得更为重要。例如，巴西和阿根廷有着较为丰富的各类自然资源，但两国并没有建立成熟的工业体系，使得两国一直沦为原料出口国而难以进一步提高综合国力。而面积狭小、资源稀缺的日本依托技术优势，通过低价购买工业原料进行加工生产，其工业制成品能够在国际市场上带来更为丰厚的利润回报。同理，伊拉克、阿联酋、沙特阿拉伯等中东石油大国并不能凭借着石油资源成为世界大国，而德国、日本等石油进口国却是公认的世界强国。

技术演进与国土面积。国土面积直接关系到一国所拥有的资源种类数量、耕地面积、能够承载的人口数量和战略纵深的大小，是构成一国综合国力重要组成部分。以土地的生产作用来看，在农业技术时期受制于技术发展水平的限制，国家的经济生产主要来自于农业领域，因此，这一时期东西方国家总是围绕着土地开展竞争。而随着人类技术的演进，农业生产效率大大增加，土地对农业的限制越来越少，土地对于增加国家经济生产力和军事实力的作用大大降低，国家获取实力优势的焦点不再围绕土地展开，国土面积要素在综合国力构成中的重要性降低。

技术演进与地理地缘。在古代，具有地缘优势的国家在大国竞争中占据明显优势地位，秦国“据崤函之固，拥雍州之地，君臣固守以窥周室”就说明了易守难攻的地理因素在秦国崛起中发挥着重要作用。意大利北高南低的地形使其在历史上容易受到中欧地区国家的侵略，近代美国的地缘位置使得其在建国初期能够少受外部干涉而获得较为有利的发展空间。但随着技术的发展，地理地缘因素在综合国力中的重要性发生了改变，例如，随着火炮和航天技术的发展，地形的优势作用大大降低，而在信息技术条件下虚拟空间更是不受具体的地形限制，地理因素对综合国力的作用又被进一步压缩。

技术的演进同样带来部分要素重要性的上升。例如，机器的发明使用使得工业能力在综合国力中的比重上升，数千年来的农业要素在综合国力中的比重下降，在信息技术时期，互联网、空间技术、生物工程等全新领域在综合国力中占据重要位置，智力资源在综合国力的构成中越发重要。总之，先进技术的发展促使综合国力的各构成要素的效用不断发生变化，相应的，其重要程度和所占比重也随之变化。

二、技术演进改变国家实力获取的范围和手段

不同技术时期的国家在获取国家实力增长的主要领域、范围、方式不同，不存在超越技术发展水平的国家实力获取方式。

（一）技术水平决定国家实力获取的核心领域

国家实力获取的领域十分广泛，包括土地、海洋、航道、人口、市场、资本、军备、工业生产、科学技术等，但不同时期国家关注的焦点是不同的，特定阶段的技术发展水平及其特点决定了国家能够获取实力增长最重要的领域。在农业技术时代，农业是构成国家生产力的最主要部门，国家首先要解决的是人口的供养问题，因此，农业生产便成为国家关注的重点对象，农业及其相关领域是国家获取实力增长点的主要领域。在工业技术时期，机器机械所能够带来的生产力的提升是惊人的，无论是经济生产方式还是战争模式都深受工业技术的影响，发生了极大的变化。因此在工业技术时期，国家将获取实力优势的主要方向锁定在工业生产上，国家比拼的更多的是机器生产带来的纺织产量、钢铁产量、火炮数量和军舰的

总吨位以及相应的海外商品市场的开拓。到了信息技术时代，互联网信息技术作用范围极广、渗透力极强、效率极高，使其在经济发展、军事装备、文化生活中展现出强大的影响力，由此信息领域成为大国获取综合国力提高的最重要领域，也必然成为国家竞争的焦点。而如今，国家在人工智能、大数据、电子电路等方面大力投入以期获取实力提升，这些领域在农业技术时期就不可能出现，由此可见，先进技术的演进改变着国家获得综合国力的核心领域。

（二）技术水平决定着国家实力获取的空间范围

从空间和规模来看，技术的发展推动着国家权力边界的延伸和扩展，扩大着国家获取实力优势的范围。在农业技术时期，受制于交通技术水平，人类的活动范围往往限制在陆地和近海，国家开展综合国力提升的空间也由此限制在陆地和近海范围内。到了工业技术时期，蒸汽机、内燃机的发明和使用大大提高了人类的活动范围，也使得国家获取实力的范围扩展到远洋、天空和海底。二战结束后，随着空间技术的突破和互联网技术的兴起，国家实力获取的范围进而拓展到太空和虚拟领域。

（三）技术水平决定国家实力获取的主要方式

特定时期的技术发展水平决定着国家获取实力增长的主要领域，进而影响其获取实力优势的方式手段。农业技术时期，技术的演进速度较慢，在生产技术难以大幅提高的情况下，大量占有原始生产资料成为必然选择。这一时期国家实力获取的主要领域是农业部门，因此，对内开垦荒地、增加人口生育，对外土地兼并和领土扩张便成为这一时期国家获取实力优势的主要手段。在信息技术时代，信息成为最主要的生产工具和生产资料，信息技术相关领域越发影响着这一时期国家的实力变迁，因此以往的土地兼并和领土扩张等手段不再是国家赢得实力优势的有效方式，而加强信息技术的研发、完善信息基础设施建设、发展数字经济、争取全球互联网机制话语权成为国家获取实力优势的主要手段。

三、先进技术通过赋能综合国力各要素发挥效用

（一）技术的中性工具属性决定其无法单独发挥作用

技术必须通过与综合国力各要素相结合，通过赋能各要素、各部门才

能发挥作用，单独的技术要素并不能引发综合国力的变化。从性质来讲，技术是人类改造世界的工具，技术的中性工具属性使其必须通过作用于综合国力的具体要素和领域才能发挥增强国家实力的效用。明代，中国已经掌握了较先进的造船技术和航海技术，据《明史·郑和传》记载，郑和的舰队船只“修四十四丈、广十八丈”，换算为现代单位长约125.6米，宽超过50米，排水量约万吨，是当时世界上最大的船只之一，并且拥有航海罗盘、计程仪、测深仪器、牵星术等先进的航海技术。与之对比，哥伦布的“圣·玛利亚”号船只仅长30余米，排水量约233吨，简直是渔船和航母的差距。但拥有强大海军实力和造船技术的明王朝并没有将自身的技术优势应用于富国强兵，郑和下西洋的目的是“疑惠帝亡海外，欲踪迹之，且欲耀兵异域，示中国富强”①，由此可以看出，单独的技术要素并不能推动国家实力的增长和竞争力的增强，技术必须同其他要素相结合才能发挥效用。

（二）先进技术与综合国力静态要素效用的放大

综合国力的静态方面，如土地、人口、矿产资源等要素在相当时间内是固定不变的，先进技术作用于静态要素领域能够更好地挖掘既有资源的潜力，提高资源利用效率，突破资源规模对国家实力的限制。以农业领域为例，肥沃辽阔的耕地能够给予农业生产优渥的生产条件，这也是美国、印度等领土大国具有较高农业产量的基础条件。但并非所有国家都拥有广阔的耕地和适宜的气候，以色列受到国土面积和自然地理环境的严重制约，2/3的国土属于沙漠化土地，耕地面积狭小、土壤贫瘠、降水极少，恶劣的自然条件难以种植农作物。面对既定的自然条件，以色列将技术创新作为农业生产的突破口，经过多年努力拥有了世界最先进的农业育种技术、滴灌技术、温室技术等，不仅能够实现粮食自给自足，而且向众多国家出口农业产品、农业机械以及农业技术。在资源要素中，技术同样能够发挥着提高既有资源价值的作用，先进的技术能够提高既有资源的利用率，延长既有资源的价值链，进而增强国家的竞争力。以钢铁冶炼为例，德国、日本在钢铁冶炼技术方面的优势使得其能够以更少的资源消耗生产

① 许嘉璐等主编：《二十四史全译·明史》，汉语大词典出版社2004年版，第6212—6213页。

更多的优质钢材，弥补其自然资源贫乏的劣势。与此同时，基于技术优势带来的丰富的产品线，两国的汽车钢板、镀锌钢板、特种钢产品处于世界领先水平，占据了较大份额的国际市场，技术优势与工业制造结合为其带来了较大的经济回报。

（三）先进技术与综合国力动态要素效用的提升

先进技术与综合国力的动态要素如政府能力、体制制度、民族精神等方面相结合，能够增强动态要素的能动性和效率效用，进而对国家综合实力的提升产生正相关影响。先进技术与政府能力的结合能够使政府获得更加有效的手段开展治理和改革；先进技术与体制制度的结合有利于提高制度机制的运行效率；先进技术与民族意志的结合更有利于民族精神的凝聚和动员能力的提升。总之，技术作为一种工具手段能够大大提高综合国力动态组成要素的效率效力，犹如给优秀的武士配备锋利的武器，给经验丰富的船长配备先进的导航系统，更有利于提升各要素的既有价值和发挥综合效用。

第三节　技术赋能与国家实力优势生成逻辑

技术赋能即一个国家通过先进技术的创新和转化获取持续性的综合实力提升的过程，它包括技术创新、技术融合、技术耦合三个方面。其中技术创新代表着国家对关键性、前沿性技术的研发创新，技术融合代表着国家将不同技术进行转移融合以及对技术成果的转化应用，技术耦合代表着国家的制度、政策、文化与技术发展方向、要求、特点的契合程度，由此共同构成国家的技术赋能体系。国家技术赋能水平的高低影响着国家通过技术赋能经济生产、国防军事、国际规制以及软实力的效率效能的不同，决定着国家之间综合实力的动态变化和竞争优势的变迁，进而重塑着国际权力结构格局。

一、技术创新夯筑国家研发创新基础

技术创新即一个国家对于关键性、前沿性技术的研发创新。强大的技

术创新能力是国家掌握先进技术并以此赋能综合实力提升的前提和基础，国家技术创新能力的评判标准为在特定时期一国能否率先掌握和推出对于生产力发展具有重要促进，对于军事实力具有重大提升作用的诸类先进技术。对于国家较为重要的技术创新可以分为关键性、核心性技术创新与前沿性技术创新两类。其中关键性、核心性技术为特定技术时期最为重要和关键，最具代表性和影响力的技术，一国对于此类技术掌握的程度直接反映着其技术研发能力的高低和所处技术水准，决定着该国是否能够推出先进技术以服务于生产发展和赋能综合国力提升。例如，农业技术时期的青铜冶炼技术、生铁冶炼技术、生铁柔化技术等，以及工业技术时期的蒸汽动力技术、内燃机技术等，都是当时最为重要、最为核心、最具影响力的技术，这些技术都对生产力的发展和军事作战产生着重要影响，直接关系到一国的综合实力和竞争力的发展。前沿性技术一般为具有先导性、前瞻性和引领性的重要技术，这类技术关系到未来的技术升级换代方向、未来产业发展方向、未来军事战争走向，关乎着一国未来技术创新的潜力潜能。前沿性技术虽然属于尚未成熟且仍在探索的未来技术，但其巨大潜力潜能已被发现和认定，研究方向和目标已基本明确，一旦前沿性技术研究瓶颈得以攻破、研究成果成熟，将使得率先掌握前沿技术的国家获得技术上的代际优势。由于人类早期阶段技术能力较低、科学与技术结合不紧密、技术发展演进速度较为缓慢，并没有能力和条件对前沿性技术进行预判和预研，到了现当代，随着科学对技术发展方向的指引、专业科研团体的建立、技术迭代速度的加快以及国家、社会对技术创新的投入，前沿性技术探索越发受到重视。

二、技术融合构建国家实力提升通道

技术融合包括技术转移融合和技术成果转化应用两个方面，即不同领域技术研究之间的相互转移、渗透、融合以及技术成果在不同生产实践部门的转化应用，技术融合的过程是技术作用于综合国力诸要素、诸领域的过程，是发挥技术赋能作用的过程，因此，技术融合能力的高低成为国家能否通过先进技术提升综合实力的关键。

技术成果转化是指将具有创新性的技术成果从科研部门转化到生产实践部门的过程，技术成果的有效转化是发挥先进技术赋能作用的实践之路和必经之路，只有将先进技术成果与生产实践相结合，才能真正促进一国生产力的提升，只有将先进技术应用到军事装备和军事作战中，才能有效提升军队战斗力，只有将先进技术应用于国家软实力建设，才能提高国家吸引力和感召力，因此，技术转化应用能力的高低直接影响着一国综合实力地位的变迁。有着强大技术转化应用能力的国家能够最大限度地发挥技术的赋能作用，以技术优势带来实力优势，而技术转化能力较低的国家则不能有效地发挥先进技术的赋能作用，即便拥有强大的技术创新能力也无法释放技术创新成果的价值。在第一次工业革命时期，英国发明蒸汽机之后不久，法国、德国等国也掌握了蒸汽机技术，但是这些国家和英国相比技术转化能力较低，不能像英国一样将蒸汽机大规模地应用于棉布纺织、钢铁冶炼、铁路交通、军事装备等重要领域，结果是英国在综合实力上远超法、德等欧洲大陆国家，最终成为真正意义上的世界大国。同理，美苏冷战期间，苏联在诸多领域处于技术先进水平，但是其技术转化能力较低，很多先进技术不能及时应用于国民经济各部门中，不能及时将技术优势转化为现实生产力和国家实力，最终导致其经济结构长期未能优化调整，在国际经济贸易领域缺乏竞争力，国民经济发展难以突破瓶颈而走向衰落。

技术转移融合，即某种技术从其发明产生的地点和领域转移应用于其他领域的跨域融合过程。在技术研发创新中，有很多部门的技术研究具有交叉性和关联性，通过技术融合能够打通各部门之间的技术壁垒，使得不同部门、不同领域之间的研究相互支持、相互渗透、相互融合，形成合力，避免重复研究，加速研究进程；同时，在技术转化利用中，很多部门的技术可以转移运用到其他部门领域，以提高技术利用率，发挥更大的技术赋能作用。例如，用于解决矿井抽水问题而发明的蒸汽机首先在煤炭行业得到大范围的使用，但英国人将其应用到了纺织工业、交通运输、钢铁冶炼等更多的领域，最大限度地发挥了技术的赋能作用，带动了综合国力的飞速增长。

在技术转移融合中，军民技术之间的相互转移尤为重要，尤其是近现代国防科技与民用技术之间呈现学科交叉、跨域融合的发展特点，高效的军民技术转移融合能够较大限度地提升既有技术研发效率，降低技术研发成本，实现军民技术协同创新转化的效果。一般情况下，军事技术投入成本高，耗费资源多，研究成果前沿但应用领域狭窄，由国家进行投入而较少考虑成本效益，而军用技术向民用领域的转移能够大大拓宽军用技术的应用空间，实现先进技术的经济效益。民用技术往往具有较快的更新迭代速度、更具竞争力的成本效益、更多元的技术路径，民用技术向军用领域的转移能够降低军备研发成本，提高军用技术更新速率，达到增强国防军事实力的目的。在美苏冷战对抗中，双方投入大量人力资源、花费了巨额物力财力开展空间技术研究和太空探索竞争，虽然双方在军事竞争中势均力敌，但在技术转移转化上苏联却大大落后于美国。美国仅“阿波罗计划”就产出了3000多种新技术，并将这些技术很好地转移到材料、计算机、通信、医疗等众多领域，催生了众多新兴行业的诞生和繁荣，带来了大量新兴岗位和职业，全面促进了美国经济、社会、科技的发展，赢得了巨大的社会经济效益。而苏联的军事部门和经济部门相互独立，且军事部门地位远高于经济生产部门，航天军事技术成果并不能及时高效地转移到经济部门，导致太空竞争成为苏联的巨大负担而难以持续，军事领域的先进技术也难以发挥应有的赋能作用。

三、技术耦合提供技术创新融合支撑

技术耦合即一国的制度设计、机制运行、政策规划、文化环境等与技术发展方向、特点、要求之间的契合性，一国的技术耦合力代表着该国改革和制定执行相关制度、政策等使其与技术发展要求相适应的能力。技术创新的出现、技术转移的实施、技术转化的落实等都需要与之相适应的环境和条件，技术耦合的作用就是为技术创新和技术融合创造相适宜的外部环境并提供保障支撑。技术耦合能力强的国家能够及时铲除影响技术创新与转化的各类阻碍因素，改革和调整与先进技术发展不相契合的政治经济制度，制定与技术发展特征相适应的政策规划，打造鼓励发明创新的文化环境，为技术创新和技术融合提供激励与保障。技术耦合能力弱的国家通常难以铲除阻碍技术创新的利益集团，无力改革与先进技术发展特征相违背的制度机制，不能制定符合新技术发展规律的政策法规等，未能创造鼓励创新的社会环境，最终不能为技术创新和融合提供有力支撑。在国家技术耦合构成中，最为重要的是技术制度耦合、技术政策耦合以及技术文化耦合。

技术制度耦合是指特定技术时期一国的政治制度、经济制度与技术发展特点的相容性，以及各项制度机制之间的有机组合程度。政治经济制度作为国家最基本的政治经济组织方式和运转规范，其一经确定便具有较强的延续性，除非进行革命和强有力的改革一般不轻易发生改变，因此，制度耦合性的高低对国家的技术创新产生着根本性的影响。具有高技术耦合性的国家制度能够包容和助力技术创新和技术成果转化，而与技术发展特点低耦合的国家制度则会成为技术创新与转化的阻碍。在 17 世纪末至 18 世纪初的欧洲，英国率先开展了资产阶级革命，建立了君主立宪制和资本主义经济运行制度，展现了强大的制度耦合力，为工业技术在英国发挥赋能作用提供了制度保障。而此时的西班牙帝国，虽然拥有巨额财富和强大的国力，但并未推动社会制度的革新和进步，政治上墨守封建专制制度，经济上施行贵族地主特权制，既有制度与新兴技术的互斥导致大量财富用于统治阶层的奢侈享受而非技术创新和工业生产，最终引发严重的通货膨胀和财政危机，国力江河日下。

技术政策耦合是指一国的政策目标与技术发展方向的契合性，政策路径与技术发展特点的兼容性，政策执行对技术发展的保障性的程度。政策耦合能力考察的是一个国家根据国情和技术发展特点制定、执行、调整相关政策，以支持、鼓励先进技术的研发创新、转移转化的能力。政策制定科学合理、贯彻执行有力、调整及时迅速的国家具有较强的政策耦合力，而政策制定失策、执行能力低下、调整转变滞后的国家政策耦合能力较低。例如，中华人民共和国成立之初面临着一穷二白的困境，科研能力、科研条件、科研经费都不足，但中国政府具有强大的政策耦合能力，根据自身特点和外部环境制定了优先发展重工业和国防科技的政策规划，整合调动国内有限的资源全力服务于技术攻关和工业化建设，在短时间内取得了关乎国防安全的“两弹一星”的成就，并初步建立了独立且门类比较齐全的现代工业体系，为中国的世界大国地位提供了坚实的保障。

技术文化耦合是指一国的思想观念、价值体系、文化环境对人们的创新思维、创新活动的包容支持力度。文化观念作为一种无形力量制约着国家技术创新与融合转化，近代西方能够率先开展工业革命、发明创造大量新兴技术，与其较高文化耦合性有着密切关系，通过进行文艺复兴、宗教改革等运动，部分欧洲国家率先冲破宗教思想对人的束缚，唤起人们的进取精神，构筑了努力进取、鼓励冒险和追逐财富的社会文化环境，为技术发明和新兴产业的成长创造了良好的外部条件。与之相对，差不多同一时期的中国处在明朝和清朝的统治下，封建文化和等级观念压制了人们的创新力与创造机会；社会文化重视人际关系与伦理规范，轻视自然发现和探索创新；价值观念过分重视中庸思想，回避和抵制创新与变化；学术研究上“述而不作，信而好古”重视传承而轻于创新，没有“吾爱吾师吾更爱真理”的追求理性、探求真知的精神。这些社会思想文化、价值理念等都与研究创新精神相排斥，不能形成尊重科学、崇尚理性、鼓励思辨的文化氛围，制约着科学技术的发展。

四、技术赋能重塑实力优势天平

国家的技术创新力、技术融合力、技术耦合度综合构成了一国的技术赋能力，国家技术赋能力的强弱直接关系到国家技术研发创新能力的高低、技术融合转化的效率效力以及机制政策环境的契合性，由此对一国的综合国力的变迁产生持续性影响，进而重塑国际权力结构和大国竞争格局。

技术创新能力强大、技术融合转化深入高效、技术耦合相得益彰的国家往往能够率先掌握先进技术，通过高效的技术融合转化将先进技术赋能于综合国力各部门，并在高耦合性的环境条件下获得持续性的国力提升。技术赋能的优势能够带动和提升国家在经济生产力、军事战斗力、制度规制力以及文化软实力上的优势，进而极大地提升一国的总体实力，打破既有的权力结构天平。而技术创新能力低下、技术融合转化低效、技术耦合关系对立的国家则很难在技术创新上有持续建树，也难以及时高效地将先进技术赋能于综合国力关键领域，低耦合性的制度环境更不能给新技术发展提供动力和保障，最终造成低技术赋能力国家的综合国力持续衰落，最终在国际权力结构等级中让位于高技术赋能力国家而退出大国竞争舞台。

（一）技术赋能推动国家生产力倍增

衡量社会生产力发展水平的主要标志是生产工具，先进技术带来生产工具和生产技术的革新能够极大地推动社会生产力发展，使得国民经济在短期内得到高速增长，以至拉开与技术落后国家的距离。先进技术对经济发展具有重要作用，大多数计量经济学研究发现，发达国家60%—85%的经济增长都是由技术创新带来的。[①] 而在欠发达国家的经济中技术同样重要，根据一项学术研究报告，在大多数非发达国家大约90%的生产力增长来自国外的技术。[②] 因此，无论是发达国家还是发展中国家，生产力发展和经济增长的最根本引擎都来自技术的革新和转化。

在国际经济结构中，技术的革新能够极大地提高社会生产力，甚至带动生产力实现几何指数的增长，给国家提供经济赶超的机遇。马克思提到“资产阶级在它的不到一百年的阶级统治中所创造的生产力，比过去一切世代创造的全部生产力还要多，还要大”[③]，其原因很大一部分就在于“机器的采用，化学的应用，铁路的通行”等先进技术和生产工具对生产力的推动。通过蒸汽技术革命，“1760—1830年英国工业产量增长占欧洲的2/3，人口占世界的2%，却有相当于全世界潜力40%—60%的现代工业能力”[④]，技术赋能带来的国力提升为英国在欧洲诸强中的脱颖而出提供了坚实的基础。与之相对应，具备大国潜力的巴西、阿根廷拥有较为广阔的国土面积和丰富的自然资源，也没有遭受两次世界大战战火蹂躏，但没有把握技术革新机遇导致经济发展缺乏核心竞争力，国力增长陷入长期停滞，造成至今仍处于依附理论所认为的世界经济的中心-外围模式的边缘圈。[⑤] 与之对比，一些不具备充足资源的小国如瑞典、芬兰、以色列，通过技术优势和技术赋能带动国民经济的高质量发展，从而突破本国自然条件或地缘条件的限制处于世界经济体系的核心圈层。

（二）技术赋能推动国家军事实力跃升

在军事方面，虽然影响战争的决定性因素是人类，但具有先进军事装备和与之配套的作战理论的一方显然更具战争优势。重大技术革新对国家军事实力的提升具有革命性意义，先进军事装备的研制与大规模生产带来

---

① Elhanan Helpman, “The Mystery of Economic Growth,” Harvard University Press, 2004.

② Wolfgang Keller, “International Technology Diffusion,” Journal of Economic Literature, Vol. 42, No. 3, 2004, pp. 752 - 782.

③ ［德］马克思、恩格斯著：《马克思恩格斯选集》第1卷，人民出版社1972年版，第256页。

④ ［美］保罗·肯尼迪著，陈景彪等译：《大国的兴衰：1500—2000年的经济变迁与军事冲突》，国际文化出版公司2007年版，第120页。

⑤ Frank, Andre Gunder, “The Development of Underdevelopment,” Monthly Review, Vol. 18, 1966, pp. 4 - 15.

的军备优势是国家获取军事实力跃升的关键，可以使一国国防实力得到质的提升。冶铁技术的突破带来的铁制兵器使得士兵获得了更加锋利和柔韧的兵器，相对于易脆易折的青铜兵器更具耐用性和杀伤力。蒸汽机轮的发明和应用使得海军摆脱了风力的限制，得以连续高速地进行远洋航行，在战斗力方面远远超过传统风帆战舰。原子核技术的突破与核武器的研制使得拥核国家获得强大的战略威慑力和政治话语权，俄罗斯相比苏联在整体实力下降如此严重的情况下仍能保持世界大国的地位，与其继承了苏联核力量有着重要关系，西方大国也因此不敢过度刺激俄罗斯。朝鲜在掌握核武器之后，其军事实力就获得了相较日本和韩国的巨大优势，使得朝鲜国家安全和政权稳定得到较高程度的保障。

在国家军事对抗中，技术领先国往往具有综合实力的整体优势，无论是军事装备、后勤保障还是战争潜力方面都领先于低技术国家，在绝大多数军事对抗中低技术国家基本上难以招架，更难有对等有效的反制措施。近代西方率先掌握了工业技术，在经济生产力、工业制造力、军事装备上大大领先于同时期的东方国家，面对着拥有坚船利炮和惊人生产能力的西方国家，广大亚非拉国家的抵抗大多是惨烈和悲壮的。现代军事技术差距带来的军事实力差距则更加明显，在海湾战争中，美军对伊拉克军队的打击就是信息化部队对半机械化军队的降维打击，伊拉克虽然具有兵力和地理的优势，但在军事装备和战争理念上与美军相比存在着技术代差，面对美军无异于鱼肉之于刀俎，只能待而宰割。

（三）技术赋能带来国际机制主导权

实力的绝对领先是国际体系中一国建立符合自身利益和意志的国际机制的前提。根据霸权理论，国际机制的建立成本非常高昂，其建立和存续与国家实力有着不容忽视的关系。没有强大的国力支持，主导国制定的国际制度和国际规则很难存续，更不会得以有效运行和发挥预期效力。例如，一战后巴黎和会虽然建立了英法控制下的国际联盟这一大国协调国际机制，但是战后英法实力大为削弱且国际联盟排除了当时世界上最强大的国家——美国和苏联，仅凭英法两国根本无法发挥稳定世界秩序的作用。而二战后，美国主导的国际机制如联合国、关贸总协定、世界银行在国际安全和经济领域中发挥了重要的作用，其原因少不了美国强大国力的支撑。因此，技术赋能带来的国家实力优势是大国主导的国际机制建立和运行的有力保障。

在具体的国际机制中，技术优势同样赋予技术领先国主导和掌控国际机制的优势。引领先进技术发展的国家能够天然地将自身技术标准作为国际通行标准，由此获得更多的国际机制话语权和规制力。例如，美国是互联网信息技术的发明者，在互联网 TCP/IP 等基础通信传输协议中具有最多的专利技术和通道分发权，在此基础上建立的各类世界互联网协议和机制大多由美国控制着主导权，使美国在互联网领域获得了强大的制度规制力和裁判权。

（四）技术赋能提升国家文化软权力

一国的价值理念何以对他国产生吸引力，一国的制度模式为何得到推崇效仿，一国的社会生活模式缘何被羡慕期待，其根本原因就在于该国生产力的领先和综合国力的强大。过去美国所谓的灯塔形象正是依托强大国力才得以成功塑造，假使没有强大的国家实力作支撑，自由女神灯塔连本国都难以照亮，更遑论充当世界的发展典范。因此大国的软权力必将建立在硬权力的基础之上，不存在独立存在的国家软实力。近年来，美国种族矛盾、社会阶层对立愈演愈烈，整个社会呈现出一种趋向分裂的态势，其原因很大一部分在于美国这一大熔炉火力逐渐不足，难以将不同阶层、各个族裔的美国人像以往一样凝聚在一起，而当美国的技术创新力逐步下降，国家实力趋向衰落，不再能满足各阶层的诉求，不再能为国际社会提供必要的公共物品之时，多年来其建构的软实力也将随之消减。

除了在整体上为国家软实力提供支撑之外，具体领域的技术优势也能相应提升国家的软实力。例如，在航天领域，苏联卫星的率先升空给美国社会造成巨大的压力，打击了美国民众的自信心和美国在西方的领导形象，而当阿姆斯特朗代表人类登陆月球，万众欢呼的美国人民重新找回了超级大国国民的自豪感。好莱坞工业化的电影、工业技术产出的较高质量的作品，使得美国的影响通过影音方式传播到全世界，无形之中影响着更多人对美国文化的理解，也将美式价值、理念和生活方式传播至世界的各个角落。在互联网领域，美国掌握着国际互联网领先的软硬件技术，把控着国际互联网主要信息传播渠道，控制着国际互联网机制话语权，使得国际互联网成为其延伸和拓展国家软实力、实现意识形态输出的有效工具。

第四节　技术赋能的影响制约因素

影响国家技术赋能的因素有很多，归结起来主要包括：政府能力方面，国家的战略规划与先进技术发展方向、特点的契合度，政府具体政策对于先进技术及其产业的投入和支持力度，以及政府资源调配力和政策执行力的大小等；制度机制方面，一国的政治经济制度模式是否符合先进技术发展要求，是否能在制度层面铲除阻碍技术创新融合的旧的政治经济制度，建立起包容和激励技术创新和转化融合的制度环境；经济市场方面，一国的国内外市场规模和有效消费能力能否带来现实且急迫的技术革新需求以刺激技术革新和技术转化，一国能否建立公平有序且充满活力的市场环境以鼓励市场主体参与技术竞争，一国的经济金融是否能够给技术研发创新与产业发展注入足够的资金支持；人才科教方面，一国是否拥有庞大的高层次科研人才队伍和较高的人才吸引力，是否有着高质量的教育体系和一流的科研创新平台等，这些因素共同影响着技术赋能国家实力增长的成效。

一、政府能力因素

（一）国家战略

一国的国家战略规划是否与当时先进技术发展方向和特点相契合，是否与本国实际国情相适应，是否有着科学清晰的技术发展战略等在总体上影响着该国技术赋能水平。当国家的战略规划与先进技术发展方向、特征相吻合且符合本国实际国情时，便能够高度重视并积极促进技术创新和成果转化。例如，秦国实施的“农战”战略始终将发展农业生产和提升军事战斗力作为国家的战略重心，凡是能够提高国家农业生产效率和军备水平的方式方法都符合秦国战略需求，都能够被支持和采纳，因此，冶铁技术和铁器铸造等一系列先进技术受到了秦国的高度重视，并在“农战”战略中积极推广于农业、交通、军事等领域，得到高效的转化应用。而一国错误的技术战略研判、不合理的技术发展战略也将在总体上制约该国技术研发创新与技术赋能作用的发挥。二战结束后，苏联和美国都高度重视先进技术的研发及其在国家经济军事实力中的作用，但苏联未能科学判断技术发展走向，制定和执行了错误的技术发展战略，尤其在20世纪70年代后仍然固守传统的军工技术战略，没能跟随世界技术发展潮流进行战略调整，导致其在信息技术领域与美国差距拉大。而美国则准确研判技术发展方向，及时将战略重心转移到新兴的电子计算机、自动化、信息通信等领域，积极布局和支持相关技术研发和产业发展，引领了信息技术发展潮头，获得了综合国力的持续增长。

（二）政府政策

政府能力，尤其是政府政策制定、资源调配、政策执行的能力，在支持、引导和加速技术研发创新及技术成果转移转化中起到关键性作用，进而影响到一国技术赋能力的强弱。首先，国家有着强大的资源调配能力，能够将大量的人力、物力、财力直接投入到特定技术领域以扶植其发展；其次，国家拥有财政、税收、补贴等多重手段能够引导和调配国内资源以支持和激励特定领域的创新和发展；最后，国家可以出台各项政策给予本国先进技术发展充分的成长空间并避免本国先进技术流失，因此政府政策的科学性和政府执行能力的强弱在一国的技术赋能力中占据重要位置。

第一，政府一般掌握着强大的公共权力，控制着庞大的公共资源，能够直接调动既有资源对特定领域进行投入，扶植特定技术创新及其相关产业的发展。国家掌握着重要的人力、经济、教育等资源，能够对先进技术相关领域进行直接投资以达到快速提升技术水平和实现既定目标的效果。19世纪后半叶，德国在掌握工业技术和工业化过程中，政府投入在其中起到重要作用，德意志统一之前，普鲁士政府就开始投资经营铁矿、煤矿发展重工业，积极引进英国先进的机器工业技术和设备，提供大量资金用于铁路建设。1871年德意志统一后，政府更加致力于直接参与先进技术领域发展，当时钢铁工业和铁路建设在国家经济军事中的重要性已完全显现，由于没有英国发达的资本和社会力量，德国的工业化进程更多以国家直接投资和整体推进的形式开展，国家在工业化过程中承担了重要角色。另外，德国政府建立了采矿学院等各类技术大学以培养技术人才和高水平工匠。通过政府的直接投入和扶植，德国在短期内掌握了先进的工业技术并建立了强大的工业体系，最终在19世纪末成为与英法并立的世界大国。

第二，政府能够通过财政政策、税收政策、优惠贷款或津贴、统一采购、提供公共服务等多重举措支持特定技术产业发展，并引导激励社会力量投入到先进技术产业的发展中。新兴技术产业的成长往往面临着资金匮乏、市场狭小以及高风险不确定性等制约因素，政府有着强大的资源协调配置能力，能够通过颁布具体的政策给予新兴技术产业以财政政策支持、税收优惠和贷款支持，减少其融资困难和经营成本，可以通过政府的集中采购为先进技术产品提供必要的市场销路，并为先进技术产业提供更多的公共服务和基础设施保障以扶植其发展。与此同时，政府可以在财政税收、贷款金融等方面减少落后技术产业的扶植力度，进一步缩紧落后技术产业发展空间，引导和激励社会资源进入指定技术产业领域以加速先进技术产业的成长。

第三，政府能够出台具体举措保护本国先进技术产业发展并减少本国技术流失。高技术产业发展往往面临着残酷的国际竞争，尤其是在本国技术水平和产业实力较为弱小时，容易被竞争对手打击和挤压成长空间，而国家可以通过行政命令、关税政策等措施保护本土市场，减轻国际竞争压力，给予本土技术发展和产业成长一定的空间。在英国工业革命初期，印度以其庞大廉价的纺织工及熟练的纺织技能所生产的布匹占据着英国绝大部分市场，为此英国国会出台《印花棉布法案》等诸多法案禁止印度布匹在英国销售以保护本土纺织业的成长，在政府强力的政策支持下，英国纺织业拥有了进行技术革新的时间和空间，最终通过一系列技术革新，实现了纺织效率的跃升，以优质廉价的棉布摧毁了印度纺织业成为当时世界纺织中心。同样，政府可以通过建立出口管制机制以审查、限制或禁止本国先进技术的出口，防止本国技术外流和扩散，从而达到维持本国技术优势和遏制竞争对手的目的。

二、制度机制因素

先进技术领域得以充分发展需要政治经济制度和社会关系的调整或变革作为必要条件，因此，一国的政治经济制度成为制约该国技术赋能力的重要因素。新兴技术，尤其是具有变革性的生产技术往往是先进生产力的代表，而国家的政治经济制度则对应着生产关系模式，一国的政治经济制度若能够契合先进技术的发展要求则会推动国家的技术创新与融合转化，而落后的政治经济模式则会阻碍和抵制先进技术的成长。政治经济制度的背后包含着政治经济利益的划分，既有的制度模式与已然存在的技术体系下的生产发展特点相匹配和契合，既有的政治经济模式下的受益群体在既有生产力模式下能够获得最大政治经济利益，新兴技术的应用和新兴产业的发展不仅不会使其获益，反而会损害其经济利益以及政治权力，当其面对新技术时无不呈现出反对的姿态，竭力阻遏新技术的发展。因此，判断国家政治经济制度对国家技术赋能力的影响主要在于研究国家制度是代表旧技术团体利益还是代表新技术团体利益，即国家制度到底是以哪种技术团体的代理人身份出现的。英国在 17 世纪后半叶率先铲除了不适应工业技术发展的封建政治经济制度障碍，确立了君主立宪制政治制度和资本主义经济制度、产权制度，增加了企业家、发明家进行投资生产和发明创新的预期收益及安全保障，点燃了英国社会投身工业革命浪潮的热情和勇气。而法国的政治经济制度在 18 世纪末仍然是封建贵族性质，法国的封建领主和贵族阶层基于自身利益考量对于新兴的工业生产模式存在着天然的抵制，直到法国大革命后铲除封建专制制度和封建贵族特权，取缔国内繁杂的关卡税收，取消封建行会制度，才使得法国的工业发展获得相应的成长空间。同理，苏联高度集中的政治经济体制适应了苏联短时间内提升国防军事的要求，推动了苏联军工业和重工业的发展，同时在该体制下的官僚组织、军工体系、工业体系中形成了一批既得利益集团，而新兴的信息技术要求高度灵活、市场主导、私人消费和企业创新的特点与高度集中的政治经济体制产生了矛盾，在既有高度集中的政治经济体制下的利益集团坚决地抵制体制改革，造成苏联的政治经济体制无法适应先进技术发展要求，以至在技术创新、经济结构、国际贸易等诸多领域逐步落后于美国的局面。

三、经济市场因素

（一）市场需求因素

供求关系的不平衡是刺激生产技术创新和技术转化应用的重大推动力，任何时期的主导性先进技术的出现都是既有技术无法满足社会经济发展要求，而社会对新技术有着强烈的期盼，市场又存在着巨大的需求和利益空间，由此激励和刺激技术的革新及技术成果的迅速融合转化。市场规模、消费能力、消费人口数量是影响技术创新和转化应用的重要因素。

1. 市场规模

日益扩大的市场需求带来的供需不平衡是一国进行技术革新以满足现实需要的动力所在。卡洛·M. 奇波拉指出："人们不会因为有发明的可能就去发明创造，除非需求已经显得很清楚和迫切，否则发明家不会行动，社会环境也不会鼓励他们行动，新技术只有在充分富裕的社会里能够创造社会对自己的需求时才可能产生。"① 费尔南·布罗代尔也认为，实际技术应用落后于经济生活的一般运动，它必须由明确的、坚决的需要，经过再三的请求，然后才会介入社会经济生活。② "只有当潜在的市场足够大，需求有足够的伸缩性时，才有正常的理由使产量有重大的增加，让企业家中的多数人与他们的传统技术决裂。"③ 工业革命率先在英国得以开展而没有在法国、德意志以及俄国首先出现的一大重要原因，就在于英国本身拥有着广阔的、有利可图的庞大海内外市场，而现有的生产技术水平无法产生足够的供给，由此激励着英国探索和采用新兴技术以提高生产效率满足市场需求。17 世纪时期，荷兰的纺织技术和印染技术在欧洲处于领先地位，在纺织、造船等工业领域一度作为欧洲的领跑者，具有良好的工业基础，但是由于荷兰国内市场狭小，国际市场被英国所抢夺，需求不足使得开展技术革新缺乏动力，致使 17 世纪后半叶荷兰将发展重点从制造业和商业转移到利润更高的金融业领域。④

2. 消费能力

有效消费需求制约着市场规模的大小，只有在大规模消费的需求和压力之下，才能有效激发生产技术的革新和先进技术的快速转化。有效消费是马尔萨斯提出的概念，他认为有效消费即人们能够且愿意支付一种价格来购买产品的消费，这种价格会引起产品的继续供给而不至于降低。⑤ 亚当·斯密在《国富论》中提出，"消费是一切生产的目的，而生产者的利

---

① ［意］卡洛·M. 奇波拉著，吴良健、刘漠云、壬林、何亦文等译：《欧洲经济史》第 3 卷，商务印书馆 1989 年版，第 174—175 页。

② ［法］费尔南·布罗代尔著，施康强、顾良译：《15 至 18 世纪的物质文明、经济和资本主义》第 3 卷，生活·读书·新知三联书店 2002 年版，第 656 页。

③ Deane Phyllis, "The First Industrial Revolution," Cambridge University Press, 1979, p. 131.

④ Smit, J. W., "Holland : commentary," in Frederick Krantz & Paul W. Hohenberg, eds., "Failed Transitions to Modern Industrial Society: Renaissance Italy and Seventeenth Century Holland," Interuniversity Centre for European Studies, 1975, pp. 61 – 63.

⑤ ［英］马尔萨斯著，厦门大学经济系翻译组译：《政治经济学原理》，商务印书馆 1962 年版，第 328 页。

益，只有在能促进消费者的利益时，才能加以注意”。[①] 也就是说，消费是生产的前提，有效的消费能力和消费热忱能够带动生产革新和技术进步，激励生产者采取更好的办法来满足消费市场。

影响有效消费的因素主要为普通民众的收入和消费意愿两部分。收入是消费的前提，收入的增长有利于将潜在消费群体转化为真实的消费者和购买力，缺乏充足且稳定的收入则将阻碍有效消费市场的形成。在工业革命时期，英国普通工人的收入在100年间得到基本稳定增长，收入的增加使得英国广大普通家庭拥有更多的资金购买工业制成品，由此形成的广阔国内市场激励着英国产业技术的不断革新和进步。另外，居民的消费意愿同样影响着有效消费市场的形成，消费意愿与一国消费传统和消费保障相关。

3. 消费人口

任何市场归根结底是由人完成整个消费的过程，因此，人口是影响消费规模和市场大小的重要因素。在社会经济正常发展条件下，一国人口的增长能够带来更多消费者和更大的消费潜力，推动着市场规模扩张并带动产业技术的不断革新。在第一次工业革命时期，英国的人口增长速度领先于欧洲大陆国家，大量的人口增长带来了对衣着布匹的需求激增，由此推动着英国纺织技术和纺织工业的发展；英国城市人口的增加对于铁制壁炉及高效交通运输的需求扩大，由此带动了英国钢铁冶炼技术和蒸汽动力技术的不断革新和大规模产业化。当今中国发展5G、大数据、云计算等高新技术产业的一大优势就是人口规模，庞大的人口组成的消费市场，使得中国的高新技术产业能够获得充足的市场回报和丰富的数据资源，激励着更多社会资源汇集于这些领域，不断推进技术创新和技术融合转化。

（二）市场活力因素

市场主体的竞争行为能够带动技术创新并加速先进技术的转化应用。由于市场主体的逐利特性，企业对于通过技术革新获得利润的方式尤为积极和敏感，凡是能够提升生产效率的技术都会被企业所重视，凡是能够带来经济效益的技术革新也都会受到市场主体的支持。在充分且公平的市场

---

① ［英］亚当·斯密著，郭大力、王亚南译：《国民财富的性质和原因的研究》，商务印书馆1974年版，第227页。

竞争环境下，各行业市场主体为了争夺市场份额和利润而积极参与到新技术研发应用之中，因此，一个充满活力的市场对于技术研发创新和转化应用非常关键。第一次工业革命时期，英国发达的市场主体在激烈的市场竞争中为了求得生存和获取利润，纷纷推出新技术、新产品，推动了英国纺织、钢铁、交通等各领域的进步，带来了英国整体生产力、创新力的提升。而法国、德国等国受到行会制度钳制，市场以垄断经营为主，缺乏充分的竞争，使得市场主体不具备进行技术革新的条件和动力。同样，苏联在同美国的技术竞争中落后的一大原因就是缺乏有活力的市场，受制于严格计划指令的苏联企业缺少经营自主权，不能将最新的技术成果转化到生产经营之中，而美国则具有更庞大的市场主体和更具活力的市场环境，各市场主体为了追逐利益回报和占有市场份额纷纷着重投入技术研发，并将最新技术成果迅速转化为市场产品，最终使得美国在新技术研发能力和产品竞争力上逐渐领先苏联。

当然，市场逐利并不必然带来技术革新，扩大生产销售规模可以带来利润的提升，垄断市场也是获取利益最大化的有效方式。地理大发现后，欧洲国家对于美洲的掠夺就属于明显的逐利行为，但并没有带来技术的革新。只有当技术的革新能够创造更大规模的利益的时候，技术革新才会成为必要的选择，只有当市场上存在大量的市场主体进行充分公平的竞争时，通过技术革新占有市场份额和获取经济收益才成为必然选择。

（三）经济金融因素

技术研发创新和技术成果的产业化需要大量的资金投入，一国的经济发展水平和金融市场活力影响着该国能够投入到先进技术领域资金的多少，进而推动或制约着先进技术领域的发展。

首先，一国经济发展程度的高低和经济规模的大小制约着该国能够注入到高技术领域的各类资源的多少。当一国经济发展程度相对较低时，国防军事、社会保障、基础建设、医疗卫生等各个领域都迫切渴望着国家的投入和支持，因此就无法为先进技术领域提供更多的资金和资源，即便是暂时挤占其他部门的投入、优先保障特定技术领域的发展也是以一定的牺牲和风险为代价的。而经济发展程度较高、经济规模总量较大的国家则能够将更多的人力、财力资源投入到技术研发创新领域，形成经济发展与技术创新的正向促进关系，这也是近代诸多经济发达国家与发展中国家在技术创新力和产业结构上差距拉大的原因之一。

其次，金融体系的健全程度和金融市场的活力高低影响着一国先进技术产业能够从金融资本市场中获得资金支持的多少。完善的金融体系和具有活力的资本市场能够有效地引导资金合理流动，提高资本配置效率，减轻先进技术产业的融资成本，增大融资规模，为先进技术产业的持续稳定发展提供助推力。在第一次工业革命中，由英格兰银行、各类私立银行以及遍布各地的乡村银行组成的繁荣金融体系为英国各地区工业发展提供了资本支持，加速了英国工业化的进程。二战后，美国相对公平、高效和健全的金融市场能够使得美国高技术企业及时获取经济融资，为企业规模壮大和产业技术的持续升级提供了金融保障，当今美国最具竞争力的高技术企业大多在其创始和成长的过程中受益于美国的金融资本，这也成为美国容易培养和吸纳创新型企业的优势之一。

四、人才科教因素

（一）人才资源

人才是创新发展的第一资源，无论在任何国家、任何时期，人才都是科学研究和技术创新的核心参与者和承载者。凡是技术创新大国都有着庞大的人才队伍，为技术创新提供源源不断的智力资源，习近平总书记指出："谁拥有了一流的创新人才、拥有了一流的科学家，谁就能在科技创新中占据优势。"[①] 在发挥人才资源的创新价值过程中，一流人才数量、人才发展环境和人才吸引力是关键。顶尖人才与一流人才是技术创新突破的主力军和攻坚手，历史上任何重大的发明创新无不与顶尖人才息息相关；人才的发展环境直接影响着人才的工作效率和成长高度，良好的人才发展环境能够激发人才创新的活力和工作热情；人才吸引力的高低则关系到能否吸引到人才、能否留得住人才、能否用得好人才。因此，一国的人才尤其是顶尖人才储备数量、人才发展环境、人才吸引力，成为影响该国创新能力的重要因素。

① 《习近平在中国科学院第十九次院士大会、中国工程院第十四次院士大会上的讲话》，新华网，2018 年 5 月 28 日，http：//www. xinhuanet. com/politics/2018 –05/28/c_1122901308. htm。

（二）科研教育

教育体系和科研平台承担着国家人才培养和技术创新的重要任务，一国教育体系的发展水平和科研能力的强弱直接关系到该国技术创新力的生成。教育尤其是近代高等教育承担了人才培养、知识传播、探索未知的使命，近现代国际关系史上的技术领先国，如英国、德国、美国，无不有着世界一流的高等教育体系，从而源源不断地产出一批又一批的科研及管理人才。而一国的科研平台的研发水平更是直接关乎着先进技术的研发与创新，除了农业技术时期发明创造主要来源于工匠的生产实践和经验总结之外，近现代以来主要的科学发现和技术发明基本是在专业科研平台中由专业科研工作者完成的。当前主要的科研平台包括国家科研院所、高校实验室以及企业创新平台，在不同国家、不同领域，这些研究平台起着不同的作用，国家科研院所和高等院校一般进行基础科学研究和重大科研创新活动，企业研发平台则更多地进行应用型技术创新和技术成果转化研究。

在影响政府赋能的诸要素中，政府能力和经济市场最为关键和重要，不仅制约着大国技术赋能水平，而且影响着其他要素效力的发挥。一国政府的制度改革能力、技术战略政策的执行能力、资源的科学调配能力、科教体系的建设能力最终决定着一国能否通过先进技术赋能获得实力跃升并赢得竞争胜利。首先，在制度体制上，具备改革能力的国家能够及时改革不利于先进技术发展的政治经济体制，为技术创新转化提供良好的环境和制度条件。其次，在经济市场上，具有强大的宏观调控能力和再分配能力的政府能够科学调节国民经济中用于生产和消费的比重，扩大普通居民收入尤其是扩大中等收入群体数量，激发和扩大消费市场潜力，为关键技术产业提供足够的有效市场需求，激励先进技术的不断革新。同时，具备强大政府能力的国家能够有效整合和调配全国资源，组织和调动国民积极性，集中资源进行重大项目的攻关，加速推进关键性技术创新和转化速度。再次，在战略政策上，国家能够从整体上规划前瞻性的技术发展战略以及制定和执行详尽合理的政策举措，通过财政、税收、津贴、政策引导、直接投资等多种方式服务于技术研发创新和融合转化。最后，在人才科教上，国家能够通过不断投入建立完善的教育体系，培养和产出具有创新力的一流人才，能够逐步建立和完善科研体系，提供科研创新平台，激发人才创新活力。总之，政府能力在一国技术赋能的成效中起到关键性作用，未来大国技术竞争的背后很大程度上将是国家能力的竞争。

除了政府能力之外，经济和市场因素在技术赋能中也占据关键地位。任何技术发明创新必须符合社会经济的现实需求才能真正获得认可，任何技术创新必须有着强烈的社会经济需求才能真正具备发展潜力。一国繁荣有序的经济市场能够通过市场经济机制整合和调配社会资源引导自主技术研发创新，能够在激烈的市场竞争中促进先进技术的转化推广，能够倒逼制度体制革新以契合技术发展需要，能够激励和吸引科学技术人员进行发明创造，因此，经济市场因素和国家能力成为构建国家技术赋能力的关键变量。

第五节　技术赋能的一般模式

技术赋能的模式包括政府主导型、市场主导型、政府市场协作型三种类型，政府主导型技术赋能模式由政府主导和推动技术创新、技术融合与技术耦合，市场主导型技术赋能模式由市场激励和刺激技术创新、技术融合与技术耦合，政府市场协作型技术赋能模式则通过政府与市场的协作共同推动国家技术赋能力的建构。三种模式路径不同，各有特点，既与不同技术发展阶段相关联，也与不同国情息息相关。

一、政府主导型技术赋能模式

政府主导型技术赋能模式以政府的主导和统筹为最主要推动力，通过政府主导技术创新、政府推动技术融合转化、政府主动地进行制度机制改革提高技术耦合度等方式生成强大的技术赋能力。这种类型往往是农业技术时期大国技术赋能体系生成的主要模式，也是技术落后国追赶技术领先国常采用的模式。面对着落后的技术水平或羸弱的国力现实，力图改变现状的国家往往格外重视弥补技术差距，期望通过技术赋能提高国家综合实力，为此，政府往往大力支持技术创新，积极引进国外先进技术和人才，注重技术成果的转化应用，同时，改革与先进技术发展不相符的体制机制和社会文化，通过政府对全国资源的整合调配来实现短时间内技术创新突破和大规模转化应用。这种政府主导型赋能模式的成效主要取决于政府能力的大小，中华人民共和国成立初期，资本、技术、人才、科研条件等相对匮乏，但通过中国政府强大的战略规划力、组织动员力和资源调配力，迅速建立了独立完整的工业体系。

从技术发展时期看，政府主导型模式主要适用于农业技术时期的国家技术赋能体系的构建，在农业技术时期，技术革新的速度较慢，制度机制等方面的调整也很漫长，因此，政府主导的技术转化应用便显得十分重要。同时，农业技术时期市场需求狭小，经济活动和商业市场也往往受到各种限制，在缺乏市场激励的情况下，政府主导的技术转化在技术赋能中显得更为重要，因此，政府主导型模式为农业技术时期主流的技术赋能模式。

二、市场主导型技术赋能模式

市场主导型是以市场需求和经济激励为主要推动力的国家技术赋能模式，其中市场需求激励技术研发创新，市场竞争推动技术的融合转化，并在资本市场的压力下进行制度机制革新以提高技术耦合度，这种类型多为工业技术初期的主要大国技术赋能力的生成和运行模式。市场主导型模式的生成一般起源于庞大的国内外市场对既有生产模式的压力而带来的对技术革新的强烈诉求，以及颇具活力的市场主体的竞争行为激发的技术革新动力，从而带动整个社会进行技术创新和开展大规模技术转化的热情。同时，基于强大的经济市场产生的新技术利益阶层对于自身利益的维护而开展制度改革或革命，建立与新技术发展相宜的制度机制和社会文化，由此保障技术赋能环境的长效巩固。这种市场主导型模式是18世纪的西欧国家技术赋能体系建立和运行的主要模式，该时期西欧强国对外普遍进行殖民扩张获取大量海外市场和巨额财富，同时国内人口大幅增长跳出“马尔萨斯陷阱”，由此形成巨大的国内外需求市场，庞大的市场压力，强烈要求进行技术革新并建立与新技术相适应的制度机制，由此建构了符合技术发展需求的技术赋能模式。市场主导型的技术赋能模式的构建成效主要取决于国家的市场繁荣度和市场活力值，工业革命时期的英国无论是人口规模、消费能力、海外市场规模、市场活跃度、金融资本实力都领先于其他国家，因此，在市场主导下建立了强大的技术赋能体系，并通过技术赋能优势构筑了超强的综合国力。

三、政府市场协作型赋能模式

政府市场协作型模式通过政府和市场的协作共同推动技术赋能体系生成，这一模式是信息技术时代和数字智能技术时代主要大国开展技术赋能的主要方式。进入信息技术时代后，科学技术研究越发深入、细致，研究创新门槛极高、投入极大，仅依靠市场的激励无法保证基础研究和重大科学项目实施，也无法有效进行军民技术转移融合，同样，仅依靠政府主导既不能覆盖全部创新领域，也难以保证技术转化的全面深入和高效。因此，主要大国往往采取政府与市场协同的推进模式，其中政府负责进行基础科学研究，整合调配资源进行重大项目的攻关，协调各领域、各部门的关键技术转移融合，通过政策引导、财税优惠、人才培养等推进新兴技术产业的发展，而市场则通过经济激励、竞争压力、金融资本推进更广泛的应用技术研究并加速技术转化的速率。同时，在政府市场协作中不断改进与生产力发展不相符的体制机制，完善相关法律和规范，提高国家的技术耦合度，最终形成高效有力的国家技术赋能体系。政府能力和市场繁荣度及双方的协作性成为制约政府市场协作型技术赋能模式成效的关键，冷战期间，美国政府和市场的有效协调构建了美国技术赋能优势，而苏联完全以政府主导而忽视经济市场作用带来片面的、不平衡的技术赋能成效，最终导致国力走向衰败。

三种技术赋能模式的路径不同，特点不同，但没有优劣之分，随着时代的发展、技术的演进，技术赋能模式随之调整，不存在完美的路径，也不存在固定的模式。政府主导型模式更加适用于技术落后国家实现短期跟进和赶超，同时也更加符合农业技术时期的技术发展特点，相应地，市场主导型模式成为工业革命时期的西方大国开展技术赋能的主要模式，这一模式也与西方国家崛起的时代背景相契合，信息技术时代的技术发展特征使得政府市场协作型模式成为国家技术赋能体系生成和运行的优先选项。

第二章　政府主导型技术赋能：战国时期秦国与六国对比分析

战国七雄争霸是农业技术时期最接近于近代国际关系权力斗争的大国竞争案例，这一时期各诸侯国抛弃了礼制的约束，以齐、楚、燕、韩、赵、魏、秦为代表的七大国围绕着国家生存安全、权力利益、领土兼并进行着恢宏而又残酷的角逐，属于典型的无政府体系下的大国竞争形态。战国初期，秦国在诸强国中并不是大国，秦地理位置偏僻、国力羸弱，没有逐鹿中原的实力和资格，并不被其他诸侯国重视，《史记·秦本纪》记载，“秦僻在雍州，不与中国诸侯之会盟，夷翟遇之”①，诸侯大国把秦国当做西部蛮夷对待就可见一斑。但是历经战国群雄争霸、逐鹿拼杀，秦国最终实现振长策而御宇内，履至尊而制六合，完成对其他大国的兼并统一。在秦国赢得竞争胜利的原因中，秦国政府彻底的制度改革、正确的战略政策制定、大规模的技术转化应用、持久的引才育才政策，带来的技术赋能优势起到不可忽视的作用，通过在农业、水利、交通、军备等主要领域积极进行技术创新和大规模技术转化应用，秦国获得了生产效率和作战能力的显著提升，进而赢得对其他国家综合国力的超越，因此，在农业技术时期，以秦国与六国的竞逐为案例，分析技术赋能对国家实力的影响具有一定的研究价值。

第一节　技术发展背景

战国时期，在技术发展史上处于青铜器时代向铁器时代过渡的阶段，

---

① ［西汉］司马迁：《史记·秦本纪》，上海古籍出版社2011年版。

这一时期人类的整体生产制造水平相对较低，生产工具的发明创造主要表现为各类手工工具，主要动力来源为原始的人力、畜力以及少部分水力，技术发明围绕着农业开展，发明创造以经验总结和偶然发现为主，科学理论在推动技术进步中作用不大，技术产品的标准化存在但整体程度不高。涉及国家安全和国家实力的技术主要分布于农业、交通、水利和军事领域，各类先进技术的有效应用对于国家实力的增长起到一定的推动作用。

一、技术发展特点

公元前475—前221年的战国时期，最重要的技术进步是冶铁技术的出现和金属铸造技术的成熟，铁器的规模利用使得人类的生产能力和改造自然的能力显著增强，逐步摆脱青铜、木制工具低下的劳动生产效率局面。这一时期的技术发明和创新主要表现在冶金技术的进步和金属铸造能力的增强，同时，该时期的生产工具以手工操作为主，人力、畜力仍是主要动力来源，技术门槛较低且模仿复制简单，各国整体的技术代差并不显著，具体来说，这一时期的技术发展有以下特点：

第一，冶金技术尤其是冶铁技术的突破为这一时期最为重要的技术进步标志，铁制工具的使用直接改变了生产力发展水平。战国时期的冶金技术发展既是对春秋之前技术发展的继承和总结，也有着对新技术的创新和开拓。既有的冶金技术得到不断进步完善，青铜冶炼技术、铸造技术在继承前人的基础上持续提升，合金技术水平日渐成熟，青铜兵器、器物等制造已炉火纯青。青铜器制造关键在于铜锡比例，锡过少则柔，锡过多则易折，《考工记》就记载了当时对不同铜锡配比技术的掌握情况：“六分其金而锡居一，谓之钟鼎之齐；五分其金而锡居一，谓之斧斤之齐；四分其金而锡居一，谓之戈戟之齐；三分其金而锡居一，谓之大刃之齐。”① 从《考工记》的记载中可以看出，当时人们已经能够根据不同性质的器物及其功能用途进行最佳金属配比，青铜冶炼技术已经十分成熟。

除了青铜冶炼技术的成熟之外，更为重要的是在生铁冶炼、铁器制造方面出现重大突破，使得人类技术发展进入铁器时代。铁相对于青铜更为坚硬耐磨，且柔韧性更高，是更佳的工具制作原料，铁制工具的应用改变

① 闻人军译注：《考工记》，上海古籍出版社2008年版。

了人类生产现状，大大提高了生产效率与生产能力。这一时期冶铁技术的进步是在战国之前积累的丰富的青铜冶炼技术和实践经验基础上得来的，主要体现在块炼铁法、鼓风冶铁、淬火技术、铸铁退火柔化技术等。

第二，技术发明以手工操作工具为主，以人力、畜力为工具驱动力。受制于技术发展水平的限制，这一时期的工具基本上是对材料的简单加工，最主要的驱动力仍是人力和牛马等畜力。新式工具在性质上属于对人类手臂的延伸和加强，仍需人类的亲自操作，较少有自动化的技术工具。铁制锄、镰、斧等的发明是对于人类双手的强化和手臂的延伸，并没有代替人类的劳动和操作。这种动力的供给方式存在着持续性差、能量低的缺点，人和家畜的动力难以长时间稳定输出，必须得到暂停休息，且受制于生理机能限制能量输出有限。在技术驱动力限定的情况下，弥补能量不足的办法只能从数量上着手，因此，人口的规模直接关系到驱动力的多少和生产力的发展。

第三，技术发明和应用主要围绕农业系统展开，以种耕播收相关工具及配套技术为主。这一时期的技术发明主要满足人类的基本生存需要，发明创造最主要应用在农业生产领域，主要是各种农具的出现，另外，农业的灌溉技术及相关种植技术也得以积累发展。随着冶炼技术的发明，铁器制品开始应用到生产生活中，各类石制工具、木制工具、青铜工具逐渐被铁制工具所代替，相较于竹、木、蚌、石等工具极大地提升了操作性和耐用度，铁制工具的使用便利了深耕和沟渠的挖掘，促使农业生产进入精耕阶段。

第四，技术标准化整体程度较低。标准化生产主要应用于军事领域，农业和手工业领域标准化程度仍十分低下。受制于技术发展水平制约和实际使用需要，农业和手工业领域的标准化既非必要也缺乏实现条件。以农具为例，从需求上讲，农具的生产是便于人类进行耕种操作，手工工具的使用场景不需要太高的精密度，也不需要标准化的工具需求；从生产上讲，农业技术时期的工具制作以地方性生产为主，规模化统一生产较少，生产制作也难以实现标准化。在军事领域，由于军事装备的大规模供给和消耗的压力，使得军事领域出现了一定程度的标准化生产制造，例如，箭镞、弩机的机件生产都以标准化为主，以便于规模供给和通用互换。

第五，技术发明专业化程度低，复制模仿简单，技术差距不大。农业技术时期的技术发明和创新的动力来自农耕活动的需求，其发明创造既没有专业发明团队也不以科学理论为指导，大多来自长期生产生活实践的总结和改进，以匠人和劳动者为创造主体。这一时期的发明创造由于生产材料较简单、工艺复杂度较低、制造工具较基础，因此，相对容易模仿和复制。再加上战国时期各国之间的政治经济交流频繁，人员往来自由，各国较容易了解和获取他国的技术。例如，楚国就仿制越国的兵器制造，考古发现在楚国墓葬中有越国的兵器，同样秦国也积极学习楚国先进的技术，在秦国出土文物中也有楚国的器物，赵国的墓葬中也有秦国的兵器装备①，由此可以证明，这一时期技术流动的频繁和获取的便利。

二、先进技术表现

战国时期，农业是国家生产力最重要的来源部门，粮食产量是维护国内稳定和国家安全的关键，提升农业生产和增加粮食产量成为国家实力增长的必由之路。《管子·治国》里记载："王天下者何也，必国富而粟多也。夫富国多生于农。"②《盐铁论·水旱》认为"农，天下之大业也"③，都说明了农业作为国之根本的重要性。同时，连绵不断的大国征伐是这一时期国际关系的显著特征，保持强大的军力是维护国家生存安全、参与大国竞争和实现宏图霸业必不可少的手段。基于这一时期国家实力构成的特点和大国征伐的现实，对于国家综合国力提升最具影响的先进技术主要表现在农业生产领域和军事相关领域，对于农业生产和军事实力具有积极影响的技术包括：冶铁技术的进步与铁制工具的铸造、水利工程技术的进步与大型水利设施的修建，制造能力的提升与新式军械的出现，新型交通运输工具的发明与水陆运输能力的提升等，具体包括以下方面：

冶铁技术：冶铁技术的进步主要表现为块炼铁法、生铁铸造、鼓风冶铁以及生铁柔化技术的出现和进步，这些技术使得铁制工具的大规模制造和应用成为可能。铜是人类最早认识和大规模利用的金属元素之一，相对于木石，铜的柔软性更易于铸造为各种样式的工具和器皿，因此，长期以来青铜工具是唯一的金属农具。但是青铜制品有着易脆易折、不耐磨损的

① 郭淑珍：《秦射远兵器有关问题综论》，载《秦文化论丛》，三秦出版社2006年版，第306页。

② 李山译注：《管子·治国》，中华书局2009年版。

③ 陈桐生译注：《盐铁论·水旱》，中华书局2015年版。

缺点，在生产中难以用来开垦河渠和翻耕坚硬土地，生产工具的缺陷长期以来限制着农业生产效率的提升。战国时期冶铁技术得到突破，块炼铁法和生铁铸造技术已经成熟，尤其是生铁具有较高的硬度和抗压强度，更为锋利和耐磨，特别适合铸造为各类农具和手工工具。这些铁制农具相比青铜农具更为坚硬耐用，适合开垦荒地以及深耕农田，极大地提高了农业生产的效率。

农业技术：农具直接制约着农业生产的发展，农业技术的进步主要表现为农业生产工具的革新，基于冶铁技术的进步，各类铁制锄、镰、铧、锸、犁等农具的出现是这一时期最具代表性的农业技术产品。正所谓“器用便利，则用力少而得作多，器便与不便，其功相什而倍也，铁器者，农夫之死生也”。[①] 铁器作为重要的生产工具，百姓使用铁制农具就会节省体力乐于耕种而事半功倍，不便利的工具将导致田地荒废谷物歉收，由此可见，农具的革新特别是铁制农具对农业生产效率的提升作用，甚至成为农业生产的生死之要。恩格斯也认为，铁是在“历史上起过革命作用的各种原料中最后的和最重要的一种原料，铁使更大面积的农田耕作，开垦广阔的森林地区成为可能”。[②]

水利技术：水利技术方面的进步表现为各类水利工程的修建，对自然改造能力的增强。一方面得益于冶铁技术进步，铁制工具铁锤、铁斧、铁凿、铁锸、铁铲等质地坚硬、锋利耐磨，更适合沟渠的挖建和岩石的开凿，减轻了水利设施的建设施工难度，加速了水利工程的建设速度。另一方面，工程、水文、数学、测量等综合性知识技术的进步也使得大型的河渠、堤坝建设得以实施。水利设施的建设能够扩大各国的可耕地面积，调节和减缓水旱灾害的影响，为农业经济发展提供保障。秦国的都江堰、郑国渠，魏国的漳水十二渠、鸿沟，楚国的芍陂是这一时期水利设施的代表，各种类型水利设施工程的建造显示了当时先进的水利工程技术水平。

军事技术：军事技术方面的进步主要是更具杀伤性武器的出现。弩的发明和使用是战国时期远距离精确射杀武器的重大进步。战国之前，远距离射杀武器主要是弓，弓的优点为轻便便携和快速射击，但也有着明显的缺点：首先，受制于人的臂力限制，弓的张力有限，因此射击距离和威力

---

① 陈桐生译注：《盐铁论·水旱》，中华书局 2015 年版。

② ［德］马克思、恩格斯著：《马克思恩格斯选集》第 4 卷，人民出版社 1972 年版，第 159 页。

也受到相应的限制；其次，由于没有待发装置，弓拉满后必须在人的耐力承受度之内射出，而且射手必须在保持拉弓的同时进行瞄准，因此，弓的精度较低。而弩很好地弥补了弓的缺点，弩最大的特点是有待发装置，可以引而不发，具有充分的瞄准时间，因此，射击精度更高。同时，弩可以通过多种方式上弦，包括手臂、大腿、腰腹以及车马机械等，因此，有着更远的射击距离和更强的穿透力。战国时期各种类型弩的出现极大地增强了军队的远距离精准射杀能力，推动着军事装备的发展进步。

剑的改良加强。战国之前的青铜剑体短质脆，击杀范围有限，作战效果不佳，易断易折。战国时期剑的进步最主要的特征是剑身变窄加长①，与传统的剑相比更长且刚柔相济，更具杀伤性。剑作为主要作战装备和身份标志的双重作用使得各国都十分重视铸剑，战国时期各国的铸剑技术都有较大提升。南方国家吴国、越国、楚国都以铸剑闻名，如著名的吴王夫差剑、越王勾践剑等，北方国家的铸剑技术也有着大幅提高，如韩国的剑可以“陆断马牛，水击鹄雁，当敌即斩坚”②。秦国的铸剑技术进步尤为迅猛，工艺更为先进，秦剑的特点是更为修长和坚硬，具有更强的作战效能。秦国铸剑工艺高超的原因在于其掌握了更合理的铜锡配比技术和复合铸剑技术，使得其剑比其他国家更长、韧性更好、硬度更高，成为战场杀敌利器。根据化学分析，纯铜的硬度为35HB，当纯铜中加入10%的锡时，其硬度增加为70—100HB，此时铜的柔韧性和抗拉伸性最好；当铜中加入15%—20%左右的锡时，此时铜的硬度大大增加为150—200HB，硬度最高但延展性有所降低。③ 当时根据不同类型武器合理配比铜锡含量的青铜冶炼技术已经被熟知和掌握。

交通技术：交通方面最主要的进步包括新型的交通运输工具的发明以及水陆交通建设技术的进步。在运输工具上，这一时期的进步主要为双辕车、独轮车的发明，以及对马、驴、骡、骆驼等牵引力的利用。在筑路技术上主要表现为各类长途道路的筑建以及山区栈道的修建，在水运领域主要进步为对水上交通的开发以及运河交通的兴建。这些交通工具和交通技术进步的运用极大地提高了运输能力和运输速度，对于国家的统治管理和

① 郭淑珍、王关成：《秦军事史》，陕西人民教育出版社2000年版，第584页。

② ［西汉］刘向：《战国策·韩策一》，上海古籍出版社2015年版。

③ 郭淑珍：《从合金成分看秦俑坑青铜兵器的技术进步》，载《秦文化论丛》，三秦出版社2005年版，第806页。

长距离征伐具有重要意义。

第二节　秦国与六国技术赋能水平分析

技术创新方面，秦国在农业技术、冶铁技术、交通技术、军事技术等关键性技术领域具备一流的技术创新能力和生产工艺水平，掌握了绝大部分的先进技术，技术创新力处于列国第一梯队。在技术融合转化方面，秦国能够最为高效、最为积极、最为全面地将先进技术与经济生产及军事作战相结合，竭尽全力地发挥先进技术对国家实力的赋能作用，六国则在技术融合转化的范围、力度上不及秦国。在技术耦合度上，秦国比六国最为彻底的进行了制度革命，制定了与技术发展特征及本国国情相符的“农战”战略，改革了社会文化环境，使得社会生产关系与技术进步带来的生产力发展要求相契合，在此基础上，综合形成的秦国技术赋能力远远强于六国。

一、秦国与六国技术创新力对比

秦国在技术创新方面整体上略强于六国，在众多技术领域处于第一梯队，部分技术领域处于领先地位，但总体上不构成技术代差优势。秦与六国竞争时期处于中国农业技术的青铜技术时代向铁器技术时代发展和过渡时期，由于技术发展和革新速度较慢，技术创新的难度相对较低，各类技术工艺流程相对简单，技术获取难度较低，技术传播扩散较容易，因此没有任何一个国家处于绝对技术领先地位。秦国在冶铁、农业、水利、交通、军事等重要领域的技术水平均处于前列，而其他国家大多只在部分技术领域处于前列，由此使得秦国形成整体上的技术优势。

在冶铁技术领域，秦国、韩国、楚国处于领先地位。冶铁技术关系到农业生产工具的革新和经济生产力的提升，是当时最为重要也是最具代表性的先进技术。秦国掌握了战国时期最为先进的冶铁技术和铸造技术，块炼铁法、鼓风冶铁、生铁柔化、铸模铸范等冶炼铸造方法已经被秦国熟练掌握和使用，可以大量产出较为高质量的生铁和打造各类农具产品。但秦国并非唯一掌握先进冶铁技术的国家，韩国、楚国都掌握着较为先进的冶铁技术，其中楚国的郧都、宛，韩国的阳城、冥山、棠溪等地都是当时著名的冶铁铸造中心，有着大量的冶铁作坊。根据《商君书·弱民》记载，“楚国……宛钜（钢）铁鉇（矛），利若蜂虿（蝎类毒虫）”[①]，楚国的铁矛锋利无比，被其扎伤就犹如被蜂虿一般，说明楚国的冶铁技术已经十分高超。另外，其他国家也有着相当强大的冶铁能力，赵国的邯郸，燕国的兴隆、燕下都，齐国的临淄都是较为知名的冶铁手工业中心，各国在冶金技术上整体水平差距不大。

在农业技术领域，各国都具备生产铁制农具的能力，整体技术水平大体相当。铁制农具的发明制造以冶铁技术为前提，由于七国都掌握了冶铁技术，因此进行铁制农具的制造并不困难。根据考古发掘，战国七国均有大量铁制农具出土，尤其是秦国、韩国、魏国、楚国范围内分布的铁器数量较多，锄、铲、镰、犁、铧、镢等铁制农具大量发明利用，且根据需求和使用场景的不同，这些农具还具有不同形态。例如，镢有长条椭孔形和长方板楔形之分，锄有六角梯形、五齿形、梯形等多种形状。铁犁铧、铁镢厚重坚固，是开垦荒地、挖掘沟渠极为便利的手工具，轻便的五齿锄则用来翻土施肥、松土除草。另外，战国时期开始使用铁范作为铸铁器具，不仅能够保证铸件质量，还能够降低生产成本、提高铁器生产效率，总体来说，在先进农具制造上各国技术差距并不明显。

在水利技术领域，秦国的工程技术水平小幅领先六国。由于铁制工具的出现给水利工程的挖凿掘建提供了极大的便利，在工具领域各国差别不大。但在具体的水文和工程技术上，秦国更为优秀和领先，熟练掌握了“水门”“堰”“灌溉压碱”等技术。战国时期最著名的水利工程都江堰工程中用到了“水门”“堰”等技术，水门在水利工程中可以起到调节水量的功能，“旱则引水浸润，雨则杜塞水门”[②]，是水利技术的一大进步。而堰则起到左右水的流向作用，都江堰工程中李冰设置内外金刚堤即堰，使岷江分为内江和外江，并使内外江水量稳定，起到防洪、通航、灌溉的作用。在郑国渠水利工程中，秦国应用了“灌溉压碱”技术，以“用注填阏之水，溉泽卤之地”[③]，其原理是筑堰使得泾水流速减缓，将河流中具有肥力的细沙引入渠中灌溉盐碱土地，从而降低盐碱度、提高土壤肥力。当

---

① 石磊译注：《商君书·弱民》，中华书局2011年版。

② ［晋］常璩：《明本华阳国志·蜀志》，国家图书馆出版社2018年版。

③ ［西汉］司马迁：《史记·河渠书》，上海古籍出版社2011年版。

然，这些技术在其他国家的水利工程中也被使用，但考虑到工程难度和工程体量，秦国的技术水平显然更为领先。

在交通技术领域，秦国相对六国同样有着整体技术优势。首先，在交通工具上，秦国有着马匹培育和车辆制造的技术优势，秦国祖先有着高超的御马养马水平，秦国继承了这一传统，有着较高的饲养和兽医水平，能够保障大量马匹的供应。在运输工具上秦国率先发明了双辕车和独轮车，双辕车改变了独辕车至少需要两匹马的局限，减少了马匹使用的数量和运输成本，独轮车能够便捷地在各种地形和道路上进行运输，提高了秦国的运输能力。在筑路技术上秦国有着更强大的工程技术水平，秦直道的修建和秦蜀栈道的开凿代表了秦国强大的工程技术能力，为军事行动提供了交通运输保障。另外，秦国还掌握着先进的水路运输技术和较为强大的水运能力，通过开凿运河以及利用天然河道，保障了水路运输的通达与高效。与秦相比，六国在单个交通技术领域可能并不落后于秦，例如，楚国的水运技术、赵国的育马优势，但在运输工具、筑路技术及水运技术的综合水平上与秦国相比稍显差距。

在军事技术领域，秦国有着更为先进的武器制造能力和工艺水准。秦国在军事技术上的优势较为明显，尤其是秦长剑和秦弩有着更为强大的作战性能和杀伤力。秦国的铸剑技术在各国处于一流水平，区别于传统的短剑，秦国铸造的长剑比普通青铜剑长20厘米左右，能够在作战过程中更好地发挥击杀作用。另外，秦国掌握了更为科学合理的铜锡比例，使得秦剑在锋利刚硬的同时兼顾柔韧性，在交战中更具杀伤力和耐用性。秦国的弩器制造技术领先于各国，秦弩不仅形式多样且在射程、威力、精度上都十分优异。更为先进的是秦国具备标准化生产兵器的能力，弩器的构件、箭镞等大量消耗品能够标准化、高质量、批量化生产，保障了军备供给和武器的作战性能。但军事领域秦国并不具有冠绝所有先进兵器制造能力，韩国的弓和弩并不比秦国差，“天下之强弓劲弩，皆自韩出……射六百步之外，韩卒超足百射，百发不暇止，远者达胸，近者掩心”①，可以看出韩国的弩器制造水平之高，无论是高达600米的射程，还是百发连射的功能，以及达胸穿心的精准度都毫不逊色于秦弩。《战国策·韩策一》记载，“韩卒之剑戟，皆出于冥山、棠溪、墨阳、合伯膊。邓师、宛冯、龙渊、大

① ［西汉］刘向：《战国策·韩策一》，上海古籍出版社2015年版。

阿，皆陆断马牛，水击鹄雁”①，从韩国铸造的邓师、宛冯等宝剑锋利可断马牛、击鹄雁能够证明其兵器冶铸技术的先进。楚国的兵器制造技术也处于前列，尤其是楚国的铁制兵器铸造能力十分精湛，能够生产铁剑、铁戟、铁矛、剑镞等各式兵器，从秦昭王与范雎的对话“吾闻楚之铁剑利而倡优拙，夫铁剑利则士勇”②，可以看出楚国铁剑铸造技术已经闻名诸国。综上，各国在兵器制造技术上不存在代差。

二、秦国与六国技术融合力对比

秦国在技术融合力上远超其他国家，具备强烈的技术转化积极性和强大的技术转化能力。战国时期，由于各国、各地区之间的政治、经济、文化交流比较频繁，各国能够掌握的整体技术水平相差不大，但对于先进技术的重视程度、推广和利用程度却相差很多。在诸国整体技术水平相当的情况下，秦国能够最为积极、高效、全面地将所掌握的先进技术应用于农耕经济生产及国防军事各领域，极大地提升了秦国的综合实力。而六国在技术转化应用积极性上没有像秦国一样强烈，在技术转化应用程度上没有秦国深入，在技术融合范围上也不像秦国全面广泛，往往只注重部分领域的技术转化而没能全面发挥技术的赋能作用。

秦国在先进技术的转化应用上最为积极，凡是能够促进经济生产发展和提高军事作战的技术都会被秦国积极采用，凡是秦国决定进行转化应用的技术都会比其他国家更大规模的推广和应用。以冶铁技术的融合利用为例，秦国在掌握了较为先进的冶铁技术之后，便全面地将铁器应用于国民经济和国防相关领域，竭尽全力通过先进技术的应用获取综合国力的提升。在经济生产领域，秦国将铁犁铧、锄、镰、锸积极推广于农业耕作中，并将铁犁铧等工具配合牛耕大规模推广，当农民没钱购买铁具时可以借其使用以尽可能地推广新式农具，极大地提高了耕作效率，扩大了荒地开垦面积；在水利领域，秦国将铁制工具应用于各处大型水利工程建设以及小型沟渠开凿、坡塘修建、水井挖掘中，提高了水利工程建设的效率，郑国渠、都江堰、灵渠的建设都离不开铁制工具的使用；在交通领域，秦

① ［西汉］刘向：《战国策・韩策一》，上海古籍出版社 2015 年版。

② ［西汉］司马迁：《史记・范雎蔡泽列传》，上海古籍出版社 2011 年版。

国大量使用铁制工具修筑道路，尤其是在崇山峻岭之间开凿建设秦栈道，坚硬耐磨的铁制工具发挥了重要作用，由此便利了军队和辎重的运输和对地方的控制。在单一领域，秦国的技术转化程度也是最为深入的，以军事领域为例，秦、韩、楚的冶炼铸造和兵器制造能力领先于各国，三国技术能力相当，但秦国却通过强大的技术融合转化力将技术创新优势发挥到极致，将先进的金属冶炼技术全力转化应用于兵器制造上，打造了诸多当时颇为先进的武器装备，同时以严格的标准对兵器进行标准化批量生产，竭力为军队提供最为充分和强大的武器装备。

六国并没有像秦国一样全面和高效地将技术转化应用，往往只注重部分技术的转化应用，不能完全发挥技术的赋能作用。首先，六国在技术转化程度上没有秦国深入。楚国作为整体实力最强大的国家，拥有着极为先进的金属冶炼技术、大量的铁矿以及众多的冶炼中心，但在冶铁技术与农业生产的融合利用上却不及秦国，根据考古研究发现，楚国到战国中晚期仍未出现 V 型铁铧冠和铁犁铧，导致牛耕深耕无法在楚国实现。另外，1964 年在长沙发掘的 186 处楚墓中，仅约 10% 的墓中出土了铁制农具，由此也可以反映楚国铁制农具的普及程度并不高，仅有少数铁制农具被用于农业生产。[①] 这与秦国竭尽全力推广铁制农具以促进农业发展的技术融合转化力相差甚远。其次，六国在技术转化范围上并不全面。韩国掌握着先进的冶铁技术并拥有著名的宜阳铁山，在技术转化方面韩国主要将其冶铁技术应用于军事领域，打造了一支“被坚甲，跖劲弩，带利剑，一人当百，天下莫能当”[②] 的劲旅。但韩国在农业生产领域的技术融合转化并不如秦国积极有效，韩国地形山岭较多，农业生产受自然限制，面对农业发展受限的情境，韩国并未像秦国一样大力推广更为先进的农耕工具并改造水利以促进农业生产，致使其农耕生产受限的状况未能得到改善，“民之所食，大抵豆饭，一岁不收，民不餍糟糠，无二岁之所食”[③] 的粮食供给困难长期未能解决而制约着国家实力的提升。同韩国的情况相似，赵国也是更为注重先进技术与军事领域的融合转化而轻视农业生产领域的技术转化应用，技术融合转化过于片面，导致军事实力强大而农业生产相对滞后，因此，面对“以牛田，水通粮”应用了先进牛耕深耕技术而国力强大

---

① 韩汝玢、柯俊主编：《中国科学技术史》矿业卷，科学出版社 2007 年版，第 441 页。
② ［西汉］司马迁：《史记 · 苏秦列传》，上海古籍出版社 2011 年版。
③ ［西汉］刘向：《战国策 · 韩策一》，上海古籍出版社 2015 年版。

的秦国，平阳君不得不对赵孝成王发出“不可与战”的劝诫。

三、秦国与六国技术耦合度对比

技术耦合度方面秦国远远高于六国，秦国通过全面的改革和恰当的政策实施为当时先进技术发展创造了最为契合的制度保障、政策支撑和文化环境，最大限度地保障了技术赋能的实现。六国的技术耦合度则和秦国相差较远，在制度改革、政策匹配制定、文化习俗革新等方面的力度和完成度上都存在着缺陷和不足，不能为先进技术大规模转化应用提供稳定契合的环境保障。

在制度耦合上，秦国完成了较为彻底的变法运动，使得制度设计、社会关系与先进技术发展要求相契合，而六国虽然也进行了制度改革，但或是半途而废，或是改革不彻底，未能像秦国一样为先进技术及其代表的生产力发展提供最为适宜的环境支持。秦国进行的变法改革废除井田制、确立郡县制、承认土地私有、允许土地买卖等从根本上对政治制度和经济制度进行革新，重新调节了社会关系，适应了铁制工具进步带来的生产力发展的要求，是七国中最为彻底的制度改革。而六国进行的制度改革并不彻底，有的国家完全未触及社会关系的变革。魏国的李悝变法，虽然首开变法之举，在一定时期内取得很好的效果，但其并未触及根本的制度改革。李悝变法在政治上废除世袭贵族特权，主要集中在用人之道上，没有触及根本的政治制度变革，经济上“尽地力、平籴法”也未涉及经济制度改革，并且在触及特权阶层利益时进行妥协，使得新旧利益集团并存。楚国的吴起变法仅仅涉及整治吏治、严肃法令和打击贵族势力，在经济领域基本没有措施，也没有涉及根本的制度革新。齐国的邹忌变法重点在吏治整顿和选贤任能，完全不涉及制度革新。赵国的改革只在军事领域进行，胡服骑射提高了赵国的战斗力，但也不是全面制度改革。韩国的申不害变法更加集中于强调君主的统治之术，加强中央集权和对群臣的驾驭，也未涉及根本性的社会关系调整。燕国根本就未进行真正的变法，仅仅是燕昭王和乐毅对吏治和军队进行了一定的整改，完全未触及土地制度、政治制度等根本社会关系问题。

从变法的延续性上看六国也不及秦国，大部分变法在改革者及其支持君主失势或去世后便难以延续，制度改革半途而废。虽然商鞅后来被处以车裂之刑，但"商君虽死，秦法未败"，在商鞅死后其新法仍然在秦国继续推行。魏国的李悝变法在魏文侯去世后的魏武侯、魏惠王时期便重归保守。楚国的吴起变法在楚悼王去世后，吴起便被反对势力射杀，变法以失败告终。齐国的邹忌变法没有出台法律确立和巩固变法，也只经历一代就烟消云散。韩国的申不害变法更是依赖于君主的能力和谋略，难以具有延续性。燕国的变法也随着燕昭王的去世而人亡政息。

表2-1　战国时期各国变法行动对比

名称	主要内容和力度	延续性	耦合效果
秦国商鞅变法	废井田，立县制，开阡陌，施行土地私有、土地买卖 根本制度改革	商鞅虽死，秦法未败 变法改革长期执行	契合生产力发展要求 全面成功
魏国李悝变法	尽地力之教、平籴法 用人之道改革 未涉及根本制度改革	魏文侯死后，魏武侯、魏惠王回归保守	短期成功
楚国吴起变法	选贤举能、明申法令 未涉及根本制度改革	楚悼王去世后吴起被杀，变法夭折	不成功
齐国邹忌变法	吏治改革、选贤任能 未涉及根本制度改革	历经一代，跟随君主意愿变化	不成功
赵国武灵王变法	胡服骑射 属于军事变革	延续	仅军事改革成功
韩国申不害变法	强调君主统治之术 未涉及根本制度改革	未建立法治制度 无延续性	不成功
燕国燕昭王变法	整顿吏治、加强军纪 未涉及根本制度改革	燕昭王去世后未延续	不成功

在政策耦合上，秦国政府制定了一系列激励和保障先进技术转化推广的战略政策，使得国家的政策规划与先进技术发展应用相契合。以"农战"为核心的秦国总体战略既顺应了战国诸强兼并逐鹿的现实，也符合通过先进技术转化提高国家综合实力的要求。在聚焦农业生产和军备战争的总体战略下，秦国制定了《垦草令》、徕民政策、重农抑商、军功爵制、税制改革等一系列具体政策以配套经济发展和军备力量建设，为技术赋能创造更为合适的条件和提供尽可能多的政策支持。与秦国相比，其他六国

的政策耦合程度并不深入，韩国、燕国、齐国基本上没有完整制定与先进技术推行相关的政策，楚国的政策更偏向于政治、军事和法律层面，对于技术转化应用的政策较少。六国中唯有魏国出台了激励农业生产、鼓励垦荒、税收改革的政策，激发了农民采用先进技术进行农业生产的积极性。

在文化耦合上，秦国积极改革风俗文化和社会环境，强力营造尊重农业、愚民弱民、小家庭制的社会环境，以配合农业生产的发展和强大军力的建设。首先，严格限制商业活动，打击重商慕商社会风气。秦国采用了包括对商业征收较重的赋税、禁止私自贩卖粮食、对商人施加更多的徭役等诸多方式制约商业，使得商人无利可图而难以依靠经商生活只有转为务农。其次，秦国实施愚民政策，严格限制人民接触其他思想和文化，使得人民的思维和眼界限制在本区域和农事活动上从而安心耕作。最后，改革残留的“戎狄风俗”，推行小家庭制，严禁父子、兄弟同居，以鼓励家庭生产和开垦种植。由此在秦国民间形成了重农乐农、崇尚军功的社会环境。有力地配合了秦国的技术强国路线。而其他国家并没有秦国一样强大的改革社会风俗文化的能力，不能形成鼓励技术推广和转化应用的社会环境。例如，赵国有着“人民矜懻忮，好气，任侠为奸，不事农商”[①] 的风俗，韩国不仅“俗杂好事，业多贾”有着经商的传统，商人还有着参政的意愿，这种营商的文化在当时使得人民羡慕商人的财富和奢靡，不利于人民聚焦于农业生产活动和参军服役，不利于国家在战国纷争中积聚战争潜力。

综上所述，秦国的技术创新水平处于战国列强第一梯队，能够在冶铁技术、农业技术、交通技术、水利技术等关键性领域掌握较为领先的技术水平；秦国的技术融合转化力远超六国，能够最为积极、全面、深入地将最先进的技术与农业生产、水利工程、交通建设、军事装备制造相结合，赋能国家实力增长；同时，秦国具备较高的技术耦合度，秦国的国家制度、政府政策、社会文化风俗相较六国更加符合当时先进技术发展特点和需求，由此在整体技术赋能水平上远超六国，为秦国通过技术赋能实现国家实力跃升打下了良好的基础。

---

① ［西汉］司马迁：《史记·货殖列传》，上海古籍出版社 2011 年版。

第三节 政府主导与秦国技术赋能优势的形成

秦国相较其他国家具备更为强大的技术赋能水平，究其原因，首先，秦国改变羸弱国力的现实需要和大规模征伐战争对经济军事的压力都对技术革新形成急迫的需求。其次，在制度上，秦国进行了全方位深刻的制度改革，解除了既有社会关系的束缚，为先进技术的发展应用创造了空间。再次，在战略政策上，秦国通过坚定的“农战”战略和详尽的政策支持新技术的发展和推广，再加上秦国强大的政府能力和严格的监管体系保障了技术转化应用。最后，在人才方面，秦国长期的引才、育才以及适才而用的政策为其荟聚了大量能臣谋士和能工巧匠，具备充分的智力资源。这些因素共同促使秦国相对其他六国获得更为领先的技术创新力、更为强大的技术融合力以及更具技术耦合性的政治经济关系，从而形成技术赋能优势。

一、羸弱国力对技术革新的强烈期待

贫弱的国力状况和大规模征伐战争对粮草、人口、交通、兵器的供给压力是推动秦国政府进行技术革新的现实因素。春秋时期大国之间仍保留一定的礼乐制度，国家间战争表现为“君子之战”的文明战争，交战规则讲究礼仪和排场，交战双方并不以消灭对方为目的，征伐的目的往往是要求对方的臣服和显示己方威德，因此，战争规模和烈度并不大。由此使得春秋时期各国大都能维持生存和延续，对人口、土地、粮草、兵器等国家经济军事资源的需求并不强烈，社会经济没有产生亟需技术变革的动力。

到了战国时期，各国完全抛弃礼乐制度，战争的目的从显示权威转变为兼并他国土地和消灭对方存在，即“争地以战，杀人盈野，争呈以战，杀人盈城”[①]。此时战争的规模变得十分庞大、对抗变得更为激烈、手段变得更为多样、频次变得更加频繁，国家的安全越来越得不到保障，在这种情况下，要求更多的粮食供给、更大规模的人口供养、更具杀伤性的武器

① 方勇译注：《孟子·离娄上》，中华书局2017年版。

以及便捷的运输工具，因此，客观上有着更强烈的经济军事技术革新需求。同时，在战国初期，秦国地理位置偏僻、国力羸弱，被诸强视为夷翟轻待，面对岌岌可危的现状，秦国最为期待通过先进技术应用实现富国强兵，以图逐鹿中原。

（一）人口粮食压力对农业、水利技术革新的需求

人口是农业技术时期农业耕作、经济发展、军队建设的基础，人口数量是这一时期国家实力的重要组成部分，人口状况关系到大国的竞争力和兴衰存亡。在生产中，由于发明制造限于手工工具水平，工具的操作和牵引必须依靠人力和畜力，人口便成为了生产活动的重要动力来源。马克思就指出："根据古代的观点，人，不管是处在怎样狭隘的民族的、宗教的、政治的规定上，毕竟始终表现为生产的目的。"[①] 在战争中，人口是国家兵力的来源和军事实力的重要组成部分，由于战斗基于士兵握持冷兵器以直接刺杀的方式进行，即便是弓弩，有效杀伤范围也不过百米，因此人口成为军队最重要的战争资源。在战国征伐中动辄数万、数十万的兵力部署，以及战争中巨大的人员伤亡，给一国人口储备带来巨大压力，战争实际上成为人口和粮草的消耗战，一国拥有军队的数量往往就代表着该国的军事实力。而制约人口增长最核心的要素就是粮食产量，为此就需要更坚硬的工具开垦更多荒地，更适宜的工具提高农耕效率，更完善的水利工程调蓄水旱、改良土壤以增加粮产，这些都成为秦国实现富国强兵难以绕开的现实问题，因此，对于技术革新和转化有着急迫的社会现实需求。

（二）军事征伐压力对交通、装备技术革新的需求

大规模的征伐给交通运输带来了巨大压力。在战国兼并战争中，秦国频繁进行大规模、长距离的作战，如何快速运输兵力、粮草成为必须要解决的现实问题，为此，交通运输工具的革新、水路交通的开发被提上议程。同时秦国对武器装备的革新也有着十分强烈的实际需求，在摧毁敌国为目的的战略目标下，必须有着更具杀伤力的武器才能大规模消灭敌军的有生力量，因此，具有覆盖性杀伤功能的强弩和更具格斗优势的长剑在秦

---

① ［德］马克思、恩格斯著：《马克思恩格斯全集》第46卷（上），北京人民出版社1979年版，第486页。

国广泛应用。另外，更强杀伤性的武器也和战斗需求相关，到了春秋晚期和战国时期，士兵的防护装备已经十分成熟，由两层皮革制成的甲胄已经具有较强的防护能力，传统的弓箭对敌军的杀伤性已经大大降低，研发射程更远、穿透力更强的武器已成为军事战争的现实需要①，因此，强弩和三棱箭镞成为军队作战的现实需求而被发明创造。总之，秦国羸弱的国力和兼并战争的实际需求都迫使其采取技术手段以实现富国强兵。

二、战略政策对技术革新转化的支持

（一）坚定的“农战”战略支持技术应用

秦国始终坚持“农战”为本的国家战略，凡是有利于“农战”的改革和技术都愿意尝试和接纳，凡是能促进富国强兵的措施都尽力在秦地施行，为秦国的技术革新和转化应用提供了国家战略支持。在关系到秦国命运转折的商鞅变法中，商鞅的思想始终以“农战”为本，反复强调农业和人口的重要性，“国不农，则与诸侯争权不能自持也，则众力不足也”，“壹之农，然后国家可富”，“人众兵强，此帝王之大资也”，“国之所以兴者，农战也”，“国待农战而安，主待农战而尊”。② 从这些论述可以看出，商鞅将农业作为秦国走向强大的前提，农强则力众，力众则国强，农业和人口始终是商鞅变法的核心。在确定农业和人口为变法目标的核心之后，商鞅要求必须把强农作为持久国策，即“国作壹一岁者，十岁强；作壹十岁者，百岁强；作壹百岁者，千岁强；千岁强者，王”③。商鞅认为，国家若能够专注于农耕和作战，一年将会强大，而若专注农战十年、百年则将会持久的富强称王于天下，由此可见秦国施行“农战”政策的决心和力度。另外，围绕着农业和人口，秦国要求必须明确获知这些国家实力核心资源的数目，要求必须及时统计十三种相关数据。在《商君书·去强》中记载：“强国知十三数：竟内仓府之数，壮男壮女之数，老弱之数，官士之数，以言说取食者之数，利民之数，马、牛、刍藁之数。”④ 可知商鞅认

---

① 郭淑珍：《秦射远兵器有关问题综述》，载《秦文化论丛》，三秦出版社 2006 年版，第 295 页。

② 石磊译注：《商君书·农战》，中华书局 2011 年版。

③ 石磊译注：《商君书·农战》，中华书局 2011 年版。

④ 石磊译注：《商君书·去强》，中华书局 2011 年版。

为强大的国家要熟知和重视粮食、壮年劳动力、老幼非劳动力、官员人数及牲畜等十三类的数目，这十三类可以简化为人口、粮草及牲畜，始终围绕着劳动力和农业展开。除了商鞅的变法，吕不韦等秦国的政策谋划者也认为“古先圣王之所以导其民者，先务于农”①，这些都反映出秦国对以农业和战争为核心的国家战略的明确性和坚定性。在军事领域，由于土地直接承载着生产的作用，疆土的大小直接关系到国家的富强和实力，因此，在这一时期的军事斗争中总是围绕着领土兼并展开。司马错对秦惠王进言“王之地小民贫，欲富国者，务广其地”②，就阐述了秦国进行征伐兼并的原因。故此，秦国在战国争霸中执行了“农战”为本的国家策略，在“农战”为本的战略指引下全力发展农业和军事相关技术就成为理所当然。

（二）详尽的政府政策鼓励技术推广

在战略上护航农业军事等相关技术发展转化之外，秦国政府还通过详尽的政策和服务来推进先进技术的转化普及。作为提高农业生产效率最重要的铁制农具的普及就与秦国政府政策息息相关。在生产上，秦国政府在各地开挖矿场进行铁矿石采掘，在中央和地方设置各类专业生产机构“工室”进行生产，并允许民间冶铁制造工具，充足的铁制农具生产和出售使得秦国先进农具的保有量大大增加。更为令人惊叹的是，秦国为了铁器的推广已经细致地考虑到了无钱农民的农具购买使用问题，据睡虎地秦墓竹简记载，“假铁器，销敝不胜而毁者，为用书，受勿责”③，可以看出，为了推进农业生产工具革新，秦国官府会将农具免费借给农民使用，对于在农业耕种生产中自然磨损的铁具，只要不是故意损坏的官府并不会惩罚农民，只需要将旧农具登记回收。这在严刑峻法、动辄连坐刑斩的秦国是难以想象的，这些都说明了秦国推行铁制农具以提高农业生产的决心。

除了直接支持技术转化应用之外，秦国还通过颁布一系列举措配合新技术推广。农业政策上，秦国颁布《垦草令》，允许和鼓励人民开垦荒地，人均耕种面积的增加必然需要更高效的农具以进行大面积耕种，为先进农业技术的推广提供了契机。户籍政策上，秦国出台政策严禁成年父子、兄弟同居，强制进行分户和小家庭制，以此鼓励农业生产和开荒垦殖。同

---

① 陆玖译注：《吕氏春秋·上农》，中华书局 2011 年版。

② ［西汉］刘向：《战国策·秦策》，上海古籍出版社 2015 年版。

③ 《睡虎地秦墓竹简·秦律十八种·厩苑律》，文物出版社 1990 年版。

时，秦国严格执行重农抑商政策，严格限制商人获得和贩卖粮食，使得商人阶层不得不从事农业生产，再加上吸引其他国家人口流入的徕民政策，这些政策都扩大了农业人口和新技术工具的应用范围。功爵制政策上，秦国推行农业功爵制，“以粟出官爵”“粟爵粟任”[①]，根据粮食的产量和缴纳的粮草数量封功赐爵，而没有功劳的贵族将不能得到奖赏晋升，由此激发起了人民开展生产活动的热情，在纳粟拜爵的考核标准下，农民会主动使用更为先进的农业技术和生产工具，为先进技术大规模转化推广提供了便利。

三、全面制度改革解除社会关系束缚

特定的生产关系对应着与之相适应的生产力，在落后的生产关系中，难以培育和孵化更为高效的生产力。战国初期，旧的生产关系与生产力发展要求互斥，限制着技术的革新与转化。秦国政府以制度改革为先导，破除井田制、分封制，建立了封建制政治经济制度，提高了制度和技术之间的耦合性，为先进技术的转化推广和生产力的发展扫除了障碍。

首先，经济制度上废井田、开阡陌，改小亩为大亩，解放农业生产关系的束缚。商鞅变法的重要举措就是废井田、开阡陌，实行土地私有制，允许土地买卖，将原有生产关系下的奴隶解放为封建自耕农，将原本未得到利用的土地开发为农田，极大地提高了广大劳动者的生产积极性。同时推行郡县制削弱贵族门阀的权力，以中央集权来保证土地改革的成功。井田制下的土地割裂，东西为阡、南北为陌，亩皆为小亩，据记载，“六尺为步，步百为亩”[②]，即一亩为一百步，每个农夫耕作一百亩土地，商鞅变法后要将小亩改为大亩，即“商鞅佐秦，地利不尽，于是改制二百四十步为亩，亩百给一夫”[③]，将原来的一亩一百步增加为二百四十步，同样按照一百亩分给一个农民，这样每位农民的耕种面积就大大增加了。耕种面积的扩大使得对新型高效农具的需求量随之增加，牛耕铁犁成为当时效率最高的农业生产模式，为先进农具的制造和推广起到了积极作用。

---

① 石磊译注：《商君书·农战》，中华书局2011年版。
② 石磊译注：《商君书·垦令》，中华书局2011年版。
③ 杜佑：《通典·州郡四·古雍州下·风俗》，中华书局1998年版。

其次，政治制度上废分封立郡县制，建立与生产关系相适应的政治制度。分封制是奴隶制下的国家政治权力分配制度，在分封制下，地方诸侯贵族对其所分封的领地具有较大的权力的排他性和独占权[①]。商鞅变法打破了分封制下地方以血缘为纽带的分裂割据，加强了中央对地方的管理监督，形成中央对地方的垂直管理模式。郡县制的推行便于秦国统一施行法令政策，便于大规模地组织生产，有利于先进技术的推广和交流。[②] 秦国在后来推行矿产资源的统一管理开发，施行工兵器的三级监造生产和“物勒工名”监督制，进行大规模的交通工程建设，以及开展铁制工具的推广分发等都需要以中央集权和上下贯通的管理为前提。假如没有进行郡县制改革，受分封割据势力的影响，秦国先进技术工具的推广便会大打折扣，开展规模化标准化生产便会阻力重重，进行严格高效的监督管理便会难以实施，诸多技术领域便无法发挥其应有的赋能效力以助力秦国强大。

最后，税收制度上施行“舍地而税人”，激发农民种粮积极性并促进先进工具的应用。秦国原有地税制根据土地征税，土地越多则征税越多，这种税制不利于鼓励农民开荒种植，而将土地税改变为人口税后，以人头纳税，不限制每户能够获得的土地数量，在能力范围内允许开辟尽可能多的土地。税制改革解除了农民开垦荒地的顾虑，开荒种植所带来的粮食生产能够使农民得到更多的收益，有利于农民积极利用各类先进工具进行土地开发和农业生产。除此之外，秦国还扩大征税面积，原来贵族士大夫豢养众多人口不从事农业，通过增加税赋使得这些人难以不劳而食，只能亲自从事农垦增加荒地的利用，这些税制的改革都有利于促进农业生产相关技术的应用和推广。

四、严格的监管体系保障高工艺质量

在具备先进的生产技术的同时，秦国还具有专业的生产制造机构、严格的监督管理机制以及赏罚分明的奖惩举措，通过这些举措，秦国在生产中建立了一个从制造到监督管理再到考核奖惩的完备体系，从而使得秦国相较于六国能够生产和制造工艺更为精湛、质量更为卓越的各类技术产

---

① 李元：《秦土地改革运动论》，《求是学刊》1998 年第 4 期，第 103 页。

② 叶晔：《秦农业图景的考古学观察》，《秦始皇帝陵博物院》2018 年版，第 153 页。

品，从而在经济生产和军事对抗中占据更大优势。

（一）生产机构的专业化

秦国政府官办生产机构确保技术产品质量和工艺。在任何时代，专业化的生产都能够更容易把控产品标准、管控产品质量，秦国无论是民用工具生产还是军用装备制造都已经实现了专业化生产。在民用冶铁领域，商鞅变法后秦国将山林矿藏等统统收归国有，由官方兴办官营机构统一进行矿产开发和冶铁铸铁，设置专业冶铁官营机构和专职铁官负责铁器生产，根据睡虎地秦墓竹简记载，秦设“大（太）官、右府、左府、右采铁、左采铁课殿，貲啬夫一盾”①，可知秦国设置有左采铁、右采铁两个冶铁机构，其中管理者啬夫为郡县以下级别的经济官员，负责开采铁矿和冶铁工作。除了在郡县下设啬夫级别铁官之外，在此之上，秦国还设置有总铁官和大啬夫，在战国晚期秦国中央还设置有丞、吏级别的官职主管铁市。②秦国从中央到地方设置了完备的主管铁市的官职机构，设立冶炼作坊进行生铁冶炼和工具打造，为先进工具的制造提供了专业化的生产保障。在军事领域，秦国生产兵器的机构主要是中央和地方的工室、寺工工室、少府工室、属邦工室、诏吏工室等③，负责各类兵器、车马机件、铜器的生产制造，其中工室是国家设立的专业制造机构，也是最主要的武器生产部门。由此可见，无论是民用领域还是军用领域，秦国都设立了各级专业的生产机构负责相关器具的加工制作，这种专业化的官营机构更有利于保障产品的质量和产量。

（二）三级监造管理机制

秦国有着较为严格和系统的生产监督机制，为各类技术产品的生产进行严格监管。秦国的生产管理分为三级监造制，其中第一层级是相邦或郡守，负责整个器具制造的最高监管和验收，第二层级是各制造机构（以工室为主）的管理者工师，他们负责对自己管辖的制造部门进行监督和管理，第三级别是生产者工匠本人，他们具体负责每个器具的打造和制作。

---

① 《睡虎地秦墓竹简·秦律杂抄》，文物出版社 1990 年版。

② 徐学书：《战国晚期官营冶铁工业初探》，《文博》1990 年第 2 期，第 36 页。

③ 张军、陈治国：《秦代兵器的生产和保管》，载《秦文化论丛》，三秦出版社 2006 年版，第 123—128 页。

在这种清晰的监造制度下，每级单位各司其职，同时各级人员都能受到上级的监督管理，使得秦国的大部分生产制造处于高效运转之中，保证生产的规范高效。

（三）“物勒工名”追责制度

题铭制度，即“物勒工名”，是一种追责制度，秦国要求工匠及负责人将其姓名刻于其所造的器具之上，以便于核对产品质量和追究责任人罪责。秦律中对于兵器题铭有着严格的要求，《云梦竹简（Ⅱ）秦律十八种》记载，秦国“公甲兵各以其官名刻久之”①；《吕氏春秋·孟冬记》记载，“命工师效工，必工致为上，物勒工名，以考其诚，工有不当，必行其罪，以穷其情”②，即秦政府要求工匠将自己的名字刻在产品上，以产品质量来考察工匠的用心程度，若不达标一定会治罪，由此可见秦国对于产品质量的要求之高。题铭制度结合三级监造制度很容易进行溯源追责。例如，十三年相邦义戟铭“十三年，相邦义之造，咸阳工师田，工大人耆，工箦”就代表这件兵器的具体生产者是工人箦，生产的管理者是咸阳工师田，他们又隶属于相邦义的管辖和监督。这样就把兵器的三级负责人都记录清楚，一旦武器存在质量问题，就可以很快地找到对应的管理者和生产工匠，对其进行惩罚并令其改进，以保证武器的质量。

五、强大的政府能力推动技术转化

秦国强大的政府组织力、动员力、行动力是推动和保障技术融合转化的关键。商鞅变法后的秦国废分封立郡县制，铲除地方贵族势力，加强了中央集权，使得秦国政府指令能够不受阻碍地直接下达郡县；立木为信、编订户籍等举措建立了政府的权威，加强了对人民的统治管理；严刑峻法、轻罪重刑的刑罚手段使得秦国政府的政策能够令行禁止。由此，秦国政府中央的决策部署都能够得到地方郡县的坚决执行，政府的组织动员能够得到百姓的积极响应，获得强大组织力、动员力和行动力，这种强大的政府能力成为助力秦国技术转化应用的强大助推力。

---

① 张政烺、日知编：《云梦竹简（Ⅱ）秦律十八种》，吉林文史出版社1990年版。

② 陆玖译注：《吕氏春秋·孟冬记》，中华书局2011年版。

在生产制造领域，秦国强大的政府能力使其能够最大范围的进行先进工具、兵器的生产制造和推广应用。秦国强大的中央权力能够在地方设置各级专业冶金机构和管理机构，保证各型工具兵器的规模化生产制造。而在六国，由于地方存在着大量的世袭贵族势力范围，中央政府的指令难以被有效实施执行，甚至地方势力为了自己的利益而抵制中央的决策部署，阻碍先进技术在生产领域的转化应用。另外，秦国强大的执行能力促进了铁制工具最大限度地推广使用，通过对官员的考核和详尽的扶植政策，秦国得以迅速将铁制农具应用到各类生产中以提高国家实力。

在工程建设领域，先进技术的有效转化需要强有力的政府组织动员相配合，单单具备先进的技术并不能保证工程的完整实施，特别是一些大型工程的实施需要大量的人力物力投入，这些都考验着各国政府的组织动员力。战国时期与综合国力提升相关的大型水利工程、交通工程的建设无不考验着各国的组织动员能力，都江堰水利工程发动大量民工历时八年之久建设，郑国渠的工程中动用十余万人，耗费十年时间建设，灵渠的修建耗时五年，而修建于悬崖绝壁的秦蜀栈道更是耗费巨大，如果没有秦国政府强大的动员能力发动大量能工巧匠参与工程建设，就难以完成这些重要工程。也正是秦国强大的组织力、动员力和行动力，才使得秦国得以在战国七雄中最大程度发挥先进技术的赋能作用，修建了规模最大、数量最多的水利交通工程，不断为国家实力的提升创造条件。

六、持久坚定的引才育才举措荟聚人才

无论是生产发展、技术创新还是富国强兵、争霸图强，都需要大规模的各类人才。战国时期七国争相招贤纳士，秦国在七国的人才争夺中能够独占鳌头广纳贤才，原因在于秦国政府长期重视人才资源的开发利用，在人才政策上持之以恒、委以重任，选材标准上任人唯才、实用为先，在人才吸纳上渠道宽广、方式多样，以最大的诚意招募各国人才，最终为秦国引进和培养了众多各类型人才和能工巧匠，为秦国技术的发展和国家的强盛提供了智慧和技能支持。

（一）外来人才的吸纳引进

相较东方各国，秦国位置较为偏僻，本土文化落后、人才匮乏，如钱

穆所言："秦人僻居西土，较东方远为落后，其任用以见功者，亦率东土之士也。"[①] 因此，外来人才的吸纳在秦国的崛起中具有举足轻重的作用。秦国对外来人才引进的成功主要归结为以下原因：

第一，君主长期对人才引进的重视。秦国的统治者深知本国人才的匮乏和人才的重要性，因此历来重视人才吸纳，早在秦穆公时期就有着"五羖羊皮赎百里奚，厚币迎蹇叔，以为上大夫"的求才之心，历经秦孝公任商鞅、秦惠文王用张仪、秦昭襄王得范雎，直到秦王政兼并六国，秦国始终坚持有效的人才招募政策，使得秦国成为各类人才的最主要流向地。其他六国虽然也重视人才的引进，但没有一个国家像秦国一样长期持续地重视人才的引进和吸纳。

第二，人才评判标准上"任其力不任其德"[②]，扩大选才范围。秦国坚持法家实用型的人才观念，一切以人才的能力为考核标准，"程能而授事"[③]，不以人的道德优劣为才能的判断依据，与儒家的"克己复礼""尊贤使能"及墨家的"厚乎德才"人才标准完全不同。例如范雎、张仪、姚贾等人在道德和人品上有着一些问题，但不妨碍在秦国受到重用。实用灵活的人才观使得秦国摆脱了礼制道德的束缚，扩大了选才用才对象，相较于其他国家能够猎取更多具有真才实学之士。

第三，引进渠道多样，秦国人才的引进方式多样，包括举荐引进、应招引进、自荐入秦和派遣引进等多种方式[④]，通过宽阔多样的渠道最大可能地引进人才。举荐引进上，秦国给予大臣以举荐权以发掘和获取更多的人才，百里奚由公孙支举荐，蹇叔由百里奚举荐，甘茂由张仪、樗里疾举荐，李斯由吕不韦举荐。应招引进是指秦国君主发现和要求的特定人才的引进，韩信就是由于被嬴政所欣赏而强迫韩王令其出使秦国而获得，另外，秦孝公发布的"求贤令"也属于君主直接引进人才的范畴。自荐入秦即人才直接向秦王表现才能和表达意愿而被招纳的形式，比较知名的有商鞅和范雎，商鞅曾经四次拜见秦孝公后获得赏识被委以重任，才有了之后的商鞅变法。派遣引进属于一种借用人才的形式，以借用或交换的方式获得秦国需求的人才，齐国的孟尝君就是以这种方式被秦昭襄王引进为相

---

① 钱穆：《秦汉史》，九州出版社 2011 年版，第 3—4 页。

② 石磊译注：《商君书 · 错法》，中华书局 2011 年版。

③ 高华平、王齐洲、张三夕译注：《韩非子 · 八说》，中华书局 2015 年版。

④ 孙赫：《论春秋战国时期秦国人才引进》，吉林大学 2011 年博士学位论文，第 41—48 页。

的，由此可见，秦国引才途径的多样和方式的灵活。

实用的人才标准、多渠道的人才引进政策和持之以恒的引进政策使得秦国荟聚了众多人才，仅以担任丞相的高端人才为例，据统计，在秦惠文王至秦王嬴政期间，秦国有22人担任丞相一职，而其中的外来人才就占了18人，占比高达80%以上[①]，由此可见秦国人才引进政策的成功。仅仅丞相一职就能有如此多的引进人才，窥一斑而知全豹，可见秦国对于各类学者、工匠、技能人员的吸收和引进成效。全方位的人才引进政策也吸引着六国各地的能工巧匠，墨子及其众弟子中很大一部分精通机械、兵器制造，秦国通过他们获得各国的先进技术和经验，提高了秦国的技术水平和技术能力。韩国的水利专家郑国到秦国修建了著名的郑国渠，使得关中地区泽卤之地变为沃野。总之，各类外来人才的有效引用为秦国的国力提升做出了不可磨灭的贡献。

（二）本土人才的重用和培养

在吸引外来人才的同时，秦国也注重本土人才的任用和工匠的培养。秦国本土人才更多的是军事将才，以白起、王纥、王翦为代表，技术型人才的代表为李冰，李冰受秦昭襄王重视任蜀郡太守并修建了都江堰水利工程，为秦国蜀地的开发打下了良好的基础。在最为重要的生产领域，为了满足大规模冶金铸造的需求，秦国特别注重工匠的培养，为此制定了一整套的培养管理方案。《云梦竹简（Ⅱ）秦律十八种》就对秦国工匠的培养奖励制度进行了详细记载："新工初工事，一岁半红，其后岁赋红与故等。工师善教之，故工一岁而成，新工二岁而成。能先期成学者谒上，上且有以赏之。盈期不成学者，籍书而上内史。"[②] 该律令除了对学习工匠的薪酬规定之外，还要求新到的工匠必须有工师教导，并要在两年内学成，如果能够提早完成学习的将受到奖励，到期不能学成的也要上报等待进一步处理。从秦律中可以看出，秦国对于培养技术人才的重视以及对于人才培养时间及标准的严格要求。也正是在这样奖惩合理的人才制度下，秦国培养了大量的娴熟工匠，为秦国的各类兵器装备、农具工具以及车舟辕船的建造提供了人才保障和技能支撑。

---

① 黄留珠：《秦客卿制度简论》，《史学集刊》1984年第3期，第21页。

② 张政烺、日知编：《云梦竹简（Ⅱ）秦律十八种》，吉林文史出版社1990年版。

相对于秦国积极吸纳和任用各国贤才，其他国家引才用才的力度不仅比秦国小得多，而且存在着大量人才流失的问题。六国人才流失基本上分为两种情况，一种是因为怀才不遇，难以施展才华而出走他国；另一种是因为受到迫害而不得不逃往他国。魏国的名将吴起因魏武侯的不信任“疑之而弗信也”，“惧得罪，遂去，即之楚”①，害怕获罪逃到了楚国，魏国由此失去了一员名将和改革家。主导秦国变法的商鞅之前在魏国并未受到重视，魏惠王对于公叔痤举荐商鞅回以“谓寡人必以国事听鞅，不亦悖乎”②而失去了商鞅这一良才。著名的军事家孙膑在魏国被庞涓设计陷害，“以法刑断其两足而黥之”③，孙膑逃往齐国并任军师，最终大败魏国。而著名的纵横家、谋略家范雎一开始在魏国作门客，但并没有受到魏国信任反被诬陷通齐卖魏，“使舍人笞击雎，折胁摺齿。雎详死”④，范雎通过装死逃往秦国，提出“远交近攻”策略辅助秦昭襄王成就一番霸业。楚国的人才流失更为严重，早在春秋时期就有着“楚才晋用”的现象，王孙启、析公、雍子、贲皇、申公巫臣都因为政治迫害而逃往晋国，另外还有甘茂、屈盖、昌平君、李斯等“楚材秦用”，伍子胥和伯嚭的“楚才吴用”，文种、范蠡的“楚才越用”等人才流失现象。另外，燕国有着乐毅、乐乘、蔡泽等人才的流失，赵国有着廉颇不被重用，乐毅、剧辛因“沙丘之乱”被迫出走，齐国有着蒙骜、孟尝君、田单等人才的流失。总之，六国没有像秦国一样坚定的人才战略和任才用才举措，君主或猜忌妒贤，或听信妄言，使得众多贤能之才或被谋害，或被迫逃亡而不能长期留用，难以充分发挥人才的智力优势。六国人才外流使得其在智力和技能资源上难以与秦国抗衡，其影响逐渐显现在工艺制造、政治改革、军事作战、战略谋划等诸多方面，进而影响着六国的技术工艺水平、技术转化应用效率及制度革新成效，最终在技术赋能国力上与秦国逐渐拉开距离。

---

① ［西汉］司马迁：《史记·孙子吴起列传》，上海古籍出版社 2011 年版。
② ［西汉］刘向：《战国策·魏策一》，上海古籍出版社 2015 年版。
③ ［西汉］司马迁：《史记·孙子吴起列传》，上海古籍出版社 2011 年版。
④ ［西汉］司马迁：《史记·范雎蔡泽列传》，上海古籍出版社 2011 年版。

第四节　技术赋能与秦国实力优势转化

战国初期，秦国作为西陲小国根本不被诸侯国重视，秦孝公继位之时便有了“诸侯卑秦，丑莫大焉”① 的耻辱，但经过数代人的经营秦国便成为了傲视群雄、横扫六国的大国。究其原因，虽然战国诸强之间相对实力的消长有多方面因素影响，但秦国的绝对实力增长有着很大的技术赋能因素。通过冶炼技术的优势，秦国率先将铁制农具应用于农业生产，极大地扩大了土地开垦面积并率先走向深耕铁犁的精细化生产，充足的粮产为秦国的崛起打下了坚实的物质基础；通过水利工程技术和铁制工具的优势，秦国兴建了大、中、小型水利设施，扩大了可耕地面积，改善了土壤肥力，促进了秦国粮食产量和人口的增长；通过新型运输工具的发明和使用以及水陆交通的开发，秦军具备了长途运输和快速奔袭的能力，为后期远伐征战兼并六国提供了保障；通过先进生产技术和制造工艺的优势，秦军获得了弩器、长剑等各类先进武器装备，同时以标准化规模化生产保障了武器装备的质量、供给和通用，为秦军强悍战斗力的生成提供了强力支撑。最终，秦国通过长期技术赋能获得了国家实力的极大跃升，构筑了大国竞争的优势，重塑了战国实力格局。

一、技术赋能农耕，带动粮草人口增长

战国时期，农业生产始终限制着国家的劳动力数量和军队规模，农业是国民经济的支柱和国家的命脉，农是战的基础，战是农的保障，“农战”是国家崛起的必备条件，更是国家强大的标志。战国时期群雄征伐不断，各国之间处于不间断的战争状态，动辄数万、数十万的征伐极速地消耗着各国的人力物力财富，国家竞争最终考验的是各国的人口和粮草的补给能力。根据史料推算，秦国在统一六国的战争中共计用兵百万人，其中仅伐楚之战就动用六十万之众，按照每位兵士月耗四十斤粮食计算，不计算运输和民工耗损部分，秦灭楚的两年战争粮食消耗就达五十万吨以上，这对

① ［西汉］司马迁：《史记·秦本纪》，上海古籍出版社 2011 年版。

后勤粮草的供给提出了极高的要求，秦国的兼并战实际上就是农业生产基础上的粮食和人口的消耗战，因此，提高农业生产效率是富国强兵的基础。

生产工具的改进是推动农业生产的重要因素，而战国时期正好处于铁制农具革新的历史时期，秦国的冶铁技术在继承前人的基础上不断地改善和进步，处于诸国的领先梯队。在铁制农具出现之前的农具以石制农具、木制农具和青铜农具为主。石制农具坚硬耐用，适宜用作磨盘和磨棒，缺点是比较沉重且不够锋利，石刀、石镰、石斧用以耕作就不便利。青铜农具比木制农具和石制农具轻巧锋利且更容易塑形，但青铜工具有着以下缺点：第一，青铜由于质地脆、易磨损的物理特性并不是完美的农耕工具；第二，铜矿石在中国的储藏并不丰富，且青铜属于合金产品，冶炼过程复杂，难以大范围冶炼制造；第三，青铜的稀缺性使其主要用于制作国家祭祀物品和贵族礼乐饮食器皿上，较少能够用于农业生产，因此笨重难用的石制农具仍占据主流。相比青铜农具和石制农具，铁制农具有更佳的硬度、耐磨度和韧性，更轻便的重量，而且铁矿的储存量较大，成为理想的规模化的农业生产手工工具。

（一）冶铁技术的掌握与铁器制造

秦国的冶铁技术是在前期丰富的青铜冶炼技术的基础上发展而来，秦国冶铁技术和冶铁能力的成熟为其铁器的普及创造了条件。[①] 战国时期秦国已掌握了块炼铁法炼制熟铁、鼓风冶铁炼制生铁以及生铁柔化技术，在技术层面解决了铁的冶炼与铁器的制造问题。

块炼铁法。块炼铁法又称低温固体还原法，是早期冶铁技术的主要方法。在石头和土砌制成的耐火炉中将铁矿石和木炭按照一层叠一层的方式置于炉中，炉内生火通风烧制铁矿石，由于炉内温度不够难以将铁融化，烧制后夹带杂质的铁块沉在炉子底部，经反复捶打挤出杂质后得到较纯的熟铁块。[②]

鼓风冶铁。铁的熔点较高，为了解决冶炼炉温度不够的问题，鼓风问题成为关键，冶炼生铁就与鼓风炉的改进密不可分。经过经验积累和反复

① 林永昌、陈建立、种建荣：《论秦国铁器普及化与关中地区战国时期铁器流通模式》，《中国国家博物馆馆刊》2017 年第 3 期，第 36—51 页。

② 杨宽：《中国古代冶铁技术发展史》，上海人民出版社 2004 年版，第 3 页。

的摸索，通过皮囊制成的“橐”等鼓风设备提高了铁炉的温度，从而达到铁的熔点产生出较高质量的生铁。秦国已经熟练掌握了“铁山鼓铸”鼓风技术，并且有着较先进的高炉和坩埚炉，因此具备了生产高质量生铁的技术能力。

生铁柔化技术。生铁柔化技术在铁制工具的制造中十分重要，通过上述方法冶炼的生铁虽然坚硬但易脆，强度不够，只能作为犁铧用具，不适宜打造更加坚韧的凿、铲、锄等工具，通过退火脱碳处理的生铁便成为可锻铸铁，更适合作为耐磨坚韧的农具和手工工具。[①] 通过对先进技术的掌握，秦国冶炼和制造合格铁制农具已不存在工艺和技术上的难题。

除了先进的冶铁技术之外，秦国发展铁器冶炼还有铁矿资源丰富这一有利条件。秦国统辖范围内拥有较丰富的铁矿资源，根据考古发掘和历史文献的记录，战国时期约有 22 座铁矿，而秦国的核心今陕西地区就有 7 座。[②] 秦国的英山、符禺之山、泰冒山、竹山、龙首山、岐山等十余地都是《山海经》记载中铁矿丰富的地区。[③] 后来随着秦国吞并巴蜀、加强对巴蜀资源的开发，使得秦国铁矿资源更为充足丰富。巴蜀地区的临邛有着丰富的铁资源，《史记・货殖列传》记载，秦国占领巴蜀后将卓氏等其他地区人民迁至临邛“铁山鼓铸”，即在铁矿石山附近就地建立鼓风炉进行冶铁开发。秦惠文王二十七年（公元前 311 年），张仪与张若“城成都……置盐、铁、市官并长丞”[④]，也证明了秦国对于巴蜀地区盐铁的开发利用。在占据丰富的铁矿资源的优势下，秦国设立了大量的官营和民营的冶炼作坊，根据现有的出土文物来看，秦国所在地区的铁器、铁制农具与其他地区相比类型丰富、存量较多[⑤]，这就使得秦国能够大量制造铁制农具。

---

① 杨宽：《中国古代冶铁技术发展史》，上海人民出版社 2004 年版，第 65—66 页。

② 白云翔：《先秦两汉铁器的考古学研究》，科学出版社 2005 年版，第 135 页。

③ 张春辉：《中国古代农业机械发明史补编》，清华大学出版社 1998 年版，第 29 页。

④ 《明本华阳国志・蜀志》，国家图书馆出版社 2018 年版。

⑤ 陈洪：《从出土实物看秦国铁农具的生产制造及管理》，《农业考古》2017 年第 4 期，第 117—122 页；杨际平：《试论秦汉铁农具的推广程度》，《中国社会经济史研究》2001 年第 2 期，第 69—77 页；包明明、章梅芳、李晓岑：《秦汉时期铁制农具的统计与初步分析》，《广西民族大学学报》2011 年第 3 期，第 1—6 页。

（二）铁制农具对秦国农业生产的赋能

在先进的冶铁技术和政府积极深入地推广下，战国时期秦国的铁器已经得到广泛使用并基本实现普及化，据统计，秦国的铁器类型丰富、样式齐全，涵盖了农业和手工业工具的各个品种，农业生产工具包括铁铧、铁锸、铁镰、铁锄、铁镬、铁犁，手工工具包括铁锤、铁斧、铁镑、铁凿、铁錾等等①，可以说在整个工农业生产领域，秦国已经走在了铁器化的前列，并将石、木、骨、铜类工具逐渐代替和淘汰，极大地促进了秦国农业生产力的提高。具体来说，铁制农具的普及在以下方面给秦国的农业生产带来颠覆性影响：

1. 铁制农具的使用使得大量荒地的开垦成为可能

战国时期由于人多地少加之人类生产能力的限制，各个国家有着大量的荒地林地尚待开垦。根据《墨子·非攻》记载，“广衍数于万，不胜而辞，然则土地者，所有余也”，即有着数以万计的广阔土地未能得到开垦，存在着大量的土地待开发，甚至“十倍其国之众，而未能食其地也，是人不足而地有余也”。② 这种情况在秦国也不例外。《通典·食货》记载：“秦孝公任商鞅。鞅以三晋地狭人贫，秦地广人寡，故草不尽垦，地利不尽出。”③ 也可以反映出秦国存在着大量土地未开垦的情况，为此商鞅颁布《垦草令》鼓励秦国人民大力垦殖，甚至诱三晋之人到秦国开垦土地。

尚未开垦土地相较于已开垦土地一般土质坚硬，碎石杂草树根较多，开垦的难度较大。使用原有的木、石、青铜农具开垦荒地的成本较高、速度较慢、难度较大，因此大规模的铁制农具就为秦国开荒垦殖提供了有利条件，铁制的锄、锸、铧等工具质地坚硬耐磨，方便掘土铲草，可以说铁制农具在技术上为商鞅《垦草令》的实施提供了可能。

2. 铁制农具加速了秦国农业由粗放型向深耕细作转变

铁制农具的广泛使用使得秦国率先大规模实现牛耕铁犁和精耕细作，成为当时最为先进的农业生产模式。铁犁、铁锄配合耕牛的使用可以做到深耕，使得秦国农业由粗放型走向精耕型，大大提高了秦国的农业耕作水

① 袁仲一：《秦青铜、冶铁技术发展情况概述》，《秦始皇帝陵博物院》2011 年版，第 167 页。

② 方勇译注：《墨子·非攻》，中华书局 2011 年版。

③ 王文锦点校：《通典·食货》，中华书局 1988 年版。

平。深耕在农业生产中有着重要的作用，土壤的翻松能够达到以下效果：第一，减少土地板结，增加土壤的透气性，加厚耕作层，便于作物根系生长；第二，通过深翻将草籽埋于深土，控制杂草生长，保障粮食作物的养分和生长空间；第三，将病菌虫卵翻至深土中减少作物的病虫害；第四，有利于肥料秸秆的腐烂和养分的保存。

在铁制农具发明使用之前，农业上只存在翻耕而没有深耕的要求，也没有关于深耕的记载，原因在于缺乏深耕的工具导致无法具备深耕的能力。铁制农具出现后使得深耕成为可能，铁锸、铁镢都是非常适宜的深挖深掘工具，从此深耕开始得到大规模推广。《吕氏春秋》记载，"其深殖之度，阴土必得。大草不生，又无螟蜮。今兹美禾，来兹美麦"[①]，即深耕要达到见到湿土为准，这样不易生杂草和病虫，能够带来丰收，"甽欲小以深，下得阴，上得阳，然后咸生"[②]，要求垄沟的较深以便根系得水、苗叶得阳使得庄稼茁壮成长，这些证明了战国时期秦国深耕细作的普及。可以说冶铁技术带来的农具革新是秦国率先走向精耕细作的农业生产模式的前提和必要条件，也为秦国粮食总产量的提高提供了技术支撑。

3. 铁制农具带来的生产效率提升为秦国人口增加提供保障

铁制农具的推广带来的粮食的增产是秦国强盛的基础和保障，《史记·货殖列传》里记载，"关中自汧、雍以东至河、华，膏壤沃野千里，故关中之地于天下三分之一，而人众不过什三；然量其富，什居其六"[③]，就说明了秦国农业的发达场景，以三分之一的土地和十分之三的人口生产了超过天下半数的财富。《秦律》也记载了秦国农业粮产的丰盛，"入禾仓，万石一积而比黎之为户……栎阳二万石一积，咸阳十万一积"[④]，秦国要求一万石粮食为一积用篱笆隔开放于粮仓中，栎阳达到了两万石为一积，咸阳的仓库更为庞大，以十万石为一积入仓，由此可见，秦国粮食囤积如山、国富民强的景象。有了充足的粮草就可以承载更多的人口，组建更大规模的军队，进行更频繁的征伐，可以说秦国冶铁技术和农耕技术的革新及转化为秦国的崛起奠定了坚实的物质经济基础。

---

① 陆玖译注：《吕氏春秋·任地》，中华书局 2011 年版，第 969 页。

② 陆玖译注：《吕氏春秋·辩土》，中华书局 2011 年版，第 976 页。

③ 韩兆琦主译：《史记·货殖列传》，中华书局 2008 年版，第 2536 页。

④ 张政烺、日知编：《云梦竹简（Ⅱ）秦律十八种》，吉林文史出版社 1990 年版。

二、技术赋能水利，保障农业生产发展

（一）大型水利工程的兴修

水利是农业发展的命脉，旱涝是影响农业生产的最大自然因素。水利工程是指利用水文、水利、测量、建筑等技术，建造堤、坝、渠道、水闸等设施控制和调配地上和地下水资源以满足人的需要的工程。秦国十分重视水利工程的建设，根据彭曦的研究，战国期间有记载可考证的大中型水利灌溉工程有八项，其中有效灌溉面积在20万亩以上的大型水利工程包括郑国渠、都江堰和芍陂三项，秦国就占了郑国渠、都江堰两项。[①] 由此可以看出秦国的水利工程技术能力和对水利工程建设的重视。

秦国占领的巴蜀地区原本并不是现今的沃野千里、天府之国，成都平原虽然地势平坦、土地肥沃，但由于地势原因，发源自岷山南麓的岷江水在汛期自高至低奔流而下淹没大片土地，致使成都平原一片汪洋饱受水患之苦，故有“泽国”之称，水患制约着巴蜀地区的农业生产发展。如何治理水患成为秦国利用巴蜀地区广阔土地以富国强兵的前提条件，公元前256年，秦昭襄王命水利工程专家李冰为蜀郡守，李冰在任期间决心根治水患，率领当地军民兴建了汶井江、白木江、绵江等诸多水利工程，其中最重要的为岷江上的都江堰工程。都江堰水利工程位于岷江出山口处，包括分水堰、飞沙堰、人字堤、宝瓶口等几个组成部分，将岷江分为内江、外江两部分，既具备“辟沫水之害”的防洪功能，又兼顾灌溉和航行的作用，代表了秦国高超的水利工程技术水平。自都江堰水利工程建立后，成都平原基本上摆脱了水患的威胁，实现了航运和灌溉的功能，人们得以种植稻田，灌溉三郡，从此“水旱从人，不知饥馑，时无荒年，天下谓之天府也”[②]。都江堰完工后，为了稳定对巴蜀的统治并充分利用巴蜀地区肥沃的土地资源，秦国从北方对巴蜀输入了大量移民，这些新移民与原住民一起开发土地，使得蜀地“沃野千里、号为陆海”，成为秦国最大的“粮仓”。

秦国统治的核心地区主要在西北，西北关中地区气候干旱少雨，土地

---

① 彭曦：《初论战国、秦汉两次水利建设高潮——兼说都江堰工程史》，《农业考古》1986年第1期，第204页。

② 《明本华阳国志・蜀志》，国家图书馆出版社2018年版。

盐碱化较严重，农业收成受到极大影响。与都江堰水利设施调洪防汛的作用相反，秦国在关中地区亟需抗旱灌溉和改良盐碱的水利工程。公元前246年，秦王嬴政元年，令韩国水工郑国主持沟通泾水和洛水的大型灌溉渠道，该工程东起中山，西到瓠口，引泾河之水进入关中平原，沿线地形十分复杂，工程量巨大，长度约150千米，耗时十年完成。水利专家郑国充分利用关中地区西北高东南低的地形，将渠道修建在沿线高地，通过筑坝、总干渠、饮水渠、支渠等工程形成自流灌溉系统，从而最大限度保证灌溉面积。郑国渠修建完成后，以渠水冲洗沿岸盐碱地，使得原来贫瘠的渭北土地获得泾水带来的含有大量有机物的泥沙，改良了原有土地的肥力，最终达到"溉泽卤之地四万余顷，收皆亩一锺"的效果。[①] 4万顷即当时的400万亩，约合今80万亩，按照彭曦教授推算一锺合六斛四斗，约为今184斤，乘以郑国渠有效灌溉面积115汉亩，每年可以产粮约6900万斤。[②] 按照每人每日3斤消耗计算，粮食产量足够维持两次二十万人的大军进行为期两个月的战争行动。郑国渠的修建使得关中土地得到进一步开发，为秦国与其他国家开展竞争积蓄了力量。司马迁对此高度评价，赞誉郑国渠使得"关中沃野，无凶年，秦以富强，卒并诸侯"[③]，是秦国吞并六国的重要物质基础。

（二）民间小型水利设施建设

除了兴建大型水利工程之外，秦国小型水利设施的建设也有着很大的进步。大型的水利工程虽然可以起到较好的灌溉作用，但必须是河水流经之地才能受益，无法覆盖秦国广大的缺水干燥土地，小型水利设施作为大型水利工程的补充在农业生产中同样必不可少。在《日出》中多处记载了凿井的相关内容"井当户篇间，富。井居西南陋，其君不癃，必穷"[④]。对

---

① 郑国渠的灌溉和排碱作用可见：［西汉］司马迁：《史记·河渠书》，上海古籍出版社2011年版；姚汉源：《中国水利史》，上海人民出版社2005年版，第52页；朱伯康、施正康：《中国经济史》（上卷），复旦大学出版社2005年版，第192页；李令福：《论淤灌是中国农田水利发展史上的第一个重要阶段》，《中国农史》2006年第2期。

② 秦之前度量衡未统一，换算数据存在偏差，本文以彭曦教授研究结论为主，见彭曦：《初论战国、秦汉两次水利建设高潮——兼说都江堰工程史》，《农业考古》1986年第1期，第204—205页。

③ ［西汉］司马迁：《史记·河渠书》，上海古籍出版社2011年版。

④ 贺润坤：《从云梦秦简〈日书〉看秦国的农业水利等有关状况》，《江汉考古》1992年第4期，第50—53页。

于蓄水池挖建的记录有“闭日，可以劈决地”“为池西南，富”等，井渠和蓄水池的建造是应对秦地干旱缺水的有效举措，通过挖掘地下水和蓄积雨水等，为秦国人畜的饮水和农业的灌溉提供了重要的保障。

都江堰和郑国渠等水利工程的兴建改善了秦国的自然耕种条件，扩大了秦国的可耕地面积，进而提高了秦国粮食产量，使得地处偏僻的秦国获得了稳定的战略资源，能够支撑起大规模的兼并战争，进而改变了秦国与六国的力量对比关系，为秦国在与六国的竞争中提供了坚实的物质基础。据《云梦竹简（Ⅱ）秦律十八种》载：“入禾仓，万石一积而比黎之为户……栎阳二万石一积，咸阳十万石一积，其出入禾、增积如律令。”① 可以看出秦国粮食仓储规模之大。充足的粮食供给使得秦国能够供养更多的人口和兵力，加之占领巴蜀地区以及徕民政策，秦国的人口迅速增加，在战国中后期秦国在人口和兵力数量上已经超过其他六国，任何一个国家都无法单独与秦国相抗衡，不得已才出现合纵连横的策略。秦国则以强大的国力为基础，辅以“远交近攻”的战争策略，开始了对六国的兼并征伐。

表2-2 战国中后期七国人口和兵力②

国家	军队人数（万）	人口（万）
秦国	100	600
齐国	60	350
楚国	80	400
燕国	65	325
韩国	30	150
赵国	50	250
魏国	50	250

资料来源：臧知非：《战国人口考实》，《安徽史学》1995年第4期，第13—16页。

三、技术赋能交通，助力远距兵团作战

战国时期的大国征伐中，兵员的集结往往达到十万以上的规模，频繁

① 张政烺、日知编：《云梦竹简（Ⅱ）秦律十八种》，吉林文史出版社1990年版。

② 战国时期由于历史久远没有准确的人口统计，且古代文献和史料经常有夸大的情况，因此并无准确统一的人口数据，本书从《汉书·地理志》和苏州大学臧知非教授对战国时期各国人口考证的数据综合而来。

的大兵团远距离作战对军队的机动能力以及后勤运输带来巨大的压力。据《史记》记载，秦昭襄王十二年（公元前295年），“予楚粟五万石”，而根据秦汉时期的车辆每车二十五石的运输能力推算，完成五万石运输需要两千辆车[①]；在秦赵长平之战中“大破赵于长平，四十余万尽杀之”，根据赵军兵力推算，秦军出动兵力也要以四五十万人计算；在秦国伐楚的时期，明确记载兵“非六十万人不可”，仅六十万人每日消耗的粮食就达五六万石左右，兵力、辎重、粮草的运输能力成为保障大兵团作战的重要因素。只有完善的交通运输体系和强大的交通运输能力才能保障大兵团行进和粮草辎重的运输，从而形成有效战斗力。而秦国在交通领域的技术创新和强大的工程建设能力为秦国带来了交通运输的优势。

（一）运输工具的创新

双辕车的发明使用。在战国时期普遍的车辆型式是单辕车，单辕车需要两匹或四匹牲畜进行系驾，不仅使用成本高且驾驶难度大。双辕车相比单辕车只需一个牲畜进行驾辕，驾驶难度大大降低，且车体更加牢固，拖拽力更强，因此双辕车更有利于进行大规模交通运输。在现有资料中最早的双辕车由秦国发明，在陕西西凤秦墓出土的双辕车模型是目前发现最早的双辕车实物，双辕车的出现是交通运输史上的重大进步，该车型的普及对秦国交通运输能力的提升具有较大作用。

独轮车的发明及使用。独轮车一般依靠人力手扶推动，具有便捷、灵活的运输特点，对于路面没有较高的要求，能够适应多种地形条件，在窄路、山路、田埂皆可通行，非常适用于辎重的运输。在对秦始皇陵兵马俑的发掘中已经发现独轮车的车辙运输痕迹，可以推断秦国在交通运输和工程建设中已经大量使用独轮车这一新型工具。

畜力牵引的大规模使用。首先，秦国大量使用马匹作为运输牵引工具使得交通运输效率有了较大的提升。秦国有着养马御马的传统，据《史记·秦本纪》记载，“费昌当夏桀之时，去夏归商，为汤御”，即在商代时秦的祖先为汤驾车，“造父以善御幸於周缪王”，“徐偃王作乱，造父为缪王御，长驱归周，一日千里以救乱”，在周代，秦祖先造父由于善于驾车被周王赏识，并在战乱中一日千里长驱奔驰帮助周王平叛，在周孝王时

---

① 王子今：《秦汉交通史新识》，中国社会科学出版社2015年版，第1页。

期，秦先祖非子受命在汧水、渭水交会处掌管养马，后来"邑之秦，使复续嬴氏祀，号曰秦嬴"①，即将秦国的先祖封于秦，号称秦嬴。从史料可以看出秦人有着养马御马的传统，并且通过养马得到册封获得姓氏和土地。在马匹的来源上，秦国通过民间征集和厩苑饲养相结合，保证军马供应稳定，在马匹的饲养过程中有着严格管理和较高的饲养医治技术，对于马匹的质量有着严格的考核要求。《秦律杂抄》载，"募马五尺八寸以上，不胜任，奔縶不如令，县司马赀二甲，令、丞各一甲"，未能达到马匹要求的将受到严酷的惩罚。在这种军马供应体系下，秦国获得了大量优质军马，为建立强大的运输体系和骑兵部队提供了条件。

其次，引进西域的驴、骡、骆驼等"奇畜"作为运输牵引动力。除了传统的马匹之外，秦国积极引入驴、骡、骆驼等西域牲畜作为引车动力，开拓新的运输动力来源。②《史记·李斯列传》中就记载，秦国李斯言"必秦国之所生然后可"，则"骏良駃騠，不实外厩"③，就说明秦国已经引进了稀奇牲畜来补充本国运力。长期对于马匹育养的重视加之对外来驼运牲畜的引进，到了战国后期，"秦虎贲之士百余万，车千乘，骑万匹""秦马之良，探前蹶后，蹄间三寻者，不可称数也"④。秦国战车和牵引畜力的数量已经十分庞大，交通运输实力已经十分雄厚，为秦国进行大规模的征伐提供了充足动力准备。

（二）陆路交通的优势

秦蜀栈道的修建与巴蜀的吞并。秦国历来重视陆路交通，秦武王表达"寡人容车通三川，窥周室，死不恨矣"⑤，就显示秦国极为期望有着便捷的交通进行征战。战国时期，秦国陆路交通建设方面最重要的成就是秦蜀栈道的修建与对巴蜀的吞并。栈，《说文解字》释之棚也，竹木之车曰栈，栈道是一种特殊的道路，主要见于山岭绝壁等处，通过在山间开凿孔穴插入木桩，再铺上木、石板以供人员通行。"秦并六国，自蜀始"⑥，秦国地处西北地区，疆土西向和北向都是较为荒凉之地，土地开发价值不大且有

① ［西汉］司马迁：《史记·秦本纪》，上海古籍出版社 2011 年版。
② 王子今：《秦军事运输略论》，《秦始皇帝陵博物院》2013 年版，第 381 页。
③ ［西汉］司马迁：《史记·李斯列传》，上海古籍出版社 2011 年版。
④ ［西汉］司马迁：《战国策·韩策一》，上海古籍出版社 2015 年版。
⑤ ［西汉］司马迁：《史记·秦本纪》，上海古籍出版社 2011 年版。
⑥ 郭允涛撰：《蜀鉴》卷一，巴蜀书社 1984 年版，第 23 页。

西戎、东胡等战斗力强盛的少数民族；向东是实力强大的楚国和魏国，从东部地区获得土地的风险极大；而南部巴蜀地区的蜀国和巴国土地广阔且实力较弱，因此成为秦国的最佳扩疆方向。蜀地四周被群山环抱，和秦国之间耸立着蔓延千里的秦岭，交通极为不便。秦国攻占巴蜀的障碍主要在于山川险阻带来的入川困难问题，《史记》记载，“巴蜀亦沃野……然四塞，唯褒斜绾毂其口”①，为此秦国有针对性地组织修建入蜀栈道，而铁制斧、凿、锤等工具也便利了秦岭栈道的修建，最终秦国建立了分别长235千米和247千米的北栈褒斜道和南栈石牛道。②

汉中通往巴蜀的石牛道修建完成后，公元前316年，张仪、司马错率军通过栈道进入蜀地，斩杀蜀王、俘虏巴王，设置蜀守、霸郡，仅用三个月时间就占领整个巴蜀地区。获得巴蜀地区在势力范围上使得秦国突破秦岭的限制，大大增加了其国土面积，经过李冰治理水患后，巴蜀地区成为秦国的三大粮仓之一，蜀地的粮草通过栈道也可以便利地运往秦地，达到了“取其地足以广国也，得其财足以富民”③ 的目的。在军事上占领汉江上游，通过水路可以顺流直接抵达楚国，完成对楚国的西北侧翼包围，军事战略上已经获得了对楚国这一竞争对手的巨大优势，为统一六国提供了便利条件。总之，战国时期秦国陆路交通特别是栈道的建设，使得“栈道千里，通于蜀汉，使天下皆畏秦”④。

（三）水运交通的开发

水运开发与“水通粮”。秦国较早重视和开发水上运输能力，据《左转》记载，“惠公四年，晋饥，乞籴于秦，秦粮船自雍至绛相继”⑤，秦国运输粮食的粮船从雍至绛，首尾相连，连绵不绝，即可看出秦国较早的具备了大规模开展水运的能力。先秦时期关中地区的渭河水量充沛，有着较多的支流，能够提供通航条件，秦国建都于雍水之侧的雍城和泾水、渭水之间的咸阳，都有利于利用自然优势进行运输。在《战国策》记载中，平阳君赵豹对赵王警告“秦以牛田、水通粮，不可与战”，水通粮即水漕通

---

① ［西汉］司马迁：《史记·货殖列传》，中华书局1982年版，第3261页。
② 蔚知：《我国古代川陕间的栈道》，《新华文摘》2010年第16期，第70页。
③ ［西汉］刘向：《战国策·韩策一》，上海古籍出版社2015年版。
④ ［西汉］司马迁：《史记·范雎蔡泽列传》，中华书局1982年版，第2423页。
⑤ 郭丹、程小青、李彬源译注：《左传·僖公十三年》，中华书局2016年版。

粮，可以证明秦国已经充分利用关中渭河各支流的水资源开展粮食漕运，通过水运秦国可将“关中水利区内大多数的都仓直接与中央统辖的咸阳仓、栎阳仓、霸上仓联络起来”[①]，强大的水运能力为秦国的战争行动提供了便利，其效果是“秦从渭水漕粮，东入河、洛，军击韩上党”[②]。除了开发关中地区的水运外，秦国在新占领的巴蜀地区同样重视长江水系运输的作用，“秦西有巴蜀，方船积粟，起于汶山，循江而下，至郢三千余里，舫船载卒，一舫载五十人，与三月之粮，一日行三百余里，不费马汗之劳”[③]，秦国通过水运能够获得“日行三百里”的速度和“载三月军粮”的运载能力，在十天之内便可将大军及辎重输送到楚国前线，使得楚王不得不“献鸡骇之犀，夜光之璧于秦王”，求得暂时和平。秦昭襄王二十七年（公元前280年），“司马错率巴、蜀众十万，大舶船万艘，米六百万斛，浮江伐楚”[④] 等史实案例，都显示了秦国强大的水运能力对夺取战争胜利的重要辅助作用。

除了常规水运能力外，秦国还具有特殊水运的技术能力。《左传·昭公元年》记载，秦国较早掌握了浮桥架设技术，“后子享晋侯，造舟于河，十里舍车，自雍及绛”[⑤]，说明秦国在春秋时期就能够在黄河上架设浮桥进行交通，秦国的黄河浮桥也是黄河上第一座常设浮桥。在天然水道开发利用之外，秦国基于征战需要还进行人工运河的建设。以灵渠建设为例，在秦国南征百越的过程中，受制于复杂地形影响难以转运粮草，为了保障军用粮草运输，秦始皇令“以卒凿渠而通粮道”，在较短时间内于湘江和漓江之间修建了一条人工运河，使长江水系和珠江水系沟通相连，由此秦军辎重便可由湘江经灵渠直达漓江运至百越腹地，为秦军最终攻克百越提供了物资保障。

四、技术赋能军备，辅助强悍战力生成

武器装备是制约军队战斗力的重要因素，在战国时期，虽然各国的武

---

① 滑宇翔：《〈史记〉“秦以牛田水通粮”新解》，《西安财经学院学报》2014年第3期，第95页。

② 袁传璋点校：《唐张守节史记正义佚存》，中华书局2019年版。

③ ［西汉］刘向：《战国策·楚策一》，上海古籍出版社2015年版。

④ 《明本华阳国志·蜀志》，国家图书馆出版社2018年版。

⑤ 郭丹、程小青、李彬源译注：《左传·昭公元年》，中华书局2016年版。

器代差并不太大，但武器性能仍是国家军事实力的重要影响因素，秦昭襄王认为，“夫铁剑利则士勇”[1]，就说明了当时精良兵器对士兵战斗力的影响。秦国在金属冶炼、兵器锻造以及标准化生产上的优势给秦军带来了先进兵器的制造优势、配给优势和通用性优势，大规模先进武器的装备应用为秦国取得攻伐战争的胜利提供了重要支持。在统一六国的长期征战中，以强弩长剑为代表的新型武器的规模化列装，给秦国虎狼之师增添了更强大的作战能力，也为秦军在作战中取胜提供了更大的概率和可能。

（一）先进武器装备的列装

秦国比较注重新型武器装备研发和采用，相对于其他国家有着军备性能的优势，秦国先进兵器装备主要表现在各类弩机、三棱箭镞、长剑的发明使用上。

1. 弩机

作为远距离杀伤武器，弩是在弓的基础上发展而来的，弩相对于弓有着更远的射程、更精准的瞄准性、更高的射击精度和可延时射击的优点。秦国具有重型弩器的生产技术优势，其弩器类型多种多样，包括擘张弩（手臂引弦）、蹶张弩（脚踏引弦）、车弩、绞车连弩（用绞车拉弩弦，可连发数箭）、转射机等。其中擘张弩、蹶张弩、车弩属于轻型弩机，绞车连弩、转射机属于重型弩机[2]，各种弩机根据阵法和作战需要不同可以编排成不同的阵型，能够最大程度地发挥作战能力和杀伤力。

先进的冶炼技术是秦国制造优质强弩的保障。从质量上看，基于先进的冶炼技术秦国弩机制作精良，规整匀称，很少有铸造缺陷，从而保障了弓弩的强度和拉伸能力。弩的性能主要受其张力影响，张力越大发射的箭镞的杀伤力就越强，这就对弩机的质量提出了更高的要求。秦国由于掌握着较为先进的冶炼技术，特别是能够合理配比铜锡的含量，由此使秦国的弩机质量更为出众。根据科学测定，青铜器锡含量在10%时最具延展性和拉伸性，这一比例更适合制作弩机，对考古出土的秦弩机的化学检测显

---

① ［西汉］司马迁：《史记·范雎蔡泽列传》，上海古籍出版社2011年版。

② 郭淑珍：《秦射远兵器有关问题综述》，载《秦文化论丛》，三秦出版社2006年版，第297—299页。

示，秦国弩机含锡的比重为8.69%—12.15%[①]，具有最佳的抗拉伸强度和张力承受度，也正是有着技术的保障才使得秦国能够制造更具威力和品种多样的弩机。根据专家推算，秦国轻型擎张弓的射程约为138米，蹶张弓射程约为276—414米[②]，而重型弩的威力更大，据始皇陵秦俑坑考古团队的推测，秦重型弩张力达738斤，射程约在831.6米以上。[③]

秦国弩兵在军队中占据重要地位，秦军阵列最大的特点就是弩兵的大量布置和弩器的大规模使用。秦兵马俑坑中有着大量的秦军跪射、立射姿态俑及装备弩机的战车，兵马俑中仅发掘的一号、二号、三号坑中出土的箭簇就达惊人的4万多支，由此可以印证秦国弓弩兵的规模。据考古学家统计，秦始皇陵兵马俑中有60%以上的士兵所持武器为弩[④]，可见秦国对于弩兵的重视和弩器的规模化列装。弩器的大规模列装能够实现万弩齐发的齐射效应，最大限度地射杀冷兵器时代密集阵型的敌军并减少自身的伤亡。在苏秦与赵惠王的对话"秦以三军强弩坐羊唐之上，即地去邯郸二十里"[⑤] 可以看出，秦国三军中的弩器对于其他国家的威胁之大。在战国时期规模最大、具有历史转折性的长平之战中，赵国将军赵括"出锐卒自搏战"，最终"秦军射杀赵括，赵军败，卒四十万"。[⑥] 自此秦国形成一统天下无可匹敌之势，由此也可看出秦国的精兵强弩在大规模作战中的重要作用。

2. 三棱箭镞

箭镞的质量和形态影响着弓弩的杀伤性。秦军的箭镞根据大小重量不同可以分为轻镞、重镞、超重镞，以配合不同种类的弩器，虽然大小不同，但秦箭镞有一个共同特点就是都为三棱形或类三棱型（三棱柱形、三刃形），这类箭镞的镞首的截面呈现三角形，三翼收杀，有的带有倒刺[⑦]，

---

① 郭淑珍：《从合金成分看秦俑坑青铜兵器的技术进步》，载《秦文化论丛》，三秦出版社2005年版，第818页。

② 郭淑珍：《秦射远兵器有关问题综述》，载《秦文化论丛》，三秦出版社2006年版，第301—304页。

③ 陕西省考古研究所、始皇陵秦俑坑考古发掘队：《秦始皇陵兵马俑坑一号坑发掘报告（1974—1984）》，文物出版社1988年版，第275—296页。

④ 袁仲一：《秦始皇陵兵马俑研究》，文物出版社1990年版，第150页。

⑤ ［西汉］刘向：《战国策·赵策》，上海古籍出版社2015年版。

⑥ ［西汉］司马迁：《史记·白起王翦列传》，上海古籍出版社2011年版。

⑦ 蒋文孝、邵文斌：《秦俑坑出土铜箭镞初步研究》，载《秦文化论丛》，三秦出版社2006年版，第419—421页。

秦始皇陵兵马俑中出土的4万余支箭镞中三棱箭镞高达99.85%[①]。三棱造型的箭镞具有以下优点：第一，飞行阻力小、飞行定向准，三棱形流线箭镞在空气中飞行更为稳定，穿透力和杀伤力更强；第二，瞄准性好，处于引发状态的三棱箭镞中的一棱可以起到准星作用便于瞄准；第三，扩大创伤面积、增大流血量和救治难度，从而达到更好的杀敌效果。秦国成熟的冶炼技术和先进的铸造工艺基础保证了秦国箭镞的工艺质量，秦国箭镞经由仔细地加工锉磨，造型体态完美，表面光滑锋利，锐气逼人，成为大规模消灭敌军的利器。

3. 秦长剑

战国时期，随着车战法的衰落和步骑兵作战的兴起，剑的地位日益提升，成为士兵的重要武器，秦国先进的铸剑技术使得秦剑刚柔相济且剑身更长，创造出中国青铜剑的“长剑”型，相较他国短剑有着作战性能优势。在冷兵器战斗中，武器的长短关系到格斗优势，正所谓“一寸长一寸强”，剑身越长越容易发挥砍、刺的效果。因青铜质脆，剑过长容易在砍杀中折断，战国时期青铜剑多为短剑，长度一般为50厘米左右，著名的越王勾践剑的长度也仅有55.6厘米。秦剑相较于其他国家更长，在兵马俑中发掘的秦剑有81—94.8厘米的长度[②]，剑身长宽比由原来的10∶1提高到20∶1[③]。剑的长短和质量与技术息息相关。首先，秦剑中铜锡含量配比合适，当锡的含量太少时，青铜剑就会太软，砍杀力下降，当锡的含量过多时，青铜剑就会过硬，从而使得剑在砍伐时过脆易断。从出土的文物分析，秦剑铜锡配比含量恰当，具有较高的韧性和刚度。其次，除了掌握铜锡配比，秦剑质量较高的原因在于其复合铸剑技术，在剑脊部分减少锡含量（约10%），使得青铜较为具有韧性不易折断，在剑刃部分加大锡的含量（约20%），由此获得更为坚硬的剑刃以便砍杀，将具有不同特性的剑脊和剑刃打造到一起就合成了当时最具作战性能的铜剑。[④] 最后，秦剑经过铬盐氧化处理，表面形成一层10微米厚的氧化层，保证剑身的抗腐耐磨和防锈锋利。[⑤] 基于先进技术打造的秦剑使得秦国军队如虎添翼，更加便

---

① 王学理：《秦俑专题研究》，三秦出版社1994年版，第254页。

② 郭淑珍、王关成：《秦军事史》，陕西人民教育出版社2000年版，第585页。

③ 申茂盛：《秦长剑及相关问题讨论》，载《秦文化论丛》，三秦出版社2008年版，第435页。

④ 杨泓：《中国古兵器论丛（增订本）》，文物出版社1985年第2版，第120页。

⑤ 王学理：《秦俑专题研究》，三秦出版社1994年版，第262页。

于秦军在战场上斩敌建功。

（二）武器的标准化生产与规模化供给

首先，武器的标准化生产保障了秦军装备的质量性能和通用互换性，进而增强军队的战斗力。秦国对于器物的标准化要求严格，在武器生产中对武器的大小、长短、样式有着严格的规范，秦国就要求“为器同物者，其小大、短长、广亦必等”①，说明了秦国对武器标准化的要求。在武器装备的标准化和一致性背后，涉及技术、生产工序、监督管理等诸多内容。在技术上，得益于秦国冶金技术的领先和制造工艺的成熟，秦国的大部分弩器、箭镞、战车等兵器和装备部件得以标准化生产。在生产中，秦国武器制造有着专门的“工师”负责，在中央有着“少府”“寺工”等专门兵器制造机构，在地方同样有着工室机构，专业的武器制造机构有利于保证武器生产过程中管理和工艺的规范性。另外，秦国还具有严格的监管和刑罚制度，对于制造不符合标准的武器生产者及管理人员进行惩处，以保证武器的质量。标准化武器生产首先保证了秦国高质量武器的供给；其次有利于士兵的训练和阵法的布置，提高秦军的作战能力；最后，标准兵器构件的通用性便于武器的维修和战场互换，降低战争装备损失。

秦始皇陵兵马俑考古专家对秦兵马俑的考古发现秦国兵器在类型、形制、样式等方面均具有较高的一致性，秦始皇帝陵博物院曾对 229 件秦弩机进行数据实测和数学统计分析，其结果显示秦国弩机的主要部件悬刀、望山、牛的测量数值差值为 0. 1—0. 2 厘米、1—1. 3 厘米、1. 21—1. 26 厘米，研究数据表明，秦国的兵器生产有着非常高的标准化水平，并推算出秦国兵器生产可能已经采用批量化、流水化生产模式。② 同样，秦国箭镞的标准化生产程度也相当高，经考古测量显示，秦国的三棱箭镞棱脊的长度几乎一致，各箭镞长度最小差值仅为 0. 02 毫米，最大差值也不过 0. 05 毫米③，由此可以看出秦国标准化、精准化生产的技术水平之高。

其次，秦国先进的标准化制造技术保障了大规模兵器供给。战国七雄

---

① 张政烺、日知编：《云梦竹简（Ⅱ）秦律十八种》，吉林文史出版社 1990 年版。

② 李秀珍：《秦俑坑出土青铜弩机生产的标准化及相关劳动力组织》，《秦始皇帝陵博物院》2011 年版，第 251—263 页。

③ 袁仲一：《秦青铜、冶铁技术发展情况概述》，《秦始皇帝陵博物院》2011 年版，第 164 页。

长期的战争对于武器装备的消耗很大，因此，一个国家的武器供给能力制约着其军队战斗力的生成。兵器特别是箭镞这种大量消耗的武器损耗极大，尤其需要标准化生产和规模化供给，而秦国成熟的嵌铸技术和浑铸法恰恰保障了其标准化生产。箭镞的嵌铸生产中，首先将箭首和箭铤大规模浇铸制作完成，然后再将两者接铸在一起形成箭镞，这种嵌铸法制造工艺在秦国已十分成熟，十分适合大批量的箭镞生产。同时，秦国还利用更先进的浑铸法制造重型箭镞，这种制造方法利用镞范（铸造模具）一次浇铸而成，为了提高箭镞产量，镞范多为一范多器型，每一镞范包含多个镞腔，呈树叶脉状分布，浇铸时铜液从镞范的主道依次流入各个镞腔内，这样单次的浇铸就能得到10余枚箭镞。[①] 当时秦国对于浑铸法的掌握已经十分成熟，通过该方法能够获得更多标准化的重型箭镞，为大规模的军队消耗提供了支持。

总之，先进的军事生产技术给秦军提供了当时最具杀伤性和威慑性的武器装备，大大提升了秦军的作战能力，而标准化、规模化生产又提高了先进技术装备的生产效率，保障了秦军的装备配给率，便利了战场装备的通用互换。优质武器装备与秦军的虎狼之师相结合，造就了一支战无不胜的军队，秦军所到之处所向披靡，先进技术装备保障下的强大军事力量在秦国赢得战国竞争中起到了至关重要的作用。

最终，秦国通过高效深入的技术赋能获得了农耕生产优势、人口粮食供给优势、交通运输优势、军事装备优势，强力崛起的秦国在战国中后期所向披靡，改变了战国竞争格局，拥有充足粮草、丰富兵员、交通运输保障和先进武器列装的秦军一举吞并六国，赢得了大国竞争的胜利。

本章小结

从技术赋能视角看，秦国在关键领域内积极转化先进技术以赋能国家实力提升是其赢得战国列强竞争的主要原因。通过冶炼技术带来的铁制工具的普及使得秦国大量荒地得以开垦，使深耕铁犁的精细化生产成为可

① 蒋文孝、邵文斌：《秦俑坑出土铜箭镞初步研究》，载《秦文化论丛》，三秦出版社2006年版，第425—427页。

能，大大提高了农业生产效率；通过兴修各类水利设施增加了可耕地面积、改善了原有自然耕种条件，进一步保障农业生产发展；在交通领域，秦国通过采用新型交通运输工具，开发陆路和水路运输，保障了大规模兵力和辎重的远途运输及对地方的控制；在军事领域，秦国积极采用先进武器并通过标准化生产保障武器的高品质供给，提高了军队的战斗力。最终秦国从一个国力羸弱的边陲国家逐渐发展为“虎贲之士百余万，车千乘，骑万匹，粟如丘山”① 的强大国家。秦昭襄王后期，秦国的国土面积已经超过六国之和，人口也得到极大增加，再到秦王嬴政时期，秦国已积蓄了强大的生产能力和战争能力，在兼并战争中所向披靡，势如破竹，如江河顺流而下击败六国，使得秦国从公元前 230 年吞韩到公元前 221 年灭齐仅用 10 年时间就能赢得统一战争的最终胜利。

秦国强大高效的技术赋能效果充分显示了秦国政府的改革能力、决策能力、监管能力和组织动员力对秦国技术创新、技术融合转化、技术耦合优势形成的重要作用：首先，秦国政府施行的制度改革破除了限制新技术发展的既有政治经济制度和社会关系，为新型生产力的发展提供了相匹配的技术耦合条件；其次，秦国政府以“农战”为核心的国家战略和详尽的政策扶植措施为新技术的推广使用保驾护航；再次，秦国政府严格的生产监督管理制度为秦国技术产品的质量提供了保障，秦国强大的政府能力为技术转化提供了持续推动力；最后，秦国政府长期坚持多渠道实用型的人才政策，重才引才用才，为新技术的发明制造提供了充足的人才储备。制度改革激发的活力、政府强大的组织动员力、符合技术发展的战略政策及充足的人才资源在秦国技术创新和融合转化中起到了关键推动作用，能够高效地将最新的技术迅速应用于国家经济实力和军事实力的建设之中，共同推动秦国综合国力的增长和国家竞争力的提高。

其他六国虽然也不同程度掌握先进技术，但在将技术赋能国家实力上落后于秦国。其原因在于，虽然六国进行了各式的变法改革，但并不全面彻底，未能触及根本性制度革新；虽然也出台政策推进技术转化应用，但政策上没能像秦国一般坚定有力；虽然也进行新技术工具的生产制造与推广，但受限于政府能力，不能取得秦国一样的显著成效；虽然也悉知人才的重要性，但引才育才力度不足且因各种原因导致大量人才流失，这些综

① ［西汉］刘向：《战国策·楚策》，上海古籍出版社 2015 年版。

合因素导致六国在整体技术赋能水平上不及秦国，不能完全发挥已掌握的先进技术的赋能效用以最大限度提升综合国力，最终被秦国超越和吞并。

政府主导型技术赋能模式总结：

（1）从建构方式看，政府主导型技术赋能模式主要依靠政府力量、政府决策、政府行动推动技术研发创新、技术融合转化及技术耦合度，以此构建强大的技术赋能力。在政府主导型技术赋能模式中，一般由政府主动进行政治经济制度和社会文化环境改革，建立与先进技术发展相契合的制度环境和文化环境，由政府主导和直接投资技术研发创新，并通过政府的政策引导或直接干预进行技术成果之间的转移融合和转化应用，总之，政府作为发动机和推进器在整个技术赋能力的构建中处于核心位置。

（2）从适用范围看，政府主导型技术赋能模式为农业技术时期和技术发展相对落后的国家主要采用的类型。在农业技术时期，商品市场和贸易在大部分国家中的影响作用较低，无法起到有效的激励和刺激作用，技术创新和转化往往由政府主导完成。同样技术水平和国力相对落后的国家往往缺乏经济和市场条件，难以通过市场行为激励和实现高效的技术赋能，为此，技术落后国家一般采取政府主导型技术赋能路径，通过政府对国内资源整合来推动技术创新和转化，实现短期内赋能综合国力的目的。

（3）政府主导型技术赋能模式的条件。政府主导型技术赋能模式必须以强有力的政府作为前提，在政府主导型技术赋能模式中，为了推动技术创新、技术融合转化和技术耦合，政府必须主动进行政治经济制度的革新，必须科学制定并及时调整相关政策法规，必须能够有效整合和调配国内资源，必须有效激发科研工作者和各阶层的积极性。因此，政府主导型技术赋能模式对政府能力要求极高，政府必须具备较高水平的制度改革力、资源调配力、组织行动力以及决策规划力。也正是政府能力的优势使得秦国能够逐渐构筑强大的技术赋能力，并通过坚定的技术赋能路径走向持续崛起，而六国由于政府能力的相对低下逐渐在竞争中落败。

（4）政府主导型技术赋能模式的优点。政府主导型技术赋能模式具有高效、快速生成技术赋能力、短期内实现国家实力提升的优点。在政府主导型技术赋能模式下，强有力的中央政府往往能够有效整合与调配所需资源，在明确的战略和详尽的政策支持下集中力量进行关键技术攻关，并在政府主导下实现技术成果的高效融合转化，达到短期内技术赶超和技术赋能的效果。

（5）政府主导型技术赋能模式的缺点。政府主导型技术赋能模式的缺点为灵活性低、覆盖面小、风险性大。政府主导型技术赋能往往需要有着清晰明确的技术方向，一旦制定了技术发展路径和相关配套举措，短时间内便难以更改，假使政府的决策路线错误，将会导致整个国家技术创新方向的偏差和技术赋能成效的低下。另外，政府主导型技术赋能模式对于技术领域的覆盖面较小，往往只能针对部分关键技术进行创新赋能，难以应对快速复杂多元的技术时代要求，因此该模式仅能适应技术发展演化单一缓慢的农业技术时期，到了工业技术和信息技术时期，单纯依靠政府主导无法覆盖全方位、全领域，技术赋能的缺点也就逐渐凸显。

第三章　市场主导型技术赋能：18—19 世纪中期英国与欧陆强国对比分析

18 世纪中期的英国在人口数量、国土面积、自然资源、工农业生产、既有实力等方面与欧洲大陆强国相比并不出众，在国家财富和实力的获取方式上与其他大国也并无区别，仅仅经过不到一个世纪的发展，英国便成为无可比拟的世界霸权国，拥有了令其他大国难以望其项背的综合国力，建立了遍及全球各个角落的“日不落帝国”。究其原因，正是强大的经济市场推动一系列先进技术的率先发明和转化应用引发的工业革命将英国这一孤悬欧洲大陆之外的岛国推向了全球霸权的地位。通过技术优势赋权农业、工业、交通、军事等重要领域，英国相较于竞争对手获得了农业工业生产优势、综合交通运输优势、军事实力优势、海上霸权优势，这些成绩使得英国在诸大国中脱颖而出，成为这一时期无可争议的世界最强工业国、最大贸易国、最重要的货运国、最强大的海权国和最广阔的世界殖民范围拥有国，构建了一个以“工业霸权－殖民霸权－海上霸权”为一体的工业经济军事大国，以碾压性的实力优势赢得了国际霸权地位。因此，对于英国获得国家综合实力跃升的分析有利于论证和详细了解市场主导型技术赋能模式。

第一节　技术发展背景

这一时期的技术发展总体上以较复杂的机械工具发明制造代替简单的手工工具为主，通过机器快速、准确、规范且不停息地生产代替人工生产，以无生命的石化动力代替有生命的人畜动力资源，获取持续稳定且更加强劲的驱动能量，以具有一定的科学原理的技术发明和科学实验代替纯经验实践来源的技术总结。在影响国家安全和综合实力的农业、工业、交通运输、军事装备等重要领域都有较为重大的技术进步，技术革新带来的强大力量推动着国家实力的跃升和人类改造自然能力的大幅进步，成为人类走向近现代文明的重要标志。

一、技术发展特点

技术发展史上的 18 世纪中期到 19 世纪中期处于工业技术初兴和勃发时期，技术的进步使得欧洲逐步从耕地和粮食的限制中摆脱出来，农业技术时期长期存在的人地矛盾随着工业时代生产力的极大提升得以有效缓解。这一时期的技术发明和创新主要集中在机器机械领域，机器的使用使得人类的生产方式发生重大变革，生产能力得到巨大提升，该时期的技术发展有以下特点：

第一，技术发明以机器机械为主，机器生产开始代替手工生产。该时期的技术革新是技术演进中的一次伟大的里程碑，机器机械迸发出来的惊人力量使得人类摆脱了效率低下的手工生产模式，从此进入了机器生产的时代。机器的运行以机械化为特点，不需要人工进行直接操作，是对数千年来人类手工生产方式的重大变革，机器生产也使得人类的生产范围大大拓展，生产中心不再围绕农业粮食生产，转而聚焦于机器制造、钢铁冶炼、蒸汽机车、船舶建造以及工业制成品等更广泛领域。1765 年以詹姆斯·哈格里夫斯发明珍妮纺纱机为起点掀起了机器发明创新的开端，1769 年理查德·阿克莱特发明用水力驱动的卷轴纺纱机，1785 年詹姆斯·瓦特进一步改良蒸汽机，从此机器生产逐渐代替手工生产，人类社会进入新的技术纪元。

第二，以化石能源为驱动力代替原始的人畜动力。农业技术时期的动力来源主要是人力、畜力和风力、水力等自然力，其缺点是动力总量较低且不能持续稳定输出，由此导致该动力驱动的生产效能较低。工业技术时期在动力方面最大的进步是驱动力的变革，由原来的人力、畜力驱动变革为以煤炭、石油等化石能源带动的蒸汽机或内燃机驱动。蒸汽动力不仅功率强大而且可以长时间稳定输出，同时也便于移动，具有较广泛的适用性，可以在不同平台输出动能，在能量提供方式上远远优于上一技术时期。

第三，技术发明和应用围绕机器机械展开。这一时期的技术发明主要满足于人类对于更高生产能力的追求，发明创新主要集中在机器机械方面。工业技术的应用场景更加广泛，在农业领域农业机械的发明极大地提高了耕作、灌溉、收割的效率，土地对于人口增长的限制逐渐削减。在交通技术方面，新兴的蒸汽机车和蒸汽轮船极大地改变了人类的生产生活，也使得世界逐渐连接为一体。在工业生产方面，从棉麻纺织等轻工业领域到钢铁冶炼等重工业领域的爆发式进步都基于机器机械的发明使用而来，大量机械的应用带来生产力的飞跃和生产方式的变革引发了著名的工业革命。

第四，技术工具的效率效能大幅提高。以煤炭和石油等化石能源驱动的机器蕴含巨大的能量，远远超过人力、畜力的范围，机器生产能够获得远高于手工生产的效率。手工生产效率低、成本高、产量小、质量不齐的问题通过机器生产得以解决，极大地提高了生产力水平。机器机械的应用场景十分广泛，从生活用品的生产制作到重型机械的装备制造，从矿石开采的挖掘排水到钢铁的冶炼铸造，从跨越大洋的远洋巨轮到穿越峡谷平原的蒸汽机车，无处不充斥着机器机械的使用。在生产领域，工业生产代替农业生产成为这一时期的生产力发展最主要表现之一，各种机械的运用使得人类首次展现出巨大的改造自然的能力。

第五，技术标准化开始出现并逐渐升高。在工业技术初期，技术的标准化并不明显，各种机器为满足生产实际需要而进行发明和改造。如早期蒸汽机械的制造主要用于为采矿抽水、蒸汽机车及纺织机提供动力，多样的应用方式和简单的动力需求并不需要精密一致的生产工艺。但随着技术的发展和市场需求的增多，加之各类机器的制造精密程度增加，机器的批量化生产越发重要，生产制造的标准化程度也大大提升。但是这一时期的技术标准化仍以国家地域为主，并没有达到全球性程度。

第六，技术发明创新难度不大，技术准入门槛不高。这一时期关键性技术发明整体难度不高，发明创新很大一部分源于工程师和技术工人的实践经验，科学理论并没有过多应用到技术发明之中。以最具代表性的蒸汽机为例，在 18 世纪发明的蒸汽机并不需要复杂的科学知识和材料科学，只要一定的机械原理，加上反复的尝试和努力就能够制造，对于当时的欧洲大国来说掌握先进技术的门槛并不高。也正是如此，该时期的先进技术较容易模仿和扩散，例如，蒸汽机等机械经由工程师或熟练工人对内部机械杠杆、滑轮、皮带进行测量后便能够掌握机器构造并仿制成功。

由于这一时期科学在技术革新和发明创造中的作用并不十分显著，因此技术发明并不需要具有极高科学素养的专家和工程师来完成，绝大多数技术发明创新和工业设备制造仅需要了解简单的机械原理和金属原理，依靠生产实践经验和反复试验便可完成。飞梭的发明者约翰·凯伊是一名钟表匠，发明珍妮纺纱机的詹姆斯·哈格里夫斯是一名纺织工和木工，发明水力驱动的卷轴纺纱机的理查德·阿克莱特曾是一名理发店学徒，实用型蒸汽机的改良者詹姆斯·瓦特并没有受过太多学校教育，在少年时期就成为仪表厂的学徒，后来开了一间小修理店维生，火车的发明者乔治·史蒂芬森出生于煤矿工人家庭，作为一名矿工没有接受过学校教育。由此可见，这一时期的技术发明以一线技工为主，技术门槛并不高。

二、先进技术表现

这一时期对国家实力产生重要影响的先进技术主要产生在农业领域、工业领域、交通领域和军事领域，主要技术进步围绕着各式机器机械的发明及其相关技术的创新展开，包括农业技术、纺织技术、冶炼技术、动力技术、交通技术、军事技术等。

农业技术：由于欧洲农业革命开展早于工业技术革命，加之农业机械推广的成本和时间因素，1750—1850 年农业技术进步并未过多展现为机械技术方面，更多的是通过工具革新、轮作制度、排水技术、化肥使用、育种技术等来提高生产效率。在生产工具上由钢铁农具大规模替代木制农具，并出现一些简单的农业机器，如 1731 年杰斯罗·塔尔发明的播种机，1786 年安德鲁·米克尔发明的水力脱粒机，以及 1826 年帕特里克·贝尔发明的收割机等；在耕作制度上由传统的休耕制变为更高效的诺福克轮作制；在土地改良上开始大规模应用化肥并且出现先进的管道排水系统；在牧业上出现了选种、育种等技术。这些技术的发明和应用极大地提高了农牧业生产效率，在同等土地面积下产出更多的农产品以解决长期的粮食不足问题。

纺织技术：纺织业是工业领域最早开展技术革新的部门，也经由纺织业的繁荣进一步推动了工业革命走向深入。1733 年约翰·凯伊发明飞梭，1738 年刘易斯·保罗发明能抽出粗纱的扎辊，1765 年詹姆斯·哈格里夫斯发明珍妮纺纱机（一台相当于6—12 个手工纺织工），1769 年理查德·阿克莱特发明水力驱动的卷轴纺纱机或称翼锭纺纱机（一台相当于数百名纺纱工人），1779 年塞缪尔·克朗普顿发明走锭纺纱机，1825 年理查德·罗伯茨发明全自动走锭纺纱机（无需工人操作，由动力自行驱动运行），整个纺织业在这一百年内不断地进行着技术发明与创新，将纺织业推向繁荣。1760—1785 年间，英国棉纺织产量扩大了10 倍，在 1786—1827 年英国的棉纺织产量又扩大了10 倍①，短短70 年间产量提高了100 倍，短时间内如此巨大产量的增长若是依靠增加上百倍的传统织机和织工是不切实际的，而技术的革新和改进却轻易实现了生产效率的跃升。根据测算，18 世纪纺织一百磅（约为45 千克）的棉花使用手工需要 5 万小时，而使用卷轴纺织机仅需要 300 小时，使用罗伯兹自动纺纱机又把时间压缩到了 135 小时，机器纺织效率较手工提高了 370 倍。

冶炼技术：冶炼技术关系着冶金质量和冶金产能，这一时期冶炼技术的提升主要表现在焦煤冶炼、鼓风技术和生铁精炼技术的进步上。焦煤冶炼技术是冶炼技术进步的首要代表，焦煤燃烧具有更高的温度能够使金属更容易融化为液体，也便于浇铸体积更大、质量更高的铸件。17 世纪，人们已经开始采用煤来代替木材用于冶炼，但尚未掌握矿石和焦煤的比例，18 世纪上半叶英国逐渐掌握了焦煤冶炼的技术，到 1790 年英国的 81 座冶炼熔炉中只有 25 座为木炭熔炉，其余都是焦炼熔炉。鼓风技术上的进步表现为蒸汽式鼓风炉出现，冶炼炉中焦炭的充分燃烧需要强有力的鼓风机吹进足够的空气，传统的水力皮带风囊效果不佳，1776 年约翰·威尔金森首次用铁制鼓风气缸与回转式蒸汽机结合向冶炼炉内鼓风以替代旧式风箱，更大的鼓风量使得冶炼能力大大提高。冶炼技术上的进步主要是生铁熟练方法，传统冶炼出的生铁性质较脆弱，无法加工成坚固器件，因此需要除去炭等杂质将生铁精炼加工为熟铁。1784 年亨利·科特发明搅拌炼铁法技术，利用反射炉除去生铁中的炭，然后再对生铁精炼，从此可以得到价格更低、质量更好的熟铁，冶铁业的革命由此开始。

动力技术：工业技术时期工业生产能力成为国家实力的最重要组成部分，而动力技术是制约工业发展的最重要因素，动力技术的革新影响和推

---

① ［意］卡洛·M. 奇波拉著，吴良健、刘漠云、壬林、何亦文等译：《欧洲经济史》第 3 卷，商务印书馆 1989 年版，第 155 页。

动着几乎所有社会经济领域的发展。1712 年托马斯·纽科门研制成功第一台蒸汽机，但其动力和效率并不令人满意，在此之后蒸汽机不断进行改进，1775 年詹姆斯·瓦特改进蒸汽机（建立一个独立的压缩装置，使以前每次做功过程中因重新加热而损失的能量被节约起来），使得蒸汽机成为高效、多用途的动力源，促使蒸汽机进入社会经济各个部门。蒸汽机的发明使用使得人类从此摆脱了人力、畜力、自然力的束缚，能够更加便捷地获得持续、稳定、高效的动力。从矿石采掘到金属冶炼，从小型纺织作坊到大型机械工厂，从陆地奔腾的机车到海上披荆斩浪的轮机，无处不在彰显着动力机械的威力。从生产上看，使用蒸汽动力机械的工厂不仅生产效率更高，同时更容易把握产品质量，进行标准化批量化生产，由此使得工业制成品更有竞争力。1789 年，由蒸汽机驱动的纺织机将来自印度并绕过好望角进口的棉花织成布匹，再运回印度销售，价格仍低于印度当地的织工所生产的布匹。①

交通技术：交通领域的进步主要来自对动力技术和冶炼技术的整合，以蒸汽机车和蒸汽轮船为主要发明。蒸汽机与铁轨的结合带来陆地运输的革命，原来在碎石路上的马匹运输速度慢、运量小、运费高，而一台蒸汽机便可具有几百辆马车的运输能力，同时运输的速度大大加快，运输的费用也得到降低。蒸汽机车的出现在生产上使得煤炭、木材、矿石等大宗工业原料的经济运输成为可能，在军事上使得国家的权力能够随着铁路而延伸，更容易调遣力量以维护自身的势力范围。而蒸汽机与船只的结合物蒸汽轮船的发明更是对水面交通的一种革命，风帆船只容易受风向风速的影响难以持续稳定快速航行，而且风帆船只吨位较小、运量较低。蒸汽轮船通过煤炭燃烧产生的蒸汽作为动力摆脱了对风力的依赖，蒸汽机输出的强大动能与铁制船体结合使得新式船只的吨位更大、运量更多、抗风浪能力更强。因此，蒸汽机被应用于军用舰船和远洋运输轮船，极大地提高了英国的海上军事能力和远洋运输能力，为殖民扩张和海洋贸易提供了保障。

军事技术：这一时期军事领域的主要技术进步体现在新式装备的发明和工业化军备生产的出现上。军用装备的革新包括圆锥形子弹的发明、无烟火药的研发、线膛枪的发明以及雷汞火帽的出现等。更为重要的是工业

---

① ［美］威廉·麦克尼尔著，施诚、赵婧译：《世界史——从史前到 21 世纪全球文明的互动》，中信出版社 2013 年版，第 333 页。

技术的进步使得军事装备制造进入一个全新的时期，工业化生产模式使得军事装备得以大规模、标准化制造；大型钢铁的锻造技术带来的高强度钢铁使得火炮口径更大、射程更远、精度更准、威力更强；铁制军舰的出现使得舰艇的防护能力更强，更具战场生存能力，因此工业技术的进步在一定程度上带动了军事技术的革新和跨越。

第二节　英国与欧陆强国技术赋能水平分析

英国的技术赋能水平全面领先于欧陆国家（位于欧洲大陆上的国家），无论是技术创新研发水平、技术融合转化效率范围还是技术耦合程度。在技术创新领域，英国几乎垄断当时所有先进技术的发明创造，成为工业革命时期无可争议的全球技术引领国。在技术融合转化上，英国具有高效的技术转化能力，能够把所掌握的先进技术成果及时、高效、广泛地转化到国民经济及国防军事等重要领域，全面发挥技术赋能作用。在技术耦合方面，英国的政治经济制度、国家政策根据生产力发展要求和技术发展特点进行了调整改革，最大程度地适应了先进技术发展要求。相比之下，欧陆国家在技术创新上往往落后于英国，技术融合上低效、缓慢，技术耦合程度较低，整体技术赋能水平全面落后于英国。

一、英国与欧陆强国技术创新力对比

英国的技术创新水平远超法、德、意、俄等欧陆强国，在各项技术领域独领风骚，技术领先地位明显。无论是飞梭的发明、纺纱机的改进，还是后来动力织机的出现，无论是蒸汽机的发明改进还是动力机车的发明创造，无论是焦煤冶炼还是蒸汽式鼓风技术，在各个领域英国都引领技术发明创新潮头，不断涌现出伟大发明家和工程师，源源不断地给世界带来首创性、颠覆性的技术发明创新成果。

在动力机械领域，整个蒸汽动力机械方面的发明创新几乎都是由英国工程师和发明家研制完成的。1698 年英国工程师托马斯·塞维利发明了矿井抽水蒸汽机，1712 年托马斯·纽科门发明了大气式蒸汽机，1765 年詹姆斯·瓦特发明了带有冷凝器的蒸汽机，1800 年英国人理查德·特里维西克

发明了可安装在车体上的蒸汽机。正是一代代英国工程师不断地发明创新，才有了能够在不同平台稳定工作的各式蒸汽动力机械，海峡对岸的欧陆国家在蒸汽动力研制上基本没有重大创新，一直在模仿和跟进英国的蒸汽动力机械。

在机械制造领域，英国当仁不让地引领了近代机械制造技术的发展。作为制造机器的机器或母机，机床在机器生产中起到关键性作用，机床的技术水平制约着机器的制造工艺。1774 年英国发明家约翰·威尔金森发明了世界上第一台较为精密的炮筒镗床，也就是这台镗床帮助詹姆斯·瓦特制造出了更为密闭的气缸，1791 年英国机床之父亨利·莫兹利研制成功了世界上第一台螺纹切削机床，该机床可以切削不同距离的螺纹，1800 年莫兹利又研制了带有铸铁床身和惰轮的新型机床，成为现代机床的原型。到了 19 世纪，英国人理查德·罗伯茨于 1817 年发明了龙门机床，约瑟夫·惠特沃斯于 1834 年发明了测长机，该机器仅有万分之一英寸（2. 54 微米）的长度误差，1835 年惠特沃斯又发明了滚齿机、测圆塞规和环规等，大大提升了工程机械的精密制造程度。总之，在机械制造领域，英国强大的技术创新能力一改人类数千年来低下的制造水平，使得更为精密、细致、复杂的机械得以产生，在 19 世纪中期之前没有任何国家的机械发明制造能够与英国相媲美。

在交通运输领域，英国人率先发明了蒸汽动力机车和蒸汽动力轮船，开辟了人类交通的新纪元。英国人查理·特里维西克发明了世界上首辆可以实际运作的蒸汽机车，乔治·史蒂芬森随后发明第一台能够投入运营的蒸汽机车。在水路交通工具上，英国人威廉·赛明顿于 1802 年首先发明出世界上第一台蒸汽船只夏洛特·邓达斯号。而欧陆国家法国、德国早期的蒸汽机车，或是直接从英国引进，或是雇佣英国工程师和工人制造，普鲁士 1841 年拥有的 51 台蒸汽机车中有 50 台都是英国制造的。

在纺织技术领域，英国完全引领纺织技术的发展，1733 年约翰·凯伊发明了飞梭，自动往返的飞梭替代了手工操作大大提高了织布效率；1765 年詹姆斯·哈格里夫斯发明了珍妮机纺纱机，珍妮纺纱机可以一次纺出多根棉线，比旧式纺纱机能力提高 8 倍，极大提高了纺纱效率和纺纱质量；1769 年，理查德·阿克莱特发明了水力驱动的卷轴纺纱机，该机器以水为动力，有四对卷轴，能够生产比珍妮纺纱机更坚韧结实的纱线；接着 1779 年塞缪尔·克朗普开发出兼具珍妮纺纱机和水力驱动的卷轴纺纱机优点的走锭纺纱机（也称骡机），1825 年理查德·罗伯茨研制成功全自动走锭纺纱机。可以说在纺织技术的创新和改进上，英国处于绝对领先地位，欧陆国家在纺织技术创新上难以与英国相提并论。

在化工领域，英国引领了近代化学工业的发展。英国医生约翰·罗巴克发明了铅室法硫酸制造工艺，从而可以大规模廉价地生产硫酸。在制碱技术上，迪蒙索、布莱克、罗巴克、基尔等人对合成纯碱做出了重要贡献，由此可以逐渐替代草木灰天然碱，解决了碱类供给不足的问题。制酸技术和制碱技术的突破为化工业的发展奠定了基础，不仅满足了纺织漂白的需要，还推动了化肥、玻璃、肥皂、染色等领域的发展。不过在化工科学技术领域欧陆国家落后并不太多，1787 年法国化工学家吕布兰提出了著名的吕布兰制碱法，1774 年瑞典化学家舍勒首先发现和制得了氯气，1785 年法国化学家贝托莱深化对氯的研究发现了氯的漂白作用。

在军事领域，英国研发了一系列先进的军事装备，展现出强大的综合技术水平。先进的钢铁冶炼技术和铸造技术使得英国能够制造更为锋利的军刀，精密的车床技术使得英国能够生产威力更大、精度更高、射程更远的火炮。强大的工业生产能力使得英国的军事装备能够标准化、批量化生产，具备更强的作战性能和零件通用性。而新式子弹、无烟火药、雷汞火帽、来复枪的率先发明和改进使得英军获得更多新型优质装备。欧陆国家很多军队大多还使用着老旧的武器，枪支火炮往往不能配齐，武器射程低、精度差，以畜力为驱动力维持后勤运输，而此时的英国军队已经装备新式枪支、火炮，具有快速先进的运输工具和源源不断的后勤保障。

总之，18 世纪中期至 19 世纪中期英国引领了整个世界的技术创新，在农业生产、机械制造、交通运输、化工技术、军事装备等各个领域显示着强大的创新力，绝大部分新式发明和先进技术都源自于英国的发明家和工程师之手，英国成为这一时期无可比拟的世界的技术创新中心。

二、英国与欧陆强国技术融合力对比

技术融合方面，英国相比欧陆国家有着更快速的技术转化速率、更广泛的技术转化范围以及更浩大的转化规模。任何先进技术一旦被证明有着更高的生产效率或商业经济价值，便能够在英国受到热烈追捧而被迅速投入到各个行业的生产实践之中，同时，英国各行业还不断追踪先进技术发展动态，及时跟进和利用最先进技术于各自行业之中。与英国相比，欧陆国家则在技术转化效率上低得多，很多先进技术发明在获取之后并不能及时地与生产实践相融合转化，同时在技术转化应用规模上更是同英国相差甚远，技术赋能作用发挥相对有限。

在技术转化效率上，英国同欧陆国家相比有着极快的转化速度，能够快速地将最新发明的各种技术成果进行商业化和工业化应用，而欧洲大陆的法国、普鲁士的技术转化速率则要慢得多，西班牙和葡萄牙甚至仍坚守老旧技术生产方式。上文提到的法国科学家于1785年发现了氯的漂白作用，并没有在法国将这一技术成果转化应用，反而是在海峡彼岸的英国率先将氯引入到工业生产中，1787年在苏格兰的阿伯丁、1788年在格拉斯哥和曼彻斯特的工业生产中开始了氯的应用。[①] 煤炭干馏产生可燃蒸气被发现不久后，便由于其照明作用被迅速应用到工厂照明中，1805年曼彻斯特的一家工厂里就安装了1000台照明灯，随后英国各大城市纷纷兴办煤气公司，煤气照明由此被广泛应用到工业生产和城市道路照明之中。[②] 同样的案例还有很多，英国总能迅速地将最新的技术发明发现成果以远超其他国家的速度同生产实践相结合，以最快的速度利用技术的赋能作用谋取经济价值和社会价值。

在技术转化范围上，英国不同部门不同行业都在积极转化应用先进技术，最大范围地促进先进技术与国民经济各部门相融合。一开始应用于煤矿抽排水的蒸汽机很快便被改进应用到任何能够发挥其强大驱动力作用的领域。在纺织领域，蒸汽机和纺织机相结合出现了动力织布机，以蒸汽动力替代人力、水力，更为高效稳定地提供纺织动能；在冶金领域，蒸汽机的应用促进蒸汽式鼓风机的产生，使得冶炼厂摆脱河流区位的限制并获得稳定风力；在交通领域，蒸汽机被用于铁路机车牵引和轮船驱动，从而改写了人类交通史。总之，英国的各部门总是积极尝试和接触先进技术，敢于利用、争相运用技术手段提高生产效率，先进技术在英国都能得到最大范围的转化应用，进而引领和加速着整体技术转化步伐。

在技术转化应用的规模上，欧陆国家更是不能与英国相提并论。欧陆

---

① ［英］查尔斯·辛格主编，辛元欧主译：《技术史第四卷——工业革命》，上海科技教育出版社2004年版，第168页。

② ［英］查尔斯·辛格主编，辛元欧主译：《技术史第四卷——工业革命》，上海科技教育出版社2004年版，第171页。

国家虽然通过技术引进和机器进口等方式获得了英国发明制造的先进机械设备，或者通过仿造和自主创新掌握了一定技术能力，但在技术转化应用的规模上远比不上英国。基于技术转化应用的规模统计，在蒸汽机的应用上，英国从 1800 年至 1850 年蒸汽机的使用量增加了 100 倍，到 19 世纪中期，英国蒸汽动力的总功率达到 129 万马力，而法国仅 27 万马力，俄国不到 10 万马力，英国远超所有欧洲大陆国家。在纺织领域，英国的动力织布机数量在 1830 年为 5.5 万台，仅过了 15 年，在 1845 年，其动力纺织机就增加到了 25 万台之多。在煤炭领域，大规模应用蒸汽抽水机的英国煤产量在 19 世纪 50 年代是法国的 10 倍、德国的 11 倍，英国一国的煤炭总产量占全世界的 50%。在交通技术领域，1825 年英国第一条蒸汽铁路斯托克顿至达林顿铁路通车，其后法国第一条蒸汽铁路于 1832 年通车，并未落后英国太多时间，但在此之后英国掀起了建造铁路的狂潮，企业家、商人纷纷投资铁路建设，到 1850 年英国的铁路里程达到 10650 千米之巨，铁路网几乎可以覆盖英国的任何一个地方，而面积大于英国的法国的铁路里程仅 3230 千米，远远少于英国。在蒸汽船只的规模上，法国、德国、俄国更是无法同英国相比。可以说英国在技术转化应用的规模上已经穷尽行业空间，在国民经济的关键领域几乎不存在应用落后技术的生产单位。

在军民技术转化上，英国也表现出高效的技术融合转化能力，但欧陆国家也有着较强的转化积极性。英国很多工业技术本身就具有军民两用性，为军民技术融合提供了便利。例如约翰·威尔金森发明的镗床既能够为詹姆斯·瓦特的蒸汽机制造服务，也被用于加农炮管的生产制造，这种高精度的钻孔机能够加工更为精密的大炮炮管，使得英国的火炮在威力和精度上优于其他国家。蒸汽机既能够用于驱动工厂设备运行，也能够驱动军舰航行，蒸汽机车既能够用于运输货物和旅客，也能够用于军需辎重和士兵的运输。除了民用技术向军用领域转移之外，军用技术也向民用领域转移，由于英军大多通过合同向企业购买相关军需设备，军需产品制造的过程为军民技术的融合提供了便利。例如，英国海军军舰用钢标准比民用钢材更高，对供应商有着更高的要求，由此促使合作企业创新冶炼方法，亨利·考特在生产军用钢材期间发明了轧辊、搅炼等多项重大技术创新，提高了英国优质钢铁产量，而这些技术也自然被用于民用领域，不断提高着英国的整体工业水平。欧陆国家在军民技术的转化上也有着较高的积极性，原因在于当时列强混战和争夺殖民市场的竞争都迫使各国重视军事技术的转化应用，但由于技术创新能力的差距，欧陆国家的军民技术转化效果并不如英国显著。

三、英国与欧陆强国技术耦合度对比

技术耦合度对比上，英国的国家制度设计、文化宗教环境整体上与新兴的工业技术的发展要求和特点相契合，同时，政治经济制度与社会文化环境之间相互耦合，为技术创新和技术融合转化提供了有力的支撑。而欧陆国家的政治经济制度、社会文化大多不适宜新兴的工业技术的发展需求，很大一部分国家存在着与新技术发展需求互斥的制度机制和宗教文化，不仅难以为先进生产力发展保驾护航，甚至还会遏制和打压技术创新和融合转化的步伐。

在技术制度耦合上，英国于17世纪末进行了资产阶级革命，逐步建立了适应先进技术发展特征的政治制度和经济制度，技术制度耦合度较高，而欧陆国家的政治经济制度大多表现为封建政治经济制度，技术制度耦合度较低。在英国资产阶级革命后，政治上确立的君主立宪制打击和遏制了封建王国贵族的势力，资产阶级控制的议会掌握国家政权使得英国出台的一系列政策都以服务于资本逐利和先进技术革新转化为主，为工业技术的发展提供了政治保障。在经济制度上，英国逐渐建立了产权制度、专利制度、自由竞争等相关经济制度，不仅适应了资产阶级的利益需求，也与先进生产力的发展方向相契合。在海峡对岸的欧洲大陆上，法国、德国、意大利、俄国、西班牙等国或是长期陷于政治革命的斗争中难以自拔，或是继续沉浸在封建专制制度之中故步自封，法国摆脱封建制度的束缚比英国晚了100多年。欧洲大陆服务于封建贵族地主的政治经济制度与工业技术存在着天然的互斥，既有的生产关系与新型生产力的冲突阻碍着技术创新与转化应用。

在技术文化耦合上，经过宗教改革后的英国社会文化环境与新兴的工业技术发展相契合，推动和激励着英国资产阶级投身于财富积累和产业扩张之中，欧洲大陆的西班牙、葡萄牙等国则沉浸在天主教枷锁之中，社会风俗文化不能适应社会生产力发展要求。英国的新教改革建立了“天职—

预定论—自律—理性—商业行为—自我救赎”[①] 为逻辑关系的资本主义精神，在这种宗教文化中，每个人的天职都是注定的，履行天职是个人在现世的义务，而在世俗活动中以理性行为履行天职就要“更进一步地把劳动本身当做人生的目的”，不断积累财富以“增添上帝的荣耀”[②]，由此使得“获取财富……不仅在道德上是被允许的，而且事实上是必须践行的”，同样地“对营利活动的神意解释也证明了商人活动的正当性”[③]。经过改革后的英国形成了崇尚拼搏进取和积累财富的文化，这种文化不仅为资产阶级追寻财富寻找到了伦理基础，也在客观上顺应了工业技术发展的要求，激励着英国人积极进行技术创新和技术转化以获取财富为上帝增添荣耀。反观欧陆国家，德国和北欧国家的路德教改革并未形成先定论，不能像英国宗教改革一样契合资产阶级要求；而西班牙、葡萄牙等国则仍然是天主教的坚实阵营，为了维护自身利益坚决反对新教改革，难以建立激励资产阶级创新进取的社会文化，社会文化环境不能契合新技术发展要求。

由于看到英国工业技术在纺织业、军工业和重工业领域带来的强大力量，很多欧陆国家也积极鼓励或直接投资部分关键产业部门，组织人员到英国考察学习并雇佣英国专家和工匠到本国工厂工作。18 世纪中期，腓特烈大帝鼓励普鲁士创办纺织、化工、金属制造等工厂，俄国的叶卡捷琳娜女皇建立了由农奴劳动的国营矿场和铁厂，但在种种条件制约下，国家指令型的特定技术投资并不能带来社会整体性的创新，“先进工业的进步性与推动其发展的社会和经济环境完全缺乏平衡，农业、半封建和基本上前工业经济的落后性不是工业的部分实验所能克服的，国家创办的工业部门似乎成为孤立在前工业社会的飞地”[④]。正是缺少相应的政治经济制度、社会关系和社会机制相匹配，即便有国家的扶植和投入，欧陆国家也很难真正在工业化上追赶英国。

总之，18 世纪中期至 19 世纪中期的英国无论在技术创新、技术融合

① 杨光斌：《历史社会学视野下的“新教伦理与资本主义精神”》，《中国政治学》2018 年第 2 期，第 120 页。

② ［德］马克斯·韦伯著，马奇炎、陈婧译：《新教伦理与资本主义精神》，北京大学出版社 2012 年版，第 159—161 页。

③ ［德］马克斯·韦伯著，马奇炎、陈婧译：《新教伦理与资本主义精神》，北京大学出版社 2012 年版，第 165 页。

④ ［意］卡洛·M. 奇波拉著，吴良健、刘漠云、壬林、何亦文等译：《欧洲经济史》第 3 卷，商务印书馆 1989 年版，第 253 页。

还是技术耦合上，都绝对领先于欧洲大陆国家。在技术创新上，几乎所有的先进技术成果都出自英国工程师和发明家之手；在技术融合上，英国在技术转化效率、技术转化范围、技术转化规模上全面领先于欧陆大国；在技术耦合上，英国的政治制度和社会文化更加契合先进生产力的发展要求，更为保护和激励技术创新和技术转化。法国、德国、西班牙、俄国等国无论是技术创新能力和水平，还是技术融合转化效率和规模，抑或是制度文化耦合度上都与英国相差甚远，英国在整体技术赋能上有着欧陆国家难以企及的优势。

第三节　市场主导与英国技术赋能优势的形成

基于技术史和上文分析可知，这一时期的技术发明创新难度较低，研发门槛并不高，欧洲很多大国都具备新技术研发能力，为什么英国的技术创新成果最多？在英国发明新技术后，欧陆国家或是很快跟进，或是购买引进，在技术设备上与英国差距并不太大，为什么英国能够进行最大规模、最高效率的技术转化，而同一时期的欧陆国家被甩在了后面？为什么只有英国的政治经济制度最为契合新技术发展要求，不断为技术发展保驾护航？究其原因，强大的经济和繁荣的市场在英国技术赋能优势的建构中起到核心作用：首先，英国广阔的海内外市场需求对既有技术模式带来的压力始终刺激着英国的技术创新转化，同时，庞大且活跃的市场主体追逐利益的行为带动着新技术的创新和应用，而繁荣的金融市场又为工业技术发展提供着资本支持。其次，逐步兴起的资产阶级为维护自身利益寻求掌握政权，政治制度的革命削弱了传统势力对创新的阻碍，经济制度的改革建立了明晰的产权制度和专利制度，激励了整个社会进行发明创造的热情和勇气，新的政治经济制度更加契合新技术的发展要求。最后，英国的贸易保护主义政策给原本弱小的英国工业以成长空间，全球扩张战略又带来了廉价的工业原料和庞大的市场空间，由此英国建构了市场主导的技术赋能模式，获得相较欧陆国家更强大的技术赋能优势。

一、庞大的海内外市场激励技术创新和转化

市场需求在推动英国工业技术创新和工业革命进程中占据极其重要的位置，庞大的市场需求给既有生产方式带来的压力引发了技术革新，甚至不夸张地说，英国近代工业技术的革新很大程度上是由供求关系的不平衡引发的。稳定的国内市场需求和庞大的海外市场带来的经济利益刺激是引起英国技术革新和工业扩张的重要因素，正如塞缪尔·斯迈尔斯所言，对英国工程技术的最大刺激是贸易，没有可以进入的国内外巨大市场，没有愿意而且有能力购买工业新产品的消费者，就不可能有生产大大增长的工业革命。[①] 以人口的增长为开端激活了整个英国的国内需求体系，广阔的海外市场又带来可以充满诱惑的外部需求刺激，这些需求一旦被唤醒就形成相互的需求链，使得整个生产体系处于高度兴奋状态，不断为满足市场开展技术革新和生产扩张，最终带动整个国民经济和工业的繁荣。

（一）庞大统一的国内市场

稳定、庞大、统一且不断增长的国内市场是推动英国技术革新的原始动力和持久力量，其中人口的高速增长和城市化的加速、普通居民收入的增长和消费能力的提高、全国性统一市场的运行以及行业间相互需求是英国国内市场稳步扩大的主要因素。

1. 人口增长与城市化带来需求增长

人口特别是城市人口的增长总是刺激着工业生产的进步，虽然人口增长不是推动工业技术发展的唯一原因，但在英国的工业化起步过程中起着关键性作用。人口的增长需要更多的粮食、布匹、炉灶，使得农业、食品加工、纺织业市场不断扩大，随着对纺织机器、铁制农具需求的增多，对于钢铁、煤炭的需求也随之扩大，进而带动了重工业的发展，紧接着对于大宗货物运输的需求又带来交通运输方式的革新。大规模的需求压力推动着生产端以较低的成本和更高的产量满足市场需求，供需之间相互促进、相互影响，需求的上升刺激着生产技术和生产效率的提高，而当高效的生产

① ［英］J. P. T. 伯里编，中国社会科学院世界历史研究所译：《新编剑桥世界近代史（第 9 卷）：动乱年代的战争与和平》，中国社会科学出版社 1992 年版，第 58 页。

使得供给扩大并且价格降低时，反过来又会进一步促进需求市场的扩大。

从人口增量上看，18 世纪中期英国的人口开始大幅增长，人口数量不断攀升。在中世纪受制于生产力发展的限制，英国人口增长十分缓慢，人口增长幅度接近水平线，公元 1000 年英国约为 160 万人，到 1500 年经过 500 年的发展人口大约为 300 万，500 年时间人口才增长一倍。英国农业革命兴起后，人口增长速度十分迅猛，1750—1801 年间人口就增长了 540 万，增幅达 151%；到了 1851 年，英国人口相较 1750 年在 100 年间增加了 1680 万，人口增幅高达 260%。与欧洲其他国家相比，英国的人口增长速度也是较快的，1750—1850 年整个欧洲人口由 1.67 亿增长到 2.84 亿，增幅为 170%，远远低于英国的 260% 的增幅。

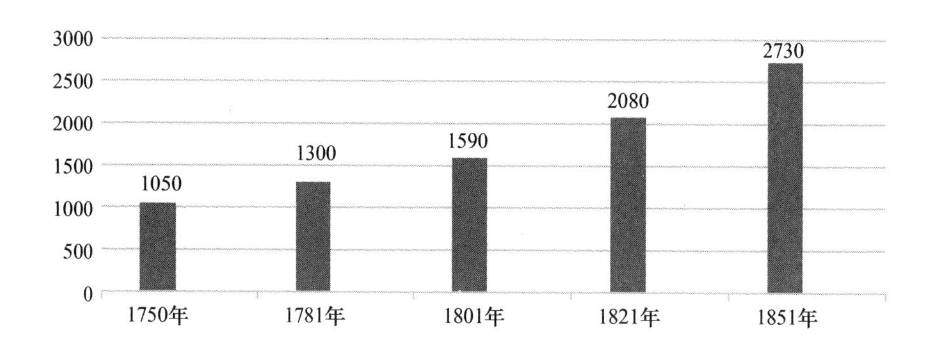

图 3-1　1750—1851 年英国人口数量（单位：万人）

资料来源：《英国工业革命时期人口的增长和分布的变化》，《厦门大学学报》1986 年第 3 期，第 89—97 页。

从人口增长率看，自工业革命开始英国人口一直处于较高的增幅，并且在同期时间内，英国的人口增长率一直领先于欧洲其他国家。从统计数据可以看出，在 1801—1820 年和 1821—1830 年英国的年均人口增长率高于 13‰，同期的法国的增长率在 5‰—6‰之间徘徊，德国、奥匈帝国和俄国的人口增长率也低于英国。到了 1831—1840 年，英国的年均人口增长率降低为 10‰左右时仍高于欧洲其他大国，继续保持欧洲最高的人口增长率。

表3-1 19世纪上半叶欧洲国家年均人口增长率（单位：每千人年增长率）

国家	1801—1820年	1821—1830年	1831—1840年
英国	13.0	13.7	10.4
法国	5.5	6.2	4.6
德国	5.2	11.2	7.5
奥匈	5.5	9.8	5.3
俄国	9.2	10.8	8.3
西班牙	4.2	6.2	5.1
意大利	2.4	9.3	6.8

资料来源：H. J. Habakkuk, M. Postan, "The Cambridge Economic History of Europe. Volume VI, The Industrial Revolutions and After: Incomes, Population and Technological Change," Cambridge University Press, 1978, p. 62。

除了总体人口增长之外，英国国内需求扩张更为重要的因素是城市人口的激增和城市化的加速。城市居民由于其生活特点和收入水平有着更大的消费需求和消费能力，成为推动英国工业品市场增加的重要因素。生育率的提高、死亡率的下降和移民迁入等使得英国的人口特别是城市人口迅速增加，在这一时期，英国城市人口和城市化率领先欧陆国家。1800年伦敦是全球唯一人口达到100万人的城市，也是世界上最大的城市，另外有爱丁堡、利物浦、曼彻斯特、伯明翰等6个人口在5万—10万的城市，到了1850年，伦敦的人口增长到了236万之多，另有其他9座10万以上人口的城市，18座5万—10万人口的城市。与同期英国相比，法国巴黎在1800年人口为54万，另外只有里昂和马赛两个城市人口刚刚超过10万人，到1850年，巴黎人口刚刚达到伦敦1800年的人口数量，里昂和马赛居民未超过20万。在俄国，1800年只有莫斯科和圣彼得堡人口超过20万，到1850年两城人口也未超过50万，其中莫斯科（36.5万人）、圣彼得堡（48.5万人）。德国和奥地利的城市人口数量更难与英国媲美，1800年只有维也纳（24.7万人）、柏林（17.2万人）、汉堡（13万人）3座城市人口超过10万，到1850年时人口超过10万的城市只有5座，其中维也纳（44.4万人）、柏林（41.9万人）、汉堡（13.2万人）、布列斯劳（11.4万人）、慕尼黑（11万人）。[①] 到1850年英国的城市人口占总人口的

① ［意］卡洛·M. 奇波拉著，吴良健、刘漠云、壬林、何亦文等译：《欧洲经济史》第3卷，商务印书馆1989年版，第24—25页。

一半以上，而欧陆国家城市人口比重普遍在20%以下，法国为15%，德国为11%，西班牙为17%，意大利为20%，奥地利为8%。[①]另外，随着工业化进程的加速导致工业居民点飞速增长，到1831年英国工业郡的人口已经占总人口的45%，而农业郡占总人口的比重下降到26%。[②]

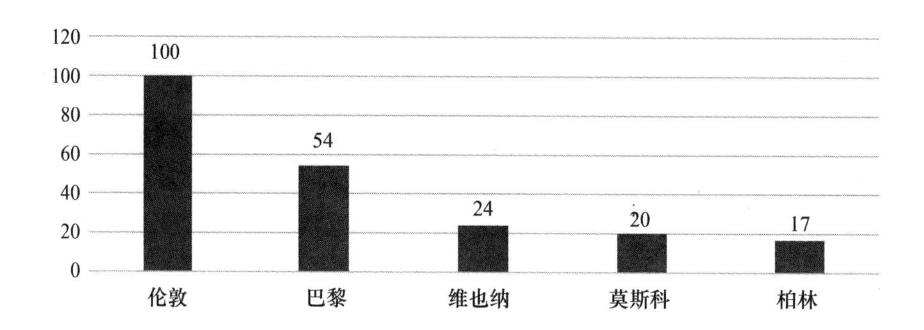

图3－2　1800年欧洲主要城市人口规模（单位：万人）

资料来源：［英］理查德·埃文斯，胡利平译：《竞逐权力：1815—1914》，中信出版集团2018年版，第144页。

人口的高速增长和较高的城市化水平带来了庞大的市场需求，给既有的生产模式带来较大的压力，不断刺激更高效的生产技术的开发应用以满足不断增长的市场需求。在农业方面，城市人口的快速增长使得对食品的需求增速超过农业的增产速度，面对大量的粮食市场的利润诱惑，通过一切办法增加生产效率和提高产量成为地主和农场主的理性选择。在纺织业方面，人口的增长同样引起对纺织品需求的增多，大量的需求使得更多的资本和先进技术投入到棉纺织行业以应对日益增长的市场。在钢铁冶炼等重工业方面，需求的增加同样与城市化的加速相关联，城镇人口的增多对应着对壁炉、水壶、铁盆使用量的增加，因此对铁的需求相应提高；城市化带来的城市基础设施建设如住房、学校、剧院、音乐厅、体育场、车站、供水、排污、照明等都带来巨大的钢铁市场需求。煤炭采掘业也是如

① ［英］理查德·埃文斯著，胡利平译：《竞逐权力：1815—1914》，中信出版集团2018年版，第144页。

② ［法］费尔南·布罗代尔著，施康强、顾良译：《15至18世纪的物质文明、经济和资本主义》第3卷，生活·读书·新知三联书店2002年版，第653页。

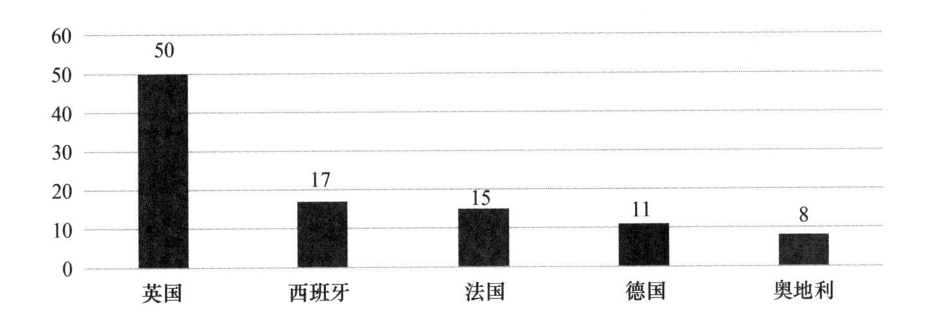

图 3－3　1850 年欧洲大国城市化率（单位：百分比）

资料来源：［英］理查德·埃文斯，胡利平译：《竞逐权力：1815—1914》，中信出版集团 2018 年版，第 144 页。

此，由于中世纪长期对于森林树木的砍伐消耗，英国已经严重缺乏木材燃料，因此应该较早地鼓励使用煤炭。[①] 大量城市人口的增加使得煤炭供给困难，据统计，到 19 世纪中期英国家庭用煤占全部煤炭消耗的 2/3，煤炭需求的持续上涨迫使采掘业使用新的技术以挖掘更深的煤层来满足市场需要，由此推动了蒸汽机的改进和利用。

2. 人均收入的增加与购买力的增强

人口的增加带来消费需求潜力的增长，而实际需求的增加是消费能力提升的结果。虽然人口的增多预示着可能的消费增加，但人口潜力真正变成消费能力还有一个重要变量需要考量，即工资收入。在中世纪时期，普通人收入几乎没有增长，人们为了温饱斗争，很难形成真正的购买力以刺激生产和产业革新。如果没有收入增长带来的购买力扩大，英国的工业发展和技术革新的动力就不会持久，就如哈罗德·珀金所言："如果工资降得过低，需求特别是对新工业部门专业化生产的大批消费品的需求就会随着工资一起下降，对节省劳动力的投资的刺激也会下降，最终增长便会停止。"[②]

英国普通工人的购买力提高。贵族、资本家、商人占据主要社会资

① ［美］伊曼纽尔·沃勒斯坦著，郭方、夏继果、顾宁译：《现代世界体系》第 3 卷，社会科学文献出版社 2013 年版，第 16 页。

② Harold Perkin, "The Origin of Modern English Society," Routledge and Kegan Paul, 1969, p. 139.

源，其收入和消费能力较强，但这些人在人口总量中的比重较低，大量社会产品的消费仍是由普通工薪阶层完成的，普通工人收入的增长有利于真正建立一个制造业渴望的消费市场。经济的发展和技术的革新使得英国的整个工人阶层的工资收入在18世纪中期到19世纪中期实现持续而快速的增长，为大众消费市场的提升打下了坚实的基础。据统计，1755年到1851年之间，英国18个行业的工资均有较高的增幅，其中农民工人、纺织工人、印刷工人等劳动阶层的工资增幅为61.3%—69.6%，而教师、医生、律师以及技术人员的工资提升增幅高达234%—695.5%，其余的行业工资增幅介于前两者之间，也有着92.8%—190%的增幅。[①] 将不同行业人员以不同群体划分后可以发现，英国不同行业、不同阶层、不同群体的工人工资整体呈现不同幅度的增长，平均计算100年间英国工人的名义收入增幅为159%，实际工资增幅达到134%。由此可以看出大量普通民众的收入和生活水平得到了有效改善，除了基本的食物之外，他们还有能力去选购工业制成品，使得英国产生了更大的消费群体和消费能力。

表3-2　1755年与1851年英国诸类工人工资增幅（1851=100）

年份 / 工种	名义工资			实际工资		
	1755年	1815年	增幅（%）	1755年	1815年	增幅（%）
农业工人	59.16	100	69	65.46	100	52.8
非熟练工人	42.95	100	132.8	47.54	100	110.3
熟练工人	50.86	100	99.6	56.29	100	77.7
蓝领工人	51.05	100	95.5	56.50	100	77
白领工人	21.26	100	362.5	23.93	100	178
所有工人	38.62	100	159	42.74	100	134

资料来源：Joel Mokyr, "The British industrial revolution: An Economic Perspective," Westview Press, 1993, p. 187。

与英国相比，由于经济发展的相对滞后以及战争的消耗，欧陆国家在

① 赵虹、田志勇：《英国工业革命时期工人阶级的生活水平——从实际工资的角度看》，《北京师范大学学报》（社会科学版）2003年第3期，第35页。

这一时期的人均收入的增幅远不能与英国相媲美，即便是荷兰在 18 世纪收入增长也是缓慢的，据统计，在 1688—1792 年长达一个多世纪中，荷兰的人均国民收入仅增长 14%，而这仅有的增长也被战争所抵消。[①] 法国、德国、意大利的人均收入增长低于英国，而西班牙、俄国的国民人均收入更为低微，在长时段内人均收入基本没有多大改善。

英国劳动者收入的提高使其可以在食品开支上减少比重，有着更多的资金购买工业制成品，而海峡对岸的大陆国家在 19 世纪的大部分时间内在食品开支上的比重居高不下。以纺织品为例，英国 1820 年的棉纺织消费为 3560 万镑，到了 1850 年年均消费 14960 万镑，这一时期的英国人口增加不到 1/3，但棉纺织品的消费却增长了 4 倍[②]，由此可以看出英国消费能力增强对市场的影响。18 世纪当英国人已经穿皮鞋时，法国人还在穿木底鞋；英国人已经穿棉毛衣物时，法国农民主要穿亚麻服装；当英国人以白面包、大麦、肉为主要食物时，欧陆国家还以荞麦、燕麦等粗粮为主食。根据俄国经济史记载，直到 1907—1908 年，俄国农民的主要食物仍然是卷心菜、黑麦面包、马铃薯，偶尔有些牛肉，穿的是树皮制的长靴，服装都是家庭自制。[③] 低微的收入难以转化为有效的购买力，工业化的发展缺乏需求的刺激是制约这些国家工业技术创新和大规模工业扩张的重要原因。

3. 全国性统一市场形成

以伦敦为中心的全国性统一市场的形成进一步开发了国内需求。政治的统一为英国统一市场打下了基础，资产阶级革命后英国不断采取措施打通全国市场，自由贸易政策减少了市场流通的障碍，地方性关卡税费的清除、统一的货币和税收，再加上交通运输条件的改善，这些都促进了商品和人员的流动以及全国性统一市场的形成，为大工业生产对应的统一市场提供了可能。另外，随着圈地运动的进行和工厂工业的发展，英国分散的农民经济基本上已经消失，自给自足的经济模式已经不复存在，几乎全部的经济活动都要通过市场来完成。1749 年，法国古阿耶教士在给朋友的信中就感叹在英国一路上不见关卡和税吏，除了在多佛港口受到检查之外，

---

① H. J. Habakkuk, M. Postan, "The Cambridge Economic History of Europe," Volume VI, The Industrial Revolutions and After: Incomes, Population and Technological Change, Cambridge University Press, 1978, p. 5.

② Ellison Thomas, "The Cotton Trade of Great Britain," Kelley, 1968, p. 59.

③ James Mavor, "An Economic History Of Russia," E. P. Dutton and Company, 1925, pp. 351 - 352.

在大不列颠可以自由通行，不会受到任何盘问。1775 年法国的一份报告记载了相似的内容，里面写道进入英国境内随身携带的每件物品都会受到检查，但这最初的检查也是英国境内唯一的检查。[①]

与英国相比欧陆国家的统一市场形成较晚，在 18 世纪中期法国被关税壁垒分割为三个主要贸易区，不同区域内部存在着各类关卡厘金和过境费，各地有不同的度量衡和货币标准，商品和人员的流通受到极大的限制。伏尔泰当时在法国漫游时，就抱怨其每通过一个关卡就要换一次马匹，而这种现象到了法国大革命和拿破仑战争后才得以消除，市场才允许进行自由的商品流通，而此时的英国已经进行了几十年的工业发展。18 世纪后半叶，德国和意大利还未实现国家统一，代表不同利益的新旧势力和地方割据将国家分割为大小不一的邦国，内部货币、度量单位不能统一，税费和规则五花八门，统一市场更是难以形成，直到 1834 年德意志各邦国才建立关税同盟，废除内地关税，逐步尝试统一度量衡、货币和商业法规。另外，由于欧陆国家庄园经济及小农经济的大量存在，客观上不利于商品物资交流和人员往来，也给全国性统一市场的形成带来了障碍。

4. 行业的相互需求

行业的相互需求也是带动整体市场扩大的重要因素，在工业革命初期率先发展起来的行业带来其相关产业的需求增长，之后各部门互相联系、相互需求，既为其他部门的发展提供支撑，又带来整个市场需求的急剧扩张，不同行业相辅相成推动整体工业化的进程。最初发展的农业部门对钢铁市场做出了很大贡献，农业的发展需要大量廉价的铁，原本只有耕犁才用铁的农业逐渐转变为全部以铁制农具为主，代替了易磨损的木制农具。各型铁制农具如马蹄铁、长柄镰、钉耙、打谷机、车辆轮毂等用铁量极大，开垦荒地、新式设备更需要铁器，随着农业的发展对工业品的需求成比例增加。在 18 世纪中期，不计农民家用消费，仅农业对铁的需求就占了冶铁总需求的 30%—50%。[②] 同样，机械、交通、纺织业的发展也带动了铁的消耗，随着纺织业的兴起和铁路的大规模建设，机械设备和铁轨成为了铁制品的重要消费领域，带动了冶铁业的市场繁荣。与冶铁业的发展同

---

① ［法］费尔南·布罗代尔著，施康强、顾良译：《15 至 18 世纪的物质文明、经济和资本主义》第 3 卷，生活·读书·新知三联书店 2002 年版，第 326 页。

② ［意］卡洛·M. 奇波拉著，吴良健、刘漠云、壬林、何亦文等译：《欧洲经济史》第 3 卷，商务印书馆 1989 年版，第 394 页。

步提高的是煤炭业，冶铁业的扩张成为煤炭需求增长的主要原因，另外，新式的蒸汽动力交通也对煤炭市场提出了更高的产能要求。

除了民用市场之外，军用需求对技术创新的推动也不可忽视。军队特别是海军对于钢铁有着巨大的消耗，舰船、舰炮的制造需要大量的钢材，皇家海军一直是英国冶铁业的大额采购方。得益于政府的火炮合同，英国的威尔金森、沃克斯、凯伦等工厂得以发展壮大，而为了达到合同要求以交付高质量产品，合同企业不得不进行钢铁冶炼方法的革新以提高自身产品质量满足军队需要。以亨利·考特发明反射炉炒炼熟铁法为例，作为英国海军的供应商，为了满足海军对钢板、型钢的需要，1783 年考特发明了搅钢法，该工艺在反射炉床上搅拌熔化的生铁，通过循环空气降低铁中的碳和杂质。以搅钢法为代表的技术创新大大降低了冶铁成本，提高了钢铁产量，英国由此获得了廉价获取熟铁的方法，在此之后的 20 年里英国的铁产量翻了两番。

（二）广阔无尽的海外市场

海外市场一开始是英国庞大稳定的国内市场的重要补充，后来随着海外市场的急剧扩大逐渐成为英国工业制品的主要市场。英国的海外市场主要通过夺取其他国家市场和开拓新的殖民市场两种形式获得。

首先，夺取其他欧洲国家海外市场。英国主要打击和夺取的是法国、荷兰这些工业化能力较强的国家的市场。英国通过实施《航海条例》来垄断英国和其殖民地之间的运输及贸易，打击和排挤荷兰既有的贸易市场和贸易通道。荷兰海外市场受挤压，逐渐从工商业国转型为金融国，退出与英国的工业竞争。作为当时欧洲的金融中心，考虑到成本费用和资本回报，18 世纪荷兰人将大量的资本投资到了英国，使得英国减少了借债的成本①，这又为英国的工业发展提供了大量的资金。另外，英国还通过战争及条约等多种方式占据其他国家海外领地以获得商品市场，这种方式主要针对的是法国的海外市场，1763 年英国获得英法七年战争胜利，通过签订《巴黎条约》获得了法国在加拿大、格林纳达、多米尼加、圣文森特和格林纳丁斯的所有土地，并获得法国在印度、西印度群岛、非洲的大部分殖

① ［美］伊曼纽尔·沃勒斯坦著，郭方、吴必康、钟伟云译：《现代世界体系》第 2 卷，社会科学文献出版社 2013 年版，第 324—330 页。

民地，以及西班牙在北美的佛罗里达地区。

其次，殖民占领海外未开发市场。海外广阔的未开发地区有着无限的市场潜力，因此殖民地占领成为获取对象国内部市场的重要手段。英国所占领的殖民地和控制的地区远大于其他国家，例如，在18世纪西半球的殖民扩张中，英国建立了17块殖民地、法国建立了8块殖民地，荷兰建立了3块殖民地，在加勒比海地区英国殖民地人口数量是法国的两倍[①]，在北美洲地区法国占领的魁北克和路易斯安纳在人口上也远少于英属北美殖民地。从数据来看，1700—1750年英国的出口产业增长了76%，1750—1770年增长了80%[②]，1820年英国生产的棉纱有2/3出口到国外市场，棉纱制品的3/5出口到国外市场，随后出口比例逐年增高到80%以上。英国纺织品贸易出口增幅最大的是东方，在1814年英国有100万码布匹运往苏伊士运河以东的港口和国家，到了1830年时数字飙升到5700万码，再到1850年时已经达到41500万码之多。[③] 1820年英国向拉美地区输出的棉布数量仅为出口欧洲大陆的1/4，而到了1840年英国对拉美地区的棉布输出量已经是对欧洲大陆出口量的1.5倍。[④] 由此可见，英国的外部需求呈现高速倍增态势，海外市场的扩张刺激着本国工业的发展，进一步加速英国进行工业技术创新和转化的步伐。

一旦需求的规模达到一定程度，便会刺激新技术的运用和工业化进一步的深入。全国性统一市场的形成、人口的快速增长、城市人口和城市化的提高、平均收入的持续提高与消费能力的增强，以及行业间相互需求的促进，所有的这一切都推动了英国商品市场的扩大与繁荣，为英国的工业化和技术创新提供了稳固的动力基础。而对欧陆国家海外市场的打压以及对殖民市场的不断开发又为英国提供了广阔的海外市场，进一步刺激了英国工业化的进程。随着市场的扩大，传统的技术模式难以满足庞大的海内外市场需求，技术创新便成为主动选择的方向。以蒸汽机和铁路机车的发明和大规模应用为例，需求的增长清楚地反映在人们对蒸汽动力的改进

---

① Davies, K. G., "The North Atlantic World in the Seventeenth Century," University of Minnesota Press, 1974, p. 45, p. 80.

② ［英］埃里克·霍布斯鲍姆著，梅俊杰译：《工业与帝国》，中央编译出版社2016年版，第37页。

③ Ellison Thomas, "The Cotton Trade of Great Britain," Kelley, 1968, p. 59, p. 63.

④ ［英］理查德·埃文斯著，胡利平译：《竞逐权力：1815—1914》，中信出版集团2018年版，第169页。

上。随着英国对煤炭需求量的持续高速增长，煤炭产量越来越高，矿井越挖越深，排水问题成为制约煤炭生产的重大阻碍，当用更多的马匹作为驱动力无法满足排水任务时，蒸汽机便被发明应用于煤矿抽水排水，并从托马斯·纽科门到詹姆斯·瓦特的几十年间不断的改进和完善。同理，面对大量煤炭运输的需要，传统的运输方式成本高、耗时长，并且运量小，由此铁轨首先在煤矿区铺设，将远离河流的煤矿与港口连接起来以便运输。当原有的铁轨加马匹的方式难以应对日渐庞大的运输需求时，蒸汽动力替代牲畜动力便被提上日程。最早的蒸汽铁路的建设也是以满足大宗货物的运输为目的，可以说正是运输需求的增加使得蒸汽机车被发明应用于货物运输，而随着工业化进程的加深，大量的工业原料及成品的运输需要更多廉价稳定的交通工具，这进一步刺激了英国铁路的建设。在客运方面，由于人口的增长和城镇的增多，原有的马车和运河交通不能满足客运需求，激增的出行需求为蒸汽机车的客运化提供了强大的推动力，这也是英国客运铁路建设运行领先其他国家的原因之一。总之，强劲稳定的国内市场和不断拓展的海外市场使得既有生产方式难以满足大规模需求，从而不断刺激着新技术的开发和应用，由此也带动了英国技术创新的兴起和转化应用的浪潮。

二、发达的市场主体逐利行为带动技术革新

在工业革命前夕，英国已经具有相当规模的发达和繁荣的私营经济，发达的私营经济体追逐利益的市场行为成为技术创新和技术转化应用的强劲推动力量，推动着英国率先成为尝试发明新技术和应用推广先进技术于生产活动的国家。英国在 17 世纪至 18 世纪相较于欧陆国家具有发达活跃的私营经济体，很大一部分原因在于其率先摆脱了行会制度对经济的束缚，而欧陆国家经济活动仍处于封闭垄断的封建生产经营模式中，政府和行会控制市场、自我封闭、排斥竞争、限制生产规模、控制商品销售的垄断经营方式阻碍了商业竞争、抑制了生产分工，给技术创新增加了沉重枷锁。

中世纪以来至 19 世纪的很长时期，欧洲各国经济领域普遍存在着行会制度，行会最初建立的原因在于当时封建庄园、封建贵族占统治地位的经济条件下，个体工商业主面对封建主的勒索掠夺以及诸种不利发展环境只能联合起来才能得以经营，同时，城市内部工商业活动也需要管理机构的存在来协调商业行为和维护工商业者的权利。正如马克思所言：“联合起

来反对勾结在一起的掠夺成性的贵族的必要性，在实业家同时又是商人的时期对共同市场的需要……全国的封建结构——所有这一切产生了行会。”[①] 随着时间发展，行会处于不断变化之中，历经了商人行会、手工业行会和工会三个阶段[②]，虽然不同阶段行会的具体功能和表现形式有所不用，但其本质上一直是一种封建性质的封闭垄断经济组织。行会的指导原则是遏制竞争，封闭性是行会的最大特点，对外施行垄断，对内给予会员平等的机会。为了达到限制竞争、垄断经营和会员平均主义的目的，诸类行会内部都有着详细严格的章程，概括下来主要包括：

（1）限制市场准入。首先是身份限制，非行会会员不得进入市场。例如，鲁昂制革匠协会就规定，非行会会员的任何人都不允许在本地进行相关工作。[③] 在17世纪的切斯特规定在当地从事具体行业的个人必须满足当地市民身份和行会会员两个条件方可营业，法兰克福等地也基本如此。在巴黎，如果不是工匠的儿子，任何人都不允许在巴黎的范围内开设工厂进行毛纺织业的活动。[④] 行会在取得会员资格上同样有着严格的规定，一般要求必须是合法婚生男子，并且属于正当的派别，屠夫、刽子手、牧人、演员等“不光彩行当”的人被排斥在行会会员之外。[⑤] 其次是商品地域限制，外地商品禁止销售。为了达到避免外部竞争垄断经营的目的，行会都有着禁止会员销售外来商品的规定，如果发现会员销售外来商品，将会对其处以逐出行会的惩罚。

（2）限制原料获取。在行会组织中会员不得自行购买生产原料，只能由行会统一购买并分配给各个会员。任何会员不能在其他会员之前私自购买生产原料，如果遇到原料缺乏的情况也只能以原价购买其他会员的原料以保证分配平等。

（3）限制工具数量。行会为维持生产平衡对于会员生产工具的数量有

---

① ［德］马克思、恩格斯著，中央编译局译：《马克思恩格斯全集》第3卷，人民出版社1956年版，第28页。

② 金志霖：《论西欧行会的组织形式和本质特征》，《东北师大学报》（哲学社会科学版）2001年第5期，第71页。

③ Roy C. Cave & Herbert H. Coulson, “A Source Book for Medieval Economic History,” Biblo and Tannen, 1965, p. 237.

④ 耿淡如：《世界中世纪史原始资料选辑》（九），《历史教学》1958年第6期，第38页。

⑤ ［英］蒂莫西·布朗宁著，吴畋译：《追逐荣耀：1648—1815》，中信出版集团2018年版，第148页。

着严苛的限制，巴黎织匠行会就规定每一名会员的作坊只能有两台宽幅织机和一台窄幅织机，除此之外不允许在任何地方购置新的织机，而法兰克福的呢绒行会更是规定会员拥有超过两台织机将被罚款。① 为了限制每个会员生产工具的数量，行会的规定已经细致到滴水不漏的地步，巴黎就规定工匠只能有一位兄弟和侄子在其家中保留两张织机，当他们放弃工作时工匠本人不得拥有这些工具，工匠也不得借口儿子、胞兄弟、侄子等关系在自己家庭以外保有织机。②

（4）限制经营规模。首先是经营面积限制，一般行会要求一个生产经营单位只能有一家店铺。德国科隆的呢绒零售行会规定，一个会员只能开设一家店铺，如果一名会员有两家店铺就必须关掉一家。③ 除了店面限制之外，行会还会对会员的具体生产和经营数量进行控制，德国的吕贝克皮革匠行会曾经对其会员一年内硝制牛皮数量进行了限额，其中牛皮不超过 415 张，小牛皮不超过 520 张，超过限额数量的会员将会被行会处以罚金。④ 行会甚至对于每周能够经营的天数、具体的时间都会严格限制，例如，赫尔科尔多瓦皮革匠和鞋匠公会曾规定其行会所属的店铺在周日不允许营业，如果违反将处以罚款。⑤ 在巴黎，纺织行会曾规定其会员不得在日出之前进行生产工作，如果违反规定同样会被处 12 便士、6 便士等不同额度的现金处罚等。⑥

（5）限制商品形态。首先，行会之间有着明确的分工，严禁生产非本行会的产品，生产呢绒的不可以制造手套，染布的不能够裁剪衣服，生产锤子的不能够生产水壶等等，严禁逾越界限。其次，每个行会对于其所属会员生产的商品的款式、形状、质量都有着严格详尽的要求，确保各会员生产商品规格一致从而保证每位会员的销售，不符合行会规定的商品将被处以罚款等。法兰克福呢绒业行会要求会员不能生产有边缘的呢绒，如被发现有边缘的布匹将处以 1 磅赫勒（当时奥匈帝国的币种）罚款，呢绒布的长度必须为 33 英寸，如果生产的布匹超过这一长度将被加以

---

① 郭守田：《世界通史资料选辑》（中古部分），商务印书馆 1974 年版，第 135—139 页。

② 耿淡如：《世界中世纪史原始资料选辑》（九），《历史教学》1958 年第 6 期，第 38 页。

③ 北京师范大学历史系世界古代史教研室编：《世界古代及中古史资料选集》，北京师范大学出版社 1991 年版，第 444 页。

④ 郭守田：《世界通史资料选辑》（中古部分），商务印书馆 1974 年版，第 141 页。

⑤ J. Malet Lambert, "Two Thousand Years of Gild Life," A. Brown & Sons, 1891, p. 320.

⑥ 郭守田：《世界通史资料选辑》（中古部分），商务印书馆 1974 年版，第 137 页。

1 磅赫勒处罚。[①] 这种对于商品样式严苛及琐碎的规定扼杀了生产创新的可能。

(6) 限制工人雇佣。行会要求会员以个体或家庭生产为主，以自己的作坊为中心完成整个生产过程，在工人的雇佣和招收学徒方面，行会有着严格的限制。例如，按照巴黎织匠行会的要求每个织匠只能招收一名学徒，赫尔的纺织行会规定每个匠人能够招收的学徒的数量不超过两个，在行会制度下难以形成大规模工厂生产。

这种以封闭、垄断和强制为特点的行会制度的形成初期在一定程度上起到了保护城市工商业的作用，对于城市经济的发展有着一定的推动作用，但是行会本质上是封建特权性质的垄断性经营组织，随着商品经济的发展，行会越来越成为制约创新的力量。在行会的限制下，欧洲大陆的工商业生产以小作坊的形式为主，经济主体准入门槛高、排他性强，生产原料、生产工具和生产规模受到控制，生产时间及生产品类受到框定，生产过程无法进行分工，市场不能进行充分竞争，"使前工业化、前革命时期的欧洲大陆成为一个大量小规模、半自给自足的市场的集合体，每个市场都有自己的贸易体制，单个企业的经营规模都非常小"[②]，越来越对经济社会发展产生消极作用，更成为技术创新的桎梏。

与欧陆国家相比，英国率先突破了行会的限制。随着经济的发展和国内外市场的扩大，英国行会制生产方式越来越难以满足市场需求，一些会员在行会规定之外的地方进行经营，逐渐打破行会的经营地域壁垒；一些会员进行多类商品的制造和销售，例如，丝绸商售卖鞋子，绸缎商销售帽子，织布工进行漂洗，木匠干铁匠的活等，总之不顾政府及行会的规定什么盈利就经营什么，打破了行会的行业壁垒。[③] 到 16 世纪末期，随着违反行会规定的行为越来越普遍，行会无力监管众多会员，行会的监管机制和惩罚机制逐渐失效，与此同时，行会为适应形势发展避免被淘汰不得不进行改革、调整与合并，逐步地开放市场和放宽管控。到 17 世纪英国的家庭

---

① 耿淡如：《世界中世纪史原始资料选辑》(九)，《历史教学》1958 年第 6 期，第 39—40 页。

② H. J. Habakkuk, M. Postan, "The Cambridge Economic History of Europe, Volume VI, The Industrial Revolutions and After: Incomes, Population and Technological Change," Cambridge University Press, 1978, p. 326.

③ Stella Kramer, "The English Craft Gilds," Columbia University Press, 1927, pp. 40 - 41, pp. 102 - 115.

生产、手工工厂生产以及资本主义工厂成为经济主体，突破了行会的壁垒限制，私营经济蓬勃发展。当英国的行会仅残留少数并风烛残年时，欧洲大陆的行会制度却还在延续，法国在18世纪末的资产阶级革命后才逐渐取消行会制[①]，德国及意大利的行会制一直延续到了19世纪中期。[②]

消除行会限制的英国产生了庞大且活跃的市场经济主体，企业家对于通过技术革新获得利润有着较高的积极性。众多的纺织企业、钢铁企业、采矿企业为了占有市场和追逐利润开展激烈的市场竞争，这些工商业主更愿意主动进行技术创新、购置新式设备、进行动力改造，正是充分的市场竞争带动了英国的工业技术创新和国家工业实力。以纺织业技术革新为例，纺织效率由纺纱效率和织布效率两个部分决定，在原有的纺织过程中，纺纱效率就低于织布效率，而当1733年约翰·凯伊发明飞梭之后，织布的效率进一步提升，纺纱效率进一步拖累整个纺织过程。1765年詹姆斯·哈格里夫斯发明珍妮纺纱机之后，纺纱的效率提高了8倍以上，直接提高了整体纺织效率。在纺织企业的逐利和竞争中，先进的纺织设备纷纷被购置和应用，仅仅1788年英国的珍妮纺纱机就达到了2万台左右。在纺织业的进一步发展中，水力纺纱机、走锭纺纱机以及动力纺织机纷纷被发明和广泛采用，英国的动力纺织机从1813年的2400台迅速增长到1829年的5.5万台，到了1850年更是达到了22万台之多，结果是英国的纺织效率和纺织产量遥遥领先于欧陆国家。纺织业的配套技术同样被迅速推广应用，煤气照明发明几年之后的1805年，英国的纺织工厂就开始采用煤气照明代替油灯或蜡烛以提高工作效率、延长生产劳动时长；在18世纪末期化学刚刚开始发展后不久，纺织工厂就已经应用化学制剂进行布匹漂白和染色了。总之，市场行为体逐利的特性使得“凡是需要或有利可图，实业家们都雷厉风行地吸纳这些创新成果”[③]。

重工业领域同样受市场竞争的激励而大步前进。以铁路为例，虽然蒸汽铁路的投资高昂，但铁路运量增加带来的利润回报吸引着市场投资，不断刺激着铁路行业的发展和新技术的应用。在利润回报上，英国1825年修建了世界上第一条铁路达林顿—斯托克顿铁路，该铁路1826年的利润为

① Michel Beaud, “A History of Capitalism, 1500 - 1800,” Palgrave Macmillan, 1984, p. 61.

② George Unwin, “The Gilds and Companies of London,” Frank Cass Company Ltd, 1963, p. 1.

③ [英] 埃里克·霍布斯鲍姆著，梅俊杰译：《工业与帝国》，中央编译出版社2016年版，第50页。

2.5%，到了1833年利润为8%，再到1841年利润已经提高到了15%。[①] 1830年通车的利物浦—曼彻斯特铁路是第一条现代意义上的公司经营的公用铁路，仅仅3年后的1833年该铁路股票就上涨了一倍以上。[②] 在运输费用上，据统计，铁路相比公路能够大大降低成本，1800年通过公路运输1吨货物每英里的费用约为64芬尼，而到了1850年通过铁路运输同样的货物每英里只需要16芬尼的费用，只有公路的1/4。[③] 在客运领域，本来用于货运的铁路由于客运带来的丰厚回报纷纷开展客运运输，并积极拓展线路以延伸到整个英国。铁路低廉的运输成本和逐步显现的盈利模式引得更多人追逐对铁路的投资，在投资回报率的吸引下，英国在19世纪三四十年代掀起了建设铁路的热潮。在铁路兴建高峰时期，英国最多有25万人参与到铁路建设中，整个国家33%的砖块和18%的钢铁被用于铁轨、蒸汽机车制造等铁路建设之中，使得1838年铁路运行不足500英里的英国在仅仅20年后的1850年建成了6625英里的铁路干线网。由此可见，市场主体逐利活动促使英国产业界争相进行研发创新并积极快速地将最新技术成果与生产实践相融合，带动了英国技术创新力和融合力的提升。

三、繁荣的金融市场提供技术转化融合资本

坚实的经济基础和繁荣的金融市场能够为技术创新和转化提供必要的资本支持。17世纪末至18世纪中期英国开展了一场意义重大的金融革命，国债制度的建立、银行体系的形成、伦敦股票市场为核心的证券市场共同构成了英国早期金融体系，金融市场的繁荣使得英国能够以较低利率获得较大规模借贷资本。诺贝尔经济学奖获得者约翰·希克斯甚至将英国工业革命的爆发归结为英国金融市场的产物，他认为在工业革命前就已经出现了相关的技术，但由于缺乏大量资金支持，技术革命并没有推动产业发展

① ［英］埃里克·霍布斯鲍姆著，梅俊杰译：《工业与帝国》，中央编译出版社2016年版，第108页。

② ［意］卡洛·M. 奇波拉著，吴良健、刘漠云、壬林、何亦文等译：《欧洲经济史》第3卷，商务印书馆1989年版，第162页。

③ ［英］理查德·埃文斯著，胡利平译：《竞逐权力：1815—1914》，中信出版集团2018年版，第198页。

和经济增长，工业革命不得不等候金融革命的出现①，也正是英国金融市场的繁荣加速了英国先进技术的转化与工业化的进程。

（一）国债制度的建立

17 世纪，英国在全球范围内开拓海外殖民地，频繁的对外战争和高昂的军费开支使得英国财政支出巨大，国库入不敷出，财政赤字越来越大，因此开辟新的融资渠道和改革财政金融被提上日程。光荣革命后，英国资产阶级和议会取得国家财政权和征税权，政府信用由国王个人担保转变为国家信用，政府信用不断提升；殖民掠夺和重商主义又使得大量财富流入英国，英国商人和国民具有较强的出借能力；再加上对于荷兰金融制度的学习和效仿，这些都为英国金融革命的顺利开展提供了条件。

为了应对严重的财政危机，英国政府决定开辟融资新渠道，开始发行国债并着手国债管理制度化。英国的国债分为短期国债和长期国债两种，其中短期国债主要分为符木和短期国库券两类，短期国债能够快速筹集大额资金，但支付利息较高，还款压力较大。长期国债付息时间长、利率低，且每年不需归还本金，还款压力小，同时长期国债由英格兰银行做担

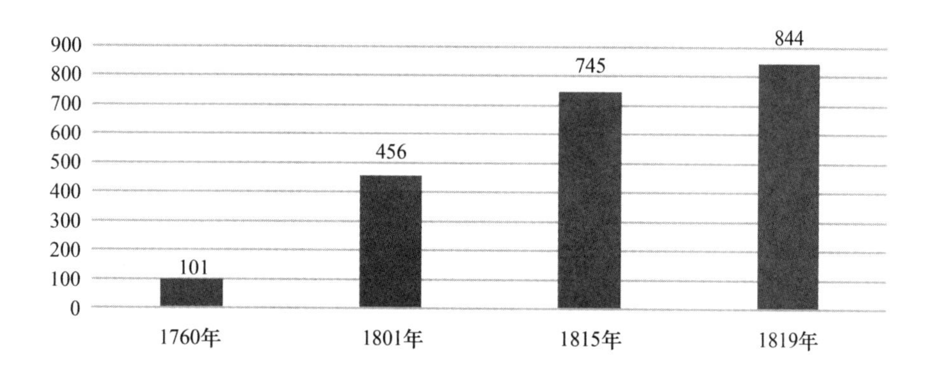

图 3－4　英国国债发行量（单位：百万英镑）

资料来源：Ranald C. Michie, “The London Stock Exchange. A history,” Oxford University Press, 1999。

① ［英］约翰·希克斯著，厉以平译：《经济史理论》，商务印书馆 1999 年版，第 128—144 页。

保，可以在证券市场中自由转让和随时变现，具有完全流动性，再加上英国政府良好的信誉和稳定的付息保障，长期国债受到人们的追捧。国债制度的创立是英国金融制度的重大创新，它成功地为英国政府筹集了大量社会资金，缓解了财政压力，保障了必要的国家发展所需资金。

（二）银行体系的建立

英国早期银行体系由英格兰银行、城市私人银行、乡村银行组成。英格兰银行于1694年成立，其主要任务是筹集资金向政府贷款，具有政府债券发放和货币发行职能，同时拥有其他商业银行同等的存款、开户、汇款等业务。伦敦的城市私人银行大多由金匠铺发展而来，随着时间的发展业务不断增加，逐渐具备现代银行功能。18世纪伦敦的城市私人银行逐渐扩大并走向专业化，从1759年的24家增长到1801年的68家，到19世纪中期发展到80家左右，伦敦的城市私人银行主要经营政府债券和英格兰银行、东印度公司和南海公司的股票，并担任地方银行及荷兰投资者的金融代理，成为英格兰银行的重要补充，起到联系各地方银行、提供信贷资金的功能。① 在伦敦范围以外，英国乡村银行发展迅猛，增长速度呈几何级数上升，伦敦以外的乡村银行数量从1750年的12家快速发展到1790年的350家，再到1838年已经达到1200家之多。这些地方银行与伦敦金融中心有着紧密的联系，大多在伦敦建立了自己的分行或派驻常驻人员，以伦敦为中心进行信贷活动，由此形成银行网络。这些地方银行有大量的储备资金和结余货币来贴现汇票，从农业郡吸纳各地农民、地主、商人的存款，然后转汇至伦敦金融中心，再放给工业郡的客户以贷款，成为工业革命期间英国制造业融资的重要渠道。②

由英格兰银行、伦敦城市私人银行和地方乡村银行组成的银行网络逐渐壮大和繁荣，发达的银行业成为英国工业技术转化的重要助推器，为工业化发展提供着急需的资本支持。考特认为，“银行家们缓和了正在发展工业的地区历来出现的资金短缺问题，成为向工农业提供短期贷款的主要贷方”。③

---

① ［美］查尔斯·P. 金德尔伯格著，徐子健、何健雄、朱忠译：《西欧金融史》，中国金融出版社1991年版，第108页。

② ［美］查尔斯·P. 金德尔伯格著，徐子健、何健雄、朱忠译：《西欧金融史》，中国金融出版社1991年版，第113页。

③ ［英］W. H. B. 考特著，方廷钰译：《简明英国经济史》，商务印书馆1992年版，第104页。

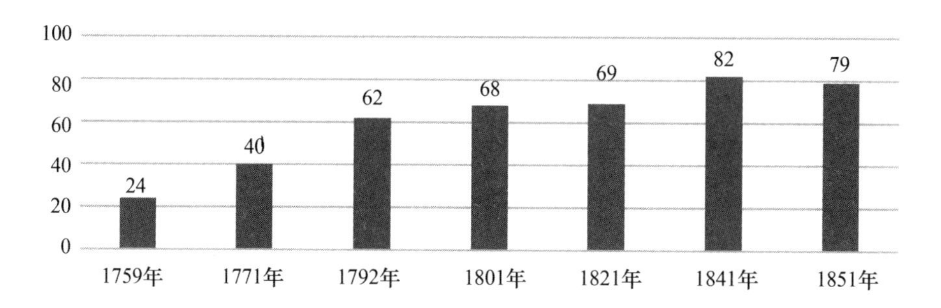

图 3 -5　伦敦城市私人银行数量

资料来源：Frederick George Hilton Price，“A Handbook of London Bankers：With Some Account of Their Predecessors，the Early Goldsmiths，” Simpkin，Marshall，Hamilton，Kent and Co，1891。

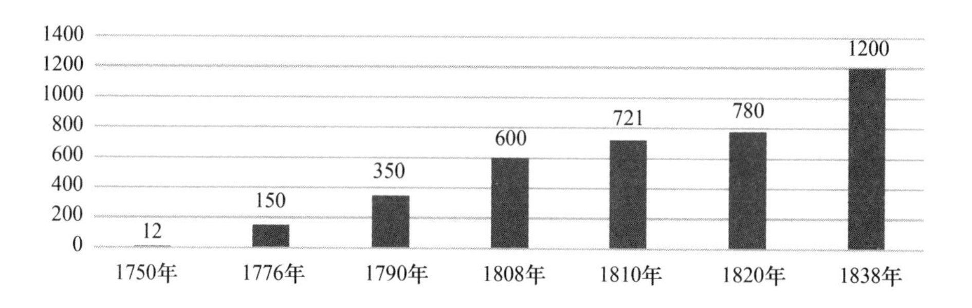

图 3 -6　英国乡村银行数量

资料来源：徐滨：《英国工业革命中的资本投资与社会机制》，天津社会科学院出版社 2012 年版，第 76 页。

（三）伦敦证券交易市场的建立

证券交易市场是现代金融体系不可或缺的组成部分，17 世纪初荷兰的阿姆斯特丹成立了世界上第一家证券交易所，紧随荷兰之后英国伦敦也成立了“皇后交易所”，同时伦敦的酒馆、咖啡厅也一直承担着商业活动和股票交易的功能。1773 年英国第一家正式以“证券交易所”命名的交易所在伦敦成立，在交易所内人们可以交易股份公司股票、买卖国家债券及公司债券，并有着专职证券经纪人服务于此。随着伦敦股票交易市场日渐专业化，资本市场异常活跃，伦敦成为全球资本交易中心和金融中心，伦敦的股票市场吸引了来自全球不同地区、不同宗教、不同阶层的投资者，“弗兰德人、威尼斯人、生机勃勃的法国人、自豪的西班牙人、披着短斗蓬的英国人、穿着东方式服装的土耳其人……善于计算的市民、抱着空钱袋的宫廷大臣、犹太人和教友派教徒都聚集在这里”①。官吏、律师、地主、富农、工人、教士，任何人都可以投资股份公司，整个英国形成浓烈的商业投资氛围，据统计，伦敦股票市场交易额在1700年就达到1200万英镑之多，在1800年更是增长到了2500万英镑。②

股票市场繁荣的同时英国股份制公司的规模也在激增，纺织、采矿、铁路、银行、军火等各类行业都出现了股份制公司，1688年英国仅有15家股份制公司，到了1695年就已经增长到100余家，再到1719—1720年1年时间更是新成立了195家股份公司。③ 这些股份公司可以通过股票和债券的方式向市场融资，有效地撬动社会资本服务于企业发展，为英国工业化的发展壮大提供了资金支持。

总之，17世纪末爆发的英国金融革命逐步建立和完善了国债制度、银行体系、股票市场，推动了现代英国金融体系的形成。随着金融系统的完善，金融市场越发繁荣，英国政府和企业能够充分调动国内外资金资源，通过发行债券、发放贷款、贴现票据等多种形式筹措财政资金和企业资本，为英国正在崛起的工业化进程提供了必不可少的资金支持，由此加速了英国的先进技术研发和转化速度。

四、市场倒逼政治制度革命提升制度耦合性

英国的政治制度变革并不是由政府自上而下主动进行的改革，而是由经济市场发展中成长起来的资产阶级进行的政治革命倒逼政治制度的革新。18世纪中期，随着英国商品经济的迅猛发展，资产阶级团体逐渐形成，资产阶级和新贵族的力量越发强大，此时的经济技术发展要求与既有制度的互斥越发严重，封建专制制度成为阻碍资本主义经济进一步发展的

---

① ［英］约瑟夫·库利舍尔著，石军、周莲译：《欧洲近代经济史》，北京大学出版社1990年版，第343页。

② Charles Wilson and Geoffrey Parke, “An Introduction to the Sources of European Economic History 1500 - 1800,” Cornell University Press, 1977, p. 130.

③ ［美］查尔斯. P. 金德尔伯格著，徐子健、何健雄、朱忠译：《西欧金融史》，中国金融出版社2007年版，第209页。

最大阻力。英国资产阶级为了维护自身利益开始谋求掌握政权以构建契合资本主义经济发展的制度机制，经过光荣革命和上层政治和解，英国君主专制得以废除，代表资产阶级利益的议会成为国家权力的中心，同时，英国的社会政治趋于稳定，为技术革新和经济发展创造了良好的环境。而欧陆诸多国家一直到 19 世纪初仍旧保持着封建政治制度，老旧的制度机制与先进经济技术的互斥严重阻碍着欧陆国家的技术创新和产业变革。

最早追溯至 1215 年的《大宪章》时期，英国就已经开启政治制度改革的尝试，《大宪章》拒绝承认王权的绝对性和不受限制，“对国王在封建规范下能做什么和不能做什么，作了详细的规定”①，在宪章第 61 条中明确了贵族组成的委员会具有否决国王命令的权力，当国王破坏宪章时，委员会可以使用武力剥夺国王的权力、土地和财产。及至英国资产阶级革命时期，《大宪章》包含的自由精神被资产阶级所用成为摧毁封建制度的武器。真正的制度革命是发生于 1688 年的光荣革命，1689 年颁布的《权利法案》（全称《国民权力与自由和王位继承宣言》）明确了议会的国家权力中心地位，对君主的权力范围进行了严格的限制：“君主不得暂停法律的执行，不得干预司法或陪审团，不得挑选议员或蔑视议会，不得在未经议会批准时维持常备军或征税。”② 从此资产阶级真正掌握了国家政权，资产阶级和新贵族取代了封建贵族的政治地位，资本主义制度和社会结构更适应新兴的工业技术发展的需要，为技术创新和工业发展扫除了制度障碍。

首先，技术革新和转化的政治权力障碍得以破除。由于新兴的生产发展方式与封建贵族地主的利益相冲突，既有利益阶层本能地反对新技术的推广和应用，成为技术革新的重大阻碍。以农业为例，英国率先摧毁顽固的封建领主制度，改变了佃农和领主之间的关系，使得先进的耕作制度和农业技术能够大范围的应用。③ 代表大地主及资产阶级利益的英国议会强力推动“圈地运动”为更高效的农业生产方式形成提供了条件，据统计，在 1750—1810 年英国通过了近 4000 份圈地法案，通过“圈地运动”和土

---

① 钱乘旦、许洁明：《英国通史》，上海社会科学院出版社 2002 年版，第 60 页。

② ［英］蒂莫西·布朗宁著，吴畋译：《追逐荣耀：1648—1815》，中信出版集团 2018 年版，第 328 页。

③ ［法］费尔南·布罗代尔著，施康强、顾良译：《15 至 18 世纪的物质文明、经济和资本主义》第 3 卷，生活·读书·新知三联书店 2002 年版，第 650 页。

地兼并“至1750年，小农、自耕农或自己耕种的土地所有者在英国日渐消失了”[1]，圈地的顺利进行推动了诺福克轮作制的推广和农业生产效率的提高。而法国、西班牙等欧洲大国的封建地主和贵族持续把控着国家权力，为了维护自身利益不愿意推进废除村社权利的法案，尤其是西班牙贵族和宗教势力占有大量的土地，“贵族和教士只占人口的2%，却占有着95%—97%的土地，而占总人口95%的农民几乎没有土地”[2]，封建贵族基于自身利益发展持续坚持落后的畜牧方式，放牧过程中有权任意使用途径田地和水源，随意践踏和毁坏庄稼，使得农业生产持续处于低效率水平。

其次，社会财富流向生产性部门，有利于新兴技术的转化推广。在城市，英国的资产阶级可以较少受传统势力的限制进行兴建工厂、采购设备和贸易往来，基于利益回报的考量，大量的社会资本以及国际资本（尤其是荷兰资本）能够流入生产领域，充裕的资金使得英国能够及时采用先进技术设备投入到生产之中。同时，英国贵族和士绅本身并没有多少特权，他们必须不断经营家庭遗产以为自己和子女所用，因此他们对开发矿山、开办纺织厂、钢铁厂、建设铁路港口等新兴产业也十分感兴趣，或是直接投资或是购买股票，大量资本进入新技术行业。在农村，英国的贵族地主与欧陆国家的地主不同，其封建贵族和乡绅大都转化为资本主义贵族或大地主，将土地交给有经验的农场主进行经营管理来获得利润。更重要的是，他们不一定全部依赖农业生产和租金谋利，而是在城市拥有自己的地产，以企业家的身份出现在自家土地上进行矿产开采，或投资工厂和铁路以谋取更多利益，英国新贵族不仅不是新兴技术和产业的绊脚石，反而积极投身于新兴产业的浪潮之中。在欧陆国家，封建制度成为阻碍社会经济发展的症结。最早开始殖民活动的西班牙掠夺了美洲巨额的金银，仅16世纪西班牙就从美洲掠夺了超过15万公斤的黄金和740万公斤的白银，但由于西班牙落后的封建制度，金银掠夺和殖民地剥削带来的财富并没有被西班牙用来推动生产技术革新和工商业的发展，贵族们将财富用于投资土地、购买珠宝，醉心于互相攀比、炫耀和挥霍。大量美洲金银的输入造成

① ［美］伊曼纽尔·沃勒斯坦著，郭方、吴必康、钟伟云译：《现代世界体系》第2卷，社会科学文献出版社2013年版，第99页。

② ［美］L.S. 斯塔夫里阿诺斯著，吴象婴、梁赤民、董书慧、王昶译：《全球通史——从史前史到21世纪》（下），北京大学出版社2012年版，第424页。

了欧洲的价格革命和通货膨胀，而西班牙抵御价格革命的能力最低，其物价上涨幅度是北部欧洲国家的两倍。物价的上涨又导致西班牙的商品过于昂贵而缺乏竞争力，失去在欧洲市场竞争的能力，加速了西班牙工商业的衰落和国家财富的外流。

最后，政权的稳定有利于技术创新和产业发展。经过光荣革命后的英国在国家政权上逐渐走向稳定和成熟，封建贵族和资产阶级的相互妥协与和解使得英国国内的阶级斗争和上层权力争夺基本结束，基本上保持了国家政权的稳定和社会的有序运行。反观欧陆国家大多陷入资产阶级革命或国家内部权力斗争之中，作为英国最大对手的法国，长期以来陷入国家内部权力斗争之中，即便在经过 1789 年资产阶级革命后也没有使国家走向安定有序，吉伦特派、雅各宾派、丹东派、罗伯斯庇尔派、埃贝尔派、拿破仑派等各方势力纷纷登场，整个法国在政治上并没有完成统一与和解。资产阶级和封建贵族、资产阶级内部不同派别的长期斗争，加之内外战争的扰乱使得法国错过了工业发展最有利时期，战争的消耗使得国家财富不能用于经济生产领域，到 1815 年法国的财政已经濒临崩溃。

总之，基于强大市场力量成长起来的英国资产阶级率先完成了政治制度革命，掌握国家最高政权的议会受资产阶级控制并以维护资产阶级利益为执政方略，各阶层资产阶级为了自身利益对于技术创新和工业投资抱有极大的热情，大量社会资本能够顺利流入新兴技术产业，同时政治的稳定又为英国的技术革新提供了良好的环境。与英国相对应，在 18 世纪欧陆大国大部分处于传统的封建君主制度之下，旧制度和旧的社会关系贯穿了整个 18 世纪并一直延续到 19 世纪中期的大部分时光。这些国家或是如西班牙、葡萄牙、奥地利、俄国，其国内封建势力长期掌握国家社会权力，死守旧制度不放，造成政治制度模式和社会结构从根本上不适应工业技术发展要求，封建贵族阶级基于利益考量强烈抵制新兴技术产业的发展；或是如法国，陷入了长期的阶级对立和权力争夺引发的国内外战争之中，无法稳定有效地发展工业技术；或是相互勾结建立维护君主政体的“神圣同盟”，共同镇压革命运动而力图延续旧制度，这些都成为欧陆国家技术创新和工业发展的重重阻碍。

五、经济制度改革保障技术创新和产业投资

制度环境的改善会鼓励创新，没有所有权的确认和付诸实施，便没有

人会为社会利益而拿私人财产冒险。[①] 经济和市场的发展带动的经济制度的变革是引发英国发明创造热潮的重要诱因。在经济制度改革中，对于技术发明和创新最重要的当属产权制度和专利制度。通过长期努力，英国建立的产权制度和专利制度保障了公民的所有产权，明晰和扩大了公民的产权范围，增加了发明家和企业家的安全感和预期收益的清晰度，激发了社会、企业、个人投身于技术发明创新和产业投资的热情。总之，英国经济制度改革产生的保障和激励机制为发明家和企业家进行技术创新和新产业投资提供了比其他国家都光明的前景。

（一）产权制度改革

18 世纪之前，英国的产权制度与欧陆国家一样僵化、教条且界定不清，延续传统和固守稳定的产权制度且不鼓励效率和创新，给那些试图将资源分配到更具创新性领域的人们带来了困扰。例如，拥有合法遗产的人既不能抵押，也不能租赁，还不能出售他们控制下的大部分土地，持有人不能移除树木和建筑物、开采矿物以及将可耕地变为牧场；拥有多种使用产权的人只能将财产转让给特定的人或当地社区的成员，既不能以新的方式利用资源，也不能改善基础设施，除非与所有其他拥有利益的各方达成协议；乡村土地集体决策和集体权利更是阻碍着新技术的采用和将土地转化为新用途的投资。英国前工业时代的产权制度也禁止地方提供公共物品，特别是那些超出传统社区范围或商业和城市扩张所必需的公共物品，大多数情况下产权制度重视传统和稳定，而不是创新和灵活性。[②]

光荣革命之后特别是进入 18 世纪后，英国开始出台法律重新调整和界定产权，不断适应新的经济发展需求。这一阶段主要的产权法律法规有：第一，财产法案（Estate Acts）。这一法案澄清了允许的交易范围和有关当事人的权利，取消了诸多对财产用途的限制，批准了以前被定居点禁止的行为，例如，出售、抵押财产，租赁土地，砍伐木材，开采矿石和矿物，由此扩大了个人和家庭拥有的产权权利范围。第二，法定机构法案（Statutory Authority Acts）。该法案创建了新的机构负责建设、运营和维护基础设

---

① ［美］道格拉斯·诺斯、罗伯特·托马斯著，厉以平、蔡磊译：《西方世界的兴起》，华夏出版社 2009 年版，第 6—7、220 页。

② Dan Bogart, Gary Richardson, “Property Rights and Parliament in Industrializing Britain,” The Journal of Law and Economic, Vol. 54, No. 2, 2011, p. 242.

施和公共服务，同时明确了政府的征用权涵盖的范围，法定当局获得了收取通行费、征税、发债和购买土地等新的权利，如《收费公路法》授权经营收费公路的信托机构向道路使用者征收通行费，有利于扩大和投资基础设施的建设。第三，圈地法案（Enclosure Acts）。圈地法案重组了土地产权，解散了集体管理的公共村田，将公共资源的集体所有权改为特定地块的个人所有权，并将乡村机构的集体管理制改为个人财产的个人管理制，有利于农场主投入资金改良和采用新技术以提高生产效率。圈地法案还将通常持有的农业用地转为新的用途，例如，在不断增长的城镇附近建造住房和车间，所有这些产权制度的改革都体现了公众重组权利和重新分配资源用于新用途的愿望。①

到了工业革命前夕，英国的产权制度为经济增长和技术创新提供了一个适宜的环境。产权制度的变革界定了公民的产权范围，保障了公民的产权权利，明晰的产权制度既有利于政府进行基础建设，也有利于公民和企业将自己的各类资产投资于新经济部门和发明创造，为英国的工业革命和技术创新奠定了基础。而同期的欧陆国家相比英国未能很好地保护和界定个人产权，在技术创新和工业投资方面受到更多的制约和掣肘，自然在技术创新赋能上相较英国略逊一筹。

（二）专利制度改进

创新和发明在某种意义上是创新主体追求自身利益最大化的行为，只有在创新中获取相应的收益和激励，社会才会形成普遍性、持续性的创新环境。对于创新主体来讲，对其发明创造成果的有效保护是其获取创新收益的前提和继续进行创新投入的动力。诺斯认为，人类社会过去之所以技术发展缓慢，其原因就在于创新成果缺乏制度保障，很容易被毫无代价的模仿，致使发明者不能得到任何报酬而不愿从事创新。② 专利即发明者或专利受让人关于某种发明受到政府和法律保护的排他性权利，专利制度的建立能够使得发明得到有效保护，也“只有在专利制度下，鼓励技术变革

---

① Dan Bogart, Gary Richardson, “Property Rights and Parliament in Industrializing Britain,” The Journal of Law and Economic, Vol. 54, No. 2, 2011, p. 243, pp. 245 – 248.

② ［美］道格拉斯·诺斯著，厉以平译：《经济史上的结构和变革》，商务印书馆 1992 年版，第 186 页。

和将创新的私人收益提高到社会收益率的一整套激励机制才能形成”。①

1. 最早颁布专利法案，保护专利所有

英国的专利制度来源于君主以“特许权”的形式授予特定人以土地、荣誉、自由、专营等赏赐和特权，几经发展和斗争到了1624年英国议会通过垄断法案（Statute of Monopolies），成为世界上第一部具有现代意义的专利保护法案。该法案一共14条，其中第一条规定“任何之前授予的垄断和特权非法”，第二条规定“任何垄断都需由法院裁决”，由此打击和限制王室随意授予的垄断特权的权力。第六条规定“任何形式的新制成品真正和第一发明人拥有在国内独占地运用或制造新产品的方法不超过14年的特权，其他人在发出专利和授权书时不得使用”。这一条款在法律上明确了发明人专利权的合法性，同时该法令细致严谨，第一，专利法要求专利享有的主体必须是新产品真正的第一个发明人；第二，专利发明必须是尚未出现的新产品；第三，发明人的专利权为独占性的运用该新产品的生产方法；第四，发明人的专利期限为14年以内。② 该条款认定了获取专利的前提必须是对新产品的发明，且只能是第一位发明人享有资格，因此无论是什么身份和阶层，只要能真正发明新产品都有资格享有专利独占权。垄断法案打破了王权在创造专利上的垄断特权，在法律上创造了一个鼓励任何真正创新的专利制度，激发了英国民众对于发明创造的热情。③ 最终，垄断法案既抑制了封建特权垄断以促进竞争，又给新发明者以专利来激励技术创新，达到了竞争与创新之间的协调。

2. 构建专利制度，完善专利管理

英国在建立和完善专利制度方面走在世界前列，完善的专利制度为英国专利的申请和保护提供了保障。虽然通过了垄断法案，但英国整个专利体系仍处于起步阶段，很多专利的申请、批复、说明、纠纷等方面仍存在诸多问题和不便，为此，英国在其后的时间内不断地建构和完善专利体系。第一，简化申请批复流程。专利制度建立之初申请流程极为复杂，要经过国务大臣、掌玺大臣、国王、大法官等不同部门人员的审核与批准，

① ［美］道格拉斯·诺斯著，厉以平译：《经济史上的结构和变革》，商务印书馆1992年版，第187页。

② 杨利华：《英国〈垄断法〉与现代专利法的关系探析》，《知识产权》2010年第4期，第81页。

③ ［美］道格拉斯·诺斯、罗伯特·托马斯著，厉以平、蔡磊译：《西方世界的兴起》，华夏出版社2009年版，第212—217页。

经过漫长的文件传递和盖章过程，同时专利申请费高昂，仅法定收费就达70 英镑，再加上其他费用，一般一项专利的申请费有 120 英镑之多。繁琐的过程、漫长的时间、高昂的费用阻碍了专利的申请，为此英国不断进行专利管理制度改革，最终在 1852 年通过垄断法案修正案并设立了英国专利局，由专利局全权负责专利的申请审查，大大简化了申请流程、削减了相关费用，使得更多的专利得以申请通过。第二，扩大专利涵盖范围，保护更多发明创新。例如，1839 年通过的《外观设计版权法》和《外观设计登记法》将专利的保护范围扩大到产品的外观和形状，使得专利保护认定更为细致。据统计，在 1750—1850 年英国一共通过了 47 部有关专利的私人法案[①]，不断更新和调整垄断法案以适应各类创新的需求。第三，建立专利说明书制度。专利的本质是为了公开发明和保护创新，专利说明书就是用来阐述发明内容的文件，有利于专利管理的规范化。一开始发明者害怕技术泄露而不愿撰写说明书，英国通过法律上的规定和经济上的奖励等多种措施提高专利说明书比例，1778 年英国法院的一项判决首次要求专利授权的条件为申请书必须有着详尽的说明书以使相关技术人员能够便利理解。[②] 之后，经过几十年的发展，到垄断法案修正案通过后，英国要求任何专利申请必须提交说明，给每项专利以专利编号并专门成立了说明书办公室负责说明书的出版发行工作。英国的专利制度即是如此不断地成长和完善，也正是长期不断的累积使得英国建立了当时最为完善、最能保护和激励发明创造的专利制度。

消除了封建垄断特权，保障了发明人的权利且不断完善的专利制度激发了英国各个阶层人士的创新热情，各类发明创造如雨后春笋般层出不穷，出现了发明创新的高峰期。从统计数据来看，在工业革命期间英国颁布专利数量增长迅猛，1760 年专利颁布数为 12 项，到了 1769 年增加为 36 项，再到 1792 年达到 87 项，至 1825 年英国年颁布专利有 250 项之多，仅从 1760 年到 1825 年短短 65 年间专利的颁布数量就增长了 20 倍。[③] 根据哈罗德・欧文・达顿的统计，1750—1850 年 100 年间英格兰共有 13227 项专

① 张南：《英国工业革命中专利法的演进及其对我国的启示》，《当代法学》2019 年第 6 期，第 119 页。

② Christine Macleod, "Inventing the Industrial Revolution—The English Patent System, 1660 - 1800," Cambridge University Press, 1988, p. 49.

③ ［美］查尔斯・P. 金德尔伯格著，高祖贵译：《世界经济霸权 1500—1900》，商务印书馆 2003 年版，第 210 页。

利被授权。[①] 英国逐渐成为当时世界的发明与创新的中心、各国发明家和创新者的乐土，各类行业的新发明、新发现、新工艺在英国层出不穷。

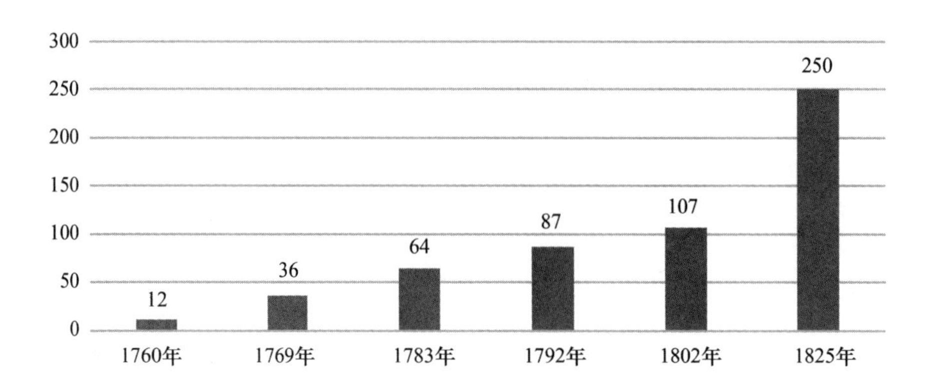

图3－7　1760—1825年英国专利颁布数量

资料来源：Ashton，T. S.，“The Industrial Revolution，1760－1830，” Oxford University Press，1948，pp. 90－91。

英国的实业家和发明家在有利的制度环境下竞相投身于新技术的发明和新产业的发展当中，带动英国在工业竞争中一马当先，在技术发明、商品制造、经济增长等方面将欧洲大陆国家甩在了身后。工业革命期间的无数重大创新和发明闪耀于世的背后都有着专利制度的身影，理查德·阿克莱特于1768年发明水力驱动的卷轴纺纱机并在1769年获得专利，随后他于1771年创办了自己的棉纺织企业并用自己发明的纺织机进行生产，而其他竞争企业若想使用水力纺织机必须缴纳专利费，逐渐地，理查德·阿克莱特的财富越积越多成为当时专利制度下的工业资本家，并于1786年获得爵士称号。詹姆斯·瓦特于1769年第一次获得其发明的蒸汽机专利，在此之前的几年里他忍受着生活和经济的压力进行反复实验，为了保护其发明，詹姆斯·瓦特向议会提交了《火力蒸汽机专利法案》，请求延长专利保护时间，1775年英国议会通过决议授予詹姆斯·瓦特及其执行人25年内制造上述蒸汽机的唯一特权。[②] 詹姆斯·瓦特给其父亲的信中写道：“在

① Harold Irvin Dutton，“The Patent System and Inventive Activity during the Industrial revolution 1750—1852，” Manchester University Press，1984，p. 1.

② Phillip Johnson，“Parliament，Inventions and Patents：A Research Guide and Bibliography，” Routledge，2018，p. 229.

一系列各种各样的强烈反对之后，我最终获得了在接下来 25 年内在整个英国及其海外殖民地中持有我的新火力机车专利的议会法案，我希望它能够给我带来好处。”① 从詹姆斯·瓦特的专利申请中，可以看到他对专利的重视和对于回报的期望，最终大量的蒸汽机订单带来的利润也给瓦特的艰苦发明带来了回报。假如没有专利制度的保护，理查德·阿克莱特可能仍是个理发匠而不会成为大工业家，詹姆斯·瓦特的蒸汽机也不会使其获得财富，他也不会继续改进和提高蒸汽机的效率。恰恰是在专利制度保护下，发明者获取的成就、荣誉和收益才激励了更多的英国人投身于发明创造之中，使得英国成为工业革命的创新中心。

六、贸易保护主义和殖民政策助力工业赋能

除了市场需求刺激和政治经济制度的保障之外，顺应新兴经济发展的政府政策在英国工业技术崛起之路上也起着不可忽视的作用。虽然这一时期英国工业发展整体上是以市场为基础的自发成长为主，但英国政府的贸易保护主义和全球殖民战略在客观上为英国的技术发展和工业成长创造了条件。

（一）贸易保护主义政策

17—18 世纪中期，英国奉行“管的最少的政府是最好的政府”的自由放任式政府管理方式，但不代表英国政府没有对本国工业化的发展进行扶植和护航。工业资产阶级革命掌握国家政权，能够左右政策，制定执行保护和服务本国工业发展的相关政策。为了保护本国国内市场和本土工业发展，英国积极实施贸易保护主义政策以减少他国产品对本国市场的侵占，打击和削弱竞争国家的市场和贸易，给本国工业创造成长空间。以纺织业和纺织技术发展为例，17 世纪末到 18 世纪初，印度生产的廉价棉布占据着绝大部分英国市场，遭到英国纺织业的反对，为此英国议会在 1700—1721 年颁布的《印花棉布法案》中禁止进口印度产棉布的以保护本国纺织业发展。芒图认为，没有比说英国棉纱制造业在国外竞争面前没有得到任

① ［美］德隆·阿西莫格鲁、詹姆斯·A. 罗宾逊著，李增刚译：《国家为什么会失败》，湖南科学技术出版社 2015 年版，第 74 页。

何保护就成长起来更不准确的说法了，无论从哪里进口印度棉纱都被禁止，导致英国棉纱制造者垄断了国内市场，而且英国政府还采取措施帮助他们获取海外市场。[①]到了19世纪初，英国的棉纺几乎都是在现代工厂中以机器进行生产的，纺织机以水力和蒸汽机作为动力，棉纱的价格已经下降到原来价格的1/20左右，最便宜的印度劳动力在质量上和数量上都无法同英国的骡机和画眉鸟纺织机进行竞争。[②] 19世纪前20年，英国凭借着政策摧毁了印度的棉纺织业，使得英国对印度从纯进口国变成了出口国，完成了纺织业的进口替代和技术发展迭代。另外英国还出台法令（乔治三世第21年40号法令、乔治三世第23年421号法令）严厉禁止机器出口，以防止其他国家获得先进技术与英国开展工业竞争。为防止技术流失，直到1825年英国都禁止本国工匠迁居国外。在海外贸易方面英国也执行贸易保护主义以辅助本国工商业发展，在海洋运输方面荷兰一直是以“海上马车夫”自居，1670年，荷兰商船总吨位数为56.8万吨，超过了法国、英格兰、苏格兰、神圣罗马帝国、西班牙和葡萄牙的总和。[③] 英国议会于1651年、1660年、1696年通过《航海条例》，强制性要求往来英国殖民地的贸易必须由英国船舶承担，所有的殖民地出口产品只能运往英国港口，同时，殖民地所有的进口产品也必须经由英国港口转运，通过贸易禁令等保护手段为本土产业的发展营造了充足的成长空间。

贸易保护主义并非当时英国所独有的政策，欧陆大国也普遍实行贸易保护主义和重商主义，通过采取限制、保护、奖励等方式最大限度地保护本国的商品市场并打压竞争对手的商品贸易，以期实现贸易顺差的最大化。但英国的独特之处在于这种保护主义与上述激励技术创新的举措相结合，最终有利于本国的技术革新和现代工业的成长，贸易保护的目的不像西班牙、葡萄牙等国是为了特定阶层的垄断经营和利润获取，也不像荷兰的国家政策被金融利益集团所控制而未围绕增加工业能力的方向而进行。总之，贸易保护主义政策使得英国的本土工业能够在受到政策保护的环境下成长，给本国技术革新和工业成长创造了条件，而当19世纪英国的工业

① Mantoux P.，“The Industrial In the Eighteenth Century,” Jonathan Cape，1928，pp. 262－264.

② H. J. Habakkuk，M. Postan，“The Cambridge Economic History of Europe，Volume VI，The Industrial Revolutions and After：Incomes，Population and Technological Change,” Cambridge University Press，1978，p. 275.

③ ［英］蒂莫西·布朗宁著，吴畋译：《追逐荣耀：1648—1815》，中信出版集团2018年版，第120页。

生产能力冠绝全球、国家实力完全领先竞争对手时，英国为了实现更大利益便将保护主义政策调整为“自由贸易”，此时英国的经济优势和工业优势保证了其在国际竞争中能够立于不败之地，开展国际自由贸易自然成为实现英国利益最大化的战略。

（二）全球殖民政策

全球殖民政策为英国工业化深入发展提供充足的原料供给和广阔的市场空间，进一步刺激英国工业技术的革新和工业能力的提高。虽然这一时期欧洲国家都执行殖民政策，但没有任何一个国家比英国更注重殖民活动的经济含义，英国的殖民政策并不以领土扩张为最终目标，而是通过海外殖民地扩张辅助工业帝国的建立。对英国来说，最具潜力的市场既不是本土市场，也不是与其存在竞争关系的欧洲市场，欧陆国家基于民族主义和贸易保护主义越来越对英国的商品进口产生敌意，英国将目光放在了远洋以外的广阔世界，在北美、非洲、印度、东亚积极开发更为广袤的全球商品市场。

英国的对外殖民扩张自地理大发现之后便开始，早期英国的殖民扩张以政府授予垄断权的民间商人和王室贵族组成的贸易公司的方式进行，但此时由于西班牙和葡萄牙两个海上霸主率先占据了南美洲等地区，英国将目标锁定在了较少受到关注的北美洲东海岸。1607 年英国在北美大陆弗吉尼亚建立了第一个永久性殖民地“詹姆斯顿”[①]，到 1733 年英国在北美建立了 13 个殖民地。占领北美的同时，英国在东方的印度建立了几个商站及办事处，1644 年英国在冈比亚的詹姆斯堡建立了非洲第一个永久殖民地，为后续的进一步扩张准备了条件。经过 1756—1763 年的七年战争，英国摧毁了法国与西班牙的海上力量，通过《巴黎条约》获得法国在北美、西印度群岛、非洲及印度的几乎所有殖民地，英国从此在占有海外殖民地上处于领先地位，丘吉尔称此时“英国在欧洲之外成为海上和陆上的主人”。在此之后，英国“不再仅仅是一个欧洲强国，而是突然高耸于其他欧洲国家之上”[②]，逐渐形成海外殖民帝国。七年战争后，随着工业革命的开展英国亟需大量的工业原料和商品市场，在强大的海军配合之下进一步在全球

① 姜守明：《从民族国家走向帝国之路：近代早期英国海外殖民扩张研究》，南京师范大学出版社 2000 年版，第 6 页。

② L. S. Stavrianos, “The World Since 1500: A Global History,” Prentice - Hall, 1971, p. 140.

拓展其殖民势力范围。经过长期的暴力征服扩张，英国的殖民地最顶峰时期涵盖了除南极洲以外的世界各大洲大洋，在全球24个时区都有英国的殖民地，太阳在任何时候都不会在英国所属的领地上空落下，因此，号称“日不落帝国”。英国的殖民地主要包括北美大陆加拿大和北美十三州在内的大部分，加勒比海的西印度群岛，南美洲的圭亚那和马尔维纳斯群岛，南亚整个印度，东南亚的缅甸、新加坡、文莱等，大洋洲的澳大利亚、新西兰等，中东地区的科威特、巴林、伊拉克、卡塔尔，非洲大陆的埃及、索马里、肯尼亚、南非、尼日利亚等大部分地区以及无数岛屿。

殖民扩张战略的成功对英国的工业化发展和工业优势的维持具有重要意义。首先，海外需求的持续高速攀升给生产端猛然增加了沉重的压力，使得企业劳动力等生产成本迅速上升，从而扩大了对技术进步的刺激。[①] 以纺织业为例，19 世纪拉美地区成为了英国最重要的棉纺织品出口市场，19 世纪中期英国对拉美地区棉纺织品出口占其总出口的35%，东印度群岛也是英国纺织品出口的重点区域，到 1850 年该地区对英国棉纺织品的吸纳占了全部总额的31%。19 世纪中后期，英国又开拓了中国这个庞大的商品市场，1840 年英国对华货物出口总值为52.4 万英镑，仅仅10 年时间就迅速飙升到1851 年的216 万英镑，而到了1860 年时已经发展到惊人的531.8 万英镑，20 年时间英国对华出口提高了 10 倍。[②] 面对庞大的殖民市场需求，英国企业也只有采取更先进的生产技术才能得以提高效率满足全球市场需求。其次，广阔的海外市场使得英国工业发展能够稳步维持高速增长状态，减轻竞争国家的排挤打压。由于欧洲竞争者的保护性市场政策，英国在欧洲的商品市场受到制约，18 世纪初，英国 4/5 的出口对象在欧洲，而到了 18 世纪末，英国对欧洲的出口仅占总出口的 1/5，虽然英国的欧洲市场受到限制，但英国在北美、西印度等地区的贸易则形成本质上的封闭体系，竞争者被严格地排除在外。[③] 广阔的海外市场使得英国即便面对欧陆国家的保护性关税难以扩大欧洲市场时，也能够通过海外市场继续赢得利润和持续推进工业化。在英法竞争中，经过 1786 年英法商约签订短暂的

---

① ［英］H. J. 哈巴库克，M. M. 波斯坦著、王春法、张伟、赵海波译：《剑桥欧洲经济史》第 6 卷，经济科学出版社 2002 年版，第 273 页。

② 严中平：《中国棉纺织史稿》，科学出版社 1955 年版，第 62 页。

③ Deane，Phyllis & Cole，W. A.，“British Economic Grows，1688 – 1959，” Cambridge University Press，1967，p. 86.

市场开放后，法国在 1791 年就恢复了贸易保护政策，1793 年法国航海条例再次确认贸易保护政策，1798 年进一步禁止运送英国商品的中立国船只停靠法国，而到了拿破仑时期，基于“大陆封锁政策”发布的“柏林敕令”和“米兰敕令”对英国的封锁达到了极为严苛的程度。但拥有着广阔的海外殖民地的英国能够源源不断地获取工业原料和进行商品贸易，就如阿尔弗雷德·马汉所言，拿破仑的权力“遇到海洋时就像某些男巫的权力那样立刻终止了”①，在英国环绕全球的殖民霸权和海洋霸权面前，法国的封锁政策最终沦为泡影。凭借着全球扩张战略获得的海外殖民范围和市场的优势，英国能够保证其工业发展所需的原料资源和出口市场的稳定，反过来进一步促进英国工业技术能力的提升。

第四节　技术赋能与英国实力优势转化

一、技术赋能推动农业发展，奠定强国基础

英国在 1760—1880 年经历了一场农业革命，诸类先进技术的应用使得英国的农业和畜牧业得以迅速发展，成为欧洲农业生产效率最高的国家。充足的粮食供给减少了进口依赖，降低了食品价格，保障了粮食安全，带动了英国人口的飞速增长；农业生产效率的提升解放了大量农村劳动人口，为英国工业革命和工厂工业的发展提供了充足的劳动力供应；农业发展带来的人口增长和农业资本积累又为工业发展提供了大量资本和广阔的需求市场，这些都为英国的大国崛起打下坚实的基础。这一时期英国的先进农业技术主要表现在生产技术革新、机械运用和耕作制度改革三个方面。

（一）农业生产技术的革新

农业生产技术的革新是推动英国农牧业发展的一大原因。首先，英国农业生产技术革新表现为化肥的利用和土壤的改造。这一时期，除了利用

---

① Mahan Capt. Alfred T. , “The Influence of Sea Power upon the French Revolution and Empire, 1793 - 1812, 2 vols,” Sampson Low, Marston, 1893, p. 279.

人畜有机肥、石灰、煤炭、垃圾等传统肥料提高土地的肥力之外，英国比其他国家更早地大规模使用人工肥料。英国的约翰·劳威斯发明了用骨头生产磷酸盐的方法，另外，英国还从秘鲁沿海的钦查群岛大量的进口富含硝酸盐的鸟粪，从智利进口硝酸钾类矿石作为肥料应用于农业生产。在19世纪40年代仅仅几年中，英国进口的秘鲁鸟粪就从零暴增至20万吨。施加化肥虽然提高了种植成本，但化肥的使用也带来了高回报和高产量。其次，部分农具的改进。农具的改进以耕犁为主，经过改进的耕犁在结构和样式上都得以优化，如长柄镰刀的发明使用代替了短把镰刀为农作效率的提高做出了贡献。最后，排水技术的进步。为了使淤泥洼地能够适宜耕种，英国利用了先进的管道排水系统进行土壤改造，1843年圆形排水管的发明进一步便利了洼地排水，地下排水系统的广泛推广使得大量烂泥土壤得以改造，农耕土地面积大大增加，总之，一系列革新使得原有低产或者荒芜的土地的耕种成为可能。[①] 另外，这一时期英国还成立了皇家农学会（1838年）、洛桑实验室（1843年）、鲁塞姆斯丹实验站（1843年）、皇家兽医外科医院（1844年）、西棱斯特皇家农学院（1845年）等农业科研院所为英国的农业发展提供科学技术支持。

在牧业生产技术方面，英国主要采用化肥和育种技术来提高畜牧业发展。18世纪末期，英国部分农场已经通过利用有机肥、石灰、钾肥等提高牧草的质量以促进畜牧业的发展。在牧业育种技术方面，英国走在世界前列，罗伯特·贝克威尔在1745年开始绵羊的育种实验，通过确定纯种羊、挑选种羊、培育繁殖，罗伯特·贝克威尔培育出一种叫做“纽莱斯特”的良种绵羊，该品种羊具有成长快、产肉多的特点，进一步提高了牧业的经济效益。[②]

（二）农业机械的利用

机器和机械的应用是促进近代农业生产进步的最重要技术因素，作为率先开展工业革命的国家，英国在农业机械化方面走在世界前列。这一时期英国的农业机械发明和应用主要有播种机、脱粒机、排水泵、扎束机以及收割机。而随着工业革命的开展和蒸汽动力的发明，蒸汽动力机械在农

---

① Chamber, J. D., “Industrialization as a Factor in Economic Growth in England, 1700 – 1900,” First International Conference of Economic History, Aug. 1960, Paris & La Haye: Mouton, 1960, p. 21.

② 杨杰：《英国农业革命与农业生产技术的变革》，《世界历史》1996年第5期，第14页。

业生产中的优势大大凸显，非畜力的牵引机在农业劳动中带来革命性效果。在传统的牛耕情况下，每头牛每天可以耕地 4000 平方米，采用马匹耕地每天可以耕地 5000—6000 平方米，使用了蒸汽动力牵引的耕地机每天可以耕种 50000 平方米，效率提高了 10 倍之多。[①] 英国早期农业机械化生产主要集中于英格兰北部的兰开夏郡、约克郡、德比郡以及柴郡，虽然这一时期由于购买成本高昂以及农业机械的成熟度较低等问题致使农业机械化的程度并不高，但机器机械的应用带来的生产效率提升仍为英国的农业发展起到不少促进作用。

（三）诺福克轮作制度

轮作制度的改进在英国农业产量的提高中发挥着重要作用。为保证土地肥力，欧洲绝大部分地区的耕作制度以两圃制和三圃制轮作休耕为主，这种轮耕制度导致必然会有一定的土地每两年或三年休耕一次而不能进行生产，土地的休耕限制了农业生产导致粮食总产量低下。为了突破休耕的限制，英格兰地区发明了诺福克轮作制，其特点是重点种植饲料作物并且没有休耕年，诺福克轮作制采用四圃式轮作，将耕地划分为四个部分，分别按顺序轮作种植不同类型的农作物，一般第一区种小麦，第二区种萝卜，然后是大麦，第三区种三叶草和黑麦草，在第四区将三叶草和黑麦草切成饲料，萝卜在冬天被用来喂养牛和羊。这种耕作制度不仅避免了休耕、增加了耕种面积，又能利用种植的饲料作物进行牲畜养殖，牲畜的粪便又提高了土壤肥力，形成一种良性农业生产循环。新的耕作制度在英国广泛传播，逐渐消灭了休耕，在欧洲大陆的神圣罗马帝国、法国、意大利也开始逐渐取消休耕，但受到封建土地所有制以及敞田共同放牧权等影响，低效的轮作制仍在延续，甚至到了 1840 年法国进行第一次农业普查时仍有 27% 的土地在进行休耕。[②]

---

① ［意］卡洛·M. 奇波拉著，吴良健、刘漠云、壬林、何亦文等译：《欧洲经济史》第 3 卷，商务印书馆 1989 年版，第 373 页。

② ［英］蒂莫西·布朗宁著，吴畋译：《追逐荣耀：1648—1815》，中信出版集团 2018 年版，第 187 页。

表3-3 欧洲大国农业发展水平指标

（100=每位农业男工每年净生产一千万卡植物性热量）

年份	英国	法国	德国	俄国	西班牙	意大利
1810年	140	70	——	——	——	——
1840年	175	115	75	70	——	40
1860年	200	145	105	75	110	50

资料来源：［意］卡洛·M. 奇波拉著，吴良健、刘漠云、壬林、何亦文等译：《欧洲经济史》第3卷，商务印书馆1989年版，第379页。

农业生产技术的提高和交通运输的进步带来了粮食产量增加和价格下降，充足的粮食供应保障了英国的粮食安全并加速了英国人口的增长，不仅为英国工业部门的扩张提供了必要的劳动力人口，而且为工业产品提供了广阔的市场需求潜力，可以说农业技术的进步带来的农业革命成为英国崛起的起点和摇篮。

首先，农业技术的进步极大地提高了英国的农牧生产能力，保障了英国的粮食供给安全。从生产效率来看，英国的小麦亩产从1750年的16蒲式耳（1蒲式耳≈36.37升）提高到1850年的28蒲式耳，技术的领先使得英国的农业生产效率远远领先于其他欧洲大国。从产量方面看，据统计，1750—1850年间英国小麦种植面积增长225%[①]，"英国的粮食总产量从1700年的3175万夸特（1夸特≈12.7千克）提高到1845年的18665万夸特，牧业方面，工业革命时期牛的数量增加22%，羊的数量增加135%，食用肉的数量从1750年的600万英担（1英担≈50.8千克）上升为1850年的1200万英担"。[②] 农业的发展提高了英国粮食的自给率，在1811—1830年，英国进口小麦只占本土消费的3%，在减少进口的同时还能在一定范围内出口以换取利润，粮食供给的安全为英国的崛起打下了坚实基础。

其次，农业技术革新带来粮食增产和人口增长，大量的人口供给恰好与英国资本主义工业发展对劳动力的需求相契合，为英国的工业扩张提供

① Holderness, B. A., "Prices, Productivity and Output," in G. E. Mingay, ed., "The Agrarian History of England and Wales Volume VI 1750—1850," Cambridge University Press, 1989, pp. 84 - 189.

② 杨杰：英国农业革命与农业生产技术的变革，《世界历史》1996年第5期，第17页。

了劳动力保障。农业生产效率提高带来了大量的粮食供给，铁路等交通运输方式的进步又使得粮食运输价格降低，这些因素共同导致英国粮价的下降。据统计，从 1833 年到 1851 年之间，英国的主要粮食中小麦价格有 11 年下降、燕麦价格有 9 年下降、大麦黑麦价格有 10 年下降，18 年间小麦价格下降了 27.25%，大麦价格下降了 34%，黑麦价格下降了 22.54%。[①] 粮食价格的平稳下跌使得普通民众能够容易获取食物供养更多家庭人口，由此为英国的人口增长提供了物质保障。农业技术的进步和过剩的劳动力使得更多的人口能够脱离土地进入新兴的工厂就业，据统计，在 18 世纪初英国大约有 75% 的劳动力从事农业生产，而到了 19 世纪中期仅仅只有 25% 的人口从事农业生产，伴随着农业生产效率的提升不断释放的大量的农业劳动力最终进入工业生产部门，使得英国在工业化初期的生产中更加具备竞争优势。

最后，农业技术进步带动的农业经济繁荣为工业起步准备了资本积累，大量的人口增长为英国工业商品提供广阔的潜在市场。农牧业率先发展产生和积累了大量的财富，在工业化发展初期，很多农场主将资本投入到新兴的工厂、矿场及交通运输业，为英国的工业发展提供了原始资本投入。同时，粮食的供给充足和价格降低带来人口大量增长，大量的人口有利于形成庞大需求市场，为英国的工业化发展提供了需求动力。

二、技术赋能引领工业繁荣，打造强国实力

率先发明研制各式先进生产设备并将之广泛应用于工业生产使得英国获得了工业实力的跃升，强力推动着英国走向强盛繁荣。在工业革命之前，英国和其他欧洲国家一样以农业为主要的经济部门，各国之间生产力处于同一水准，而到 18 世纪工业革命的开展使得英国的命运发生了转折。作为工业革命的先行者和领导者，英国率先使用和推广机器机械，机器工业迸发的惊人力量使得英国获得了傲视群雄的国家实力，在国际竞争中占据绝对优势地位。从棉纺织产量、生铁产量、煤炭使用量以及制造业份额等指标都可以看出先进技术的应用赋予英国超强的工业生产能力和国家

---

① 庄解忧：《英国工业革命时期人口的增长和分布的变化》，《厦门大学学报》1986 年第 3 期，第 92 页。

实力。

（一）纺织工业

纺织业是18—19世纪中期世界大国重要的工业部门，在世界贸易和国民经济中占据重要位置，棉纺织业的勃兴拉开了工业革命和英国崛起的序幕。纺织技术的改进几乎完全由英国人引领，1733年约翰·凯伊发明了飞梭，1765年詹姆斯·哈格里夫斯发明珍妮纺纱机，1769年理查德·阿克莱特发明水力驱动的卷轴纺纱机，1779年塞缪尔·克朗普顿发明走锭纺纱机，1825年理查德·罗伯茨发明全自动走锭纺纱机，可以说纺织技术的进步与英国纺织工业的发展同步。技术的进步对于生产效率的提升是显著而巨大的，据估算，一名纺织工人以传统的方式凭借手工生产45千克的棉纱需要耗费超过5万小时之多，到了1779年使用塞缪尔·克朗普发明的走锭纺纱机生产同等数量的棉纱需要2000小时，而10年之后的18世纪90年代利用助力走锭纺纱机仅仅只要300小时就能够完成生产，技术的进步使得纺织的效率在18世纪提高了150倍。[①] 借助强大的技术融合力，先进的织布机在英国快速铺展开来，1830年英国拥有5.5万台动力织机，到1835年已经增长至10万台左右，再到1845年英国的动力织机已经达到25万台之多，而相应的手工织机的工人数量从19世纪20年代的25万下降到19世纪40年代的6万人。

新技术的应用也大大提高了英国的纺织产量，1785年英国的棉纱产量是1760年的11倍，1827年的产量又是1785年的11倍以上，在不到70年的时间英国的棉纱产量就提高了100倍以上。棉纺量的多少能够看出一个国家的纺织工业水准和轻工业能力，从1861年代欧洲主要国家的棉纺织量来看，英国高达3100万锭，而同期的法国为550万锭，德国为223.5万锭，奥匈帝国为180万锭，荷兰只有4万锭，欧洲其他国家的纺织工业产量与英国差距悬殊极大。机械化的生产使得英国生产的棉布价格更低、质量更优、质地更均匀，英国得以迅速占领世界市场成为最大的商品供应国，为国家实力的增长积累了大量的财富。1814年起英国的棉布出口量开始超过国内销量，随着时间推移两者差距逐步拉大，海外市场成为英国棉

---

① ［英］蒂莫西·布朗宁著，吴畋译：《追逐荣耀：1648—1815》，中信出版集团2018年版，第169页。

纺织业的主要市场。1820 年英国向欧洲大陆出口棉布 1.17 亿米，到 1840 年输出到欧洲大陆的棉布为 1.83 亿米，1820 年向不包含美国的美洲、亚洲、非洲出口棉布 7300 万米，到了 1840 年增长到了 4.84 亿米之多。①

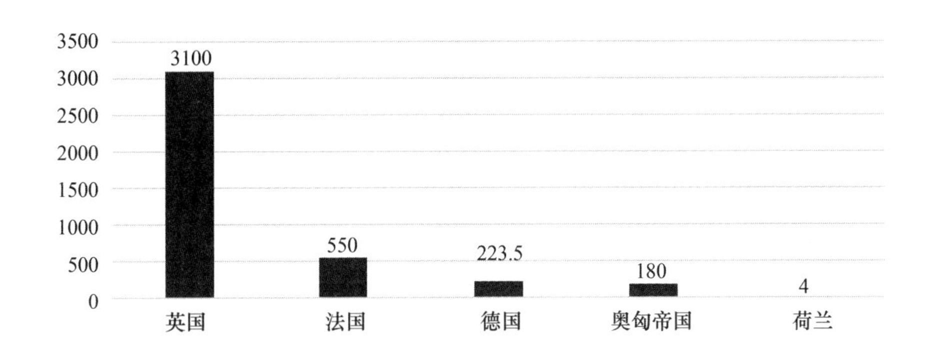

图 3－8 1861 年欧洲强国棉纺锭数量（单位：万锭）

资料来源：［英］B. R. 米切尔著，贺力平译：《帕尔格雷夫世界历史统计：欧洲卷》，经济科学出版社 2002 年版，第 536 页；［英］H. J. 哈巴库克，M. M. 波斯坦著，王春法、张伟、赵海波译：《剑桥欧洲经济史》第 6 卷，经济科学出版社 2002 年版，第 420 页。

（二）钢铁工业

钢铁作为“工业的粮食”是制造机器、兴建厂房、修建铁路、建造舰船等整个工业过程必不可少的材料，关系到国民经济的发展和国防力量的建设，是不可或缺的战略性基础工业品，钢铁的产量可以反映工业技术时期的国家生产能力。作为世界创新中心，英国率先掌握了包括焦炭冶炼、蒸汽鼓吹、搅炼法和轧制法等先进的冶炼技术。尤其是蒸汽动力鼓风机的使用，不仅使得高炉的容积大大扩充，而且冶炼厂不必选址于河流附近，使得更多的地区可以设立冶炼厂，再加之具有极大的市场需求，英国的生铁产量在当时欧洲国家中一骑绝尘。在 1750 年时英国的钢铁生产还落后于法国和瑞典，其生铁进口量是本国生产量的 2 倍，而到了 1814 年英国生铁的出口量就是其进口量的 5 倍了，到 1860 年时英国的生铁产量已经达到欧洲总产量的 60%。技术设备的领先带来冶炼能力的优势，英国最大的高炉

① ［英］理查德·埃文斯著，胡利平译：《竞逐权力：1815—1914》，中信出版集团 2018 年版，第 169 页。

在19世纪40年代每周能够熔铁120吨，平均数为90吨，与英国对比法国的高炉周平均产量不到18吨，而德国的平均产量仅有14吨。① 从1860年欧洲的生铁产量表中可以看出，英国的生铁产量远高于当时的其他欧洲大国，年产量比其他欧洲国家总产量还要多，冶金工业的优势为英国的工业化发展提供了坚实的基础，为国防力量的建设提供了有力保障。

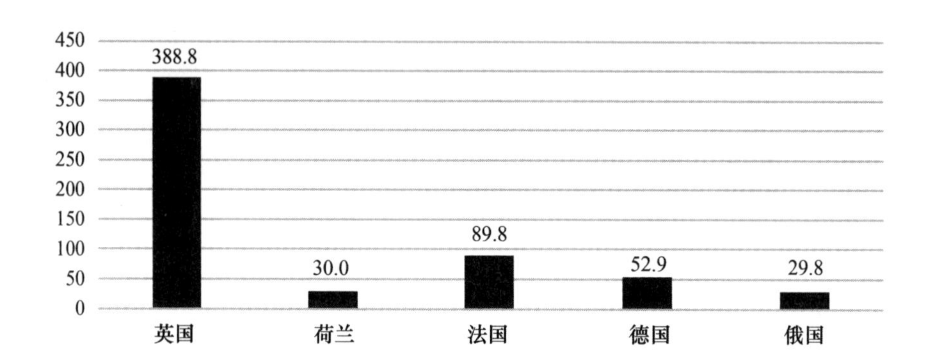

图3－9　1860年欧洲强国生铁产量（单位：万吨）

资料来源：［英］B. R. 米切尔著，贺力平译：《帕尔格雷夫世界历史统计：欧洲卷》，经济科学出版社2002年版，第478—479页。

（三）煤炭工业

作为工业重要的动力燃料，煤炭的开采能力是蒸汽工业时代衡量国家工业化实力的重要标准。英国木材大量砍伐使用导致林木匮乏，16世纪木材价格就已经极其昂贵②，而家庭和工业对能源需求的增加迫使英国较早地寻求使用煤炭作为燃料。英国能够大量产出煤炭与其先进的开采技术息息相关，随着表层煤炭开采完毕煤矿越挖越深，矿井的排水难题成为制约煤炭开采量的重要因素，蒸汽机的动力优势为英国矿井排水提供了解决方案。随着大量的蒸汽机应用于矿井排水，煤矿深采成为可能，加之英国有

① H. J. Habakkuk，M. Postan，"The Cambridge Economic History of Europe. Volume VI，The Industrial Revolutions and After：Incomes，Population and Technological Change，" Cambridge University Press，1978，p. 408.

② ［法］费尔南·布罗代尔著，施康强、顾良译：《15至18世纪的物质文明、经济和资本主义》第3卷，生活·读书·新知三联书店2002年版，第640页。

着沿海航道、内河运输以及蒸汽铁路的优势，大量的煤炭得以从矿井运输到全国各地的工厂和家庭。1815 年英国煤炭产量为 1600 万吨，1830 年煤炭产量为 3000 万吨，1846 年为 4400 万吨，其煤炭产量不仅是世界第一，而且比其他欧洲国家产量之和还要多一倍。到 1850—1854 年，英国的年均煤炭产量高达 6140 万吨，同期的德国年均煤炭产量为 650 万吨，法国为 530 万吨，比利时为 680 万吨，均远远落后于英国。1860 年英国的煤炭产量占欧洲的 67.6%，德国产量占欧洲的 13.9%，法国为 6.9%，奥地利为 2.7%，西班牙为 0.3%。[①] 充足的煤炭供应为蒸汽机的运行和钢铁的冶炼以及各类工厂提供源源不断的动力来源，能源的充足保障又进一步推动了英国的工业发展。

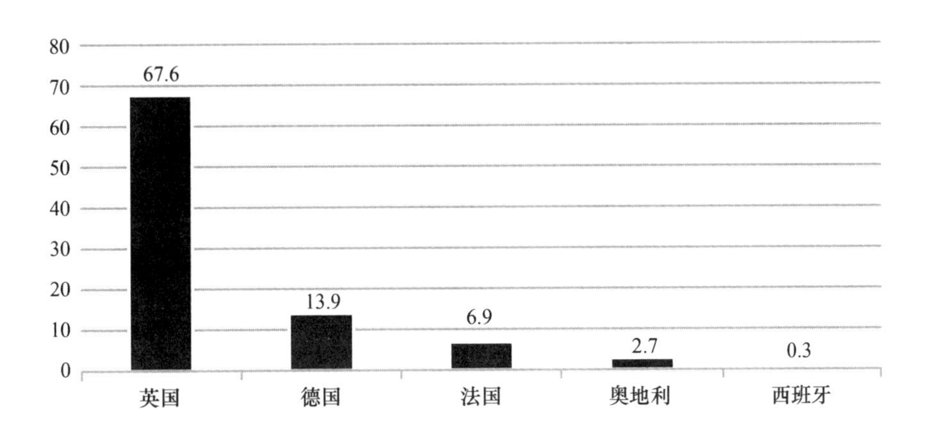

图 3－10　1860 年欧洲强国煤炭产量占比（单位：百分比）

资料来源：Broadberry S.，O'Rourke K. H.，"The Cambridge Economic History of Modern Europe，Volume 1：1700－1890，" Cambridge University Press，2010，p. 173。

（四）动力机械

蒸汽动力革命是工业技术时期技术进步的核心，蒸汽机作为代替人力、畜力和风力、水力等自然力的重要动力来源，无论是纺织机运行、煤炭采掘，还是铁路运输、汽船航行、机器制造，处处都有着蒸汽动力的身影。从蒸汽机的发明到蒸汽机的改进再到蒸汽机的制造应用规模，英国一直领先于其他国家。在蒸汽机的发明改进上，1712 年英国工程师托马斯·

---

① Broadberry S.，O'Rourke K. H.，"The Cambridge Economic History of Modern Europe，Volume 1：1700－1890，" Cambridge University Press，2010，p. 173.

纽科门发明了常压蒸汽机，在此之后英国几代工程师坚持不懈地改进技术，1769 年经过詹姆斯·瓦特改良的蒸汽机的效率逐步提高了 400%，进而推动了蒸汽机的广泛使用。蒸汽机首先应用于煤炭矿井排水和纺织动力，随着技术的不断革新，蒸汽机的体积越来越小，功率越来越大，逐渐应用于火车、轮船等更多领域。在蒸汽机的制造和应用规模上英国也是独领风骚，1800 年英国有蒸汽机 321 台，到 1825 年就增加到了 15000 台，据统计，1800—1850 年间英国的蒸汽动力应用增加了 100 倍。① 以蒸汽动力的功率计算，19 世纪中期英国拥有的所有蒸汽机动力约为 129 万马力，排名欧洲第二的法国仅仅 27 万马力，而俄国和西班牙尚未超过 10 万马力。英国不仅在蒸汽技术的研发和使用上遥遥领先，同时还向欧陆国家出口蒸汽机、蒸汽机车等先进机器设备，18 世纪欧陆国家几乎所有的蒸汽机都为英国进口，英国成为当时毫无争议的工业领先国家。

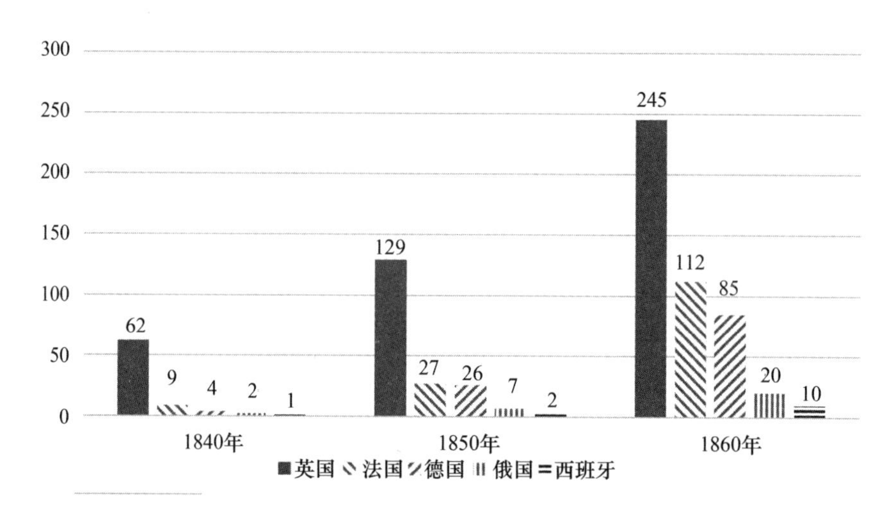

图 3－11　1840—1860 年欧洲大国拥有蒸汽机的能量（单位：万马力）

资料来源：卡洛·M. 奇波拉著，吴良健、刘漠云、壬林、何亦文等译：《欧洲经济史》第 3 卷，商务印书馆 1989 年版，第 138 页。

具备技术创新和转化优势的英国显示出其无与伦比的生产能力，无论是以纺织为代表的轻工业还是以钢铁冶炼为主的重工业都获得爆发式的增

① ［英］巴里·布赞著，刘德斌译：《世界历史中的国际体系——国际关系研究的再构建》，高等教育出版社 2004 年版，第 249 页。

长，迅速与欧洲其他竞争国家拉开差距，成为名副其实的世界工厂。经过工业革命近100年的发展，到1860年英国进入全盛时期，英国一国占据世界制造业生产额的20%，基本上等于法国、德国、意大利、俄国之和，在工业生产上独领风骚。英国生产的铁占世界总生产额的53%，生产的煤炭占世界的50%，其煤炭消耗量是德国的5倍，法国的6倍，俄国的155倍。英国以占世界2%的人口完成了世界工业生产能力的40%—60%，占有全球制成品贸易的40%。[①] 在19世纪中期英国出口的产品中有93%是工业制成品，而进口产品主要是未经加工的初级产品，并且随着工业化进程的发展，重工业、机器机械等高附加值产品的出口比重逐年提高，纺织业等轻工业产品比重逐渐降低。[②] 而此时法国的工业化进程断断续续，轻工业略有发展，农业在国民经济中仍占很大比重；德国的工业化刚刚起步；西班牙、奥地利及俄国还属于落后的农业国。再看人均工业产值方面，到了1830年，英国的人均工业产值是法国、瑞士、比利时的2倍多，是西班牙、奥地利、意大利、荷兰的3倍，在生产效率上远远地将欧陆国家甩在身后。正是先进的工业技术和强大的工业生产能力转化成的经济实力和军事实力为英国的全球殖民扩张及大国竞争提供了坚实的后盾，工业技术带来的综合国力优势使得这一岛国能够敢于面对欧洲诸强的挑战稳居世界霸权地位。

表3-4 1800—1880年主要大国占世界制造业产量份额（单位：百分比）

国家	1800	1830	1860	1880
英国	4.3	9.5	19.9	22.9
法国	4.2	5.2	7.9	7.8
德国	3.5	3.5	4.9	8.5
意大利	2.5	2.3	2.5	2.5
俄国	5.6	5.6	7.0	7.6

资料来源：[美] 保罗·肯尼迪著，陈景彪等译：《大国的兴衰：1500—2000年的经济变迁和军事冲突》，国际文化出版公司2006年版，第117页。

① [美] 保罗·肯尼迪著，陈景彪等译：《大国的兴衰：1500—2000年的经济变迁和军事冲突》，国际文化出版公司2007年版，第120页。

② [英] 理查德·埃文斯著，胡利平译：《竞逐权力：1815—1914》，中信出版集团2018年版，第374—375页。

三、技术赋能助力交通发展，通达全球运输

交通运输是国民经济和社会发展的重要基础，在国民经济中起到纽带作用。基于技术创新和技术转化优势，英国率先发明蒸汽机车并在铁路运输体系建设中保持领先地位。1804 年英国人查理·特里维西克制造了第一台蒸汽机车，1814 年乔治·史蒂芬森制造的蒸汽机车牵引八节车厢试行，1825 年英国建成世界第一条蒸汽铁路斯托克顿—达林顿铁路。解决了技术问题之后，基于煤炭运输的迫切需要和各种大宗货物及客运的运输需求，英国掀起了铁路建设热潮。经过 19 世纪 30 年代和 40 年代两轮铁路投资建设热潮，到 1850 年英国已经基本建立覆盖全国的铁路网，遥遥领先于其他欧洲大国。铁路改变了交通运输的速度，极大地提高了运输量，同时由于运输费用的降低使得英国的商品和货物更加便利地输送到各地，进一步刺激了大部件机器机械等重工业的发展，带动了英国经济的繁荣，促进了工业革命的进一步深入。

欧洲大陆的法国、俄国、德国虽然追随英国也开始建造铁路，但在技术水平、建设速度和建成里程上大大落后于英国。这些国家早期铁路的建设大多依靠英国才得以完成，英国为这些国家提供了铁路建设所需的资金、技术、人员和设备。在法国，巴黎—鲁昂铁路由英国人出资建设和运营，其使用的机车也是由全部雇佣英国工人的工厂制造的；在德国，1835 年建设的莱比锡—德累斯铁路使用的机车是由英国运送过来的，车厢设计者是英国人，其首位司机也是英国人；在比利时同样依靠英国的技术才得以完成铁路建设，著名的乔治·史蒂芬森为其制造了首批机车。从铁路出现到 19 世纪中期，英国一直保持着建成里程的优势，1850 年英国的铁路里程比法国和德国的总和还要长。

英国的竞争者不仅在铁路建设上远远落后于英国，即便是公路方面也难以满足运输要求。法国在 19 世纪 20 年代有 60% 的国道破旧不堪，且大多数公路不是碎石路，到了 19 世纪中期虽然公路里程有所增加但碎石路的里程并没有增加多少。俄国在 1831 年以前没有一条碎石公路，到 1850 年

也只有 4800 千米的碎石公路。① 在普希金的《叶甫盖尼·奥涅金》中就有着对 19 世纪二三十年代俄国交通的描述，当时俄国的道路年久失修、坑坑洼洼，春秋季节泥泞不堪，夏季尘土飞扬，冬季冰雪覆盖，交通运输极为不便。19 世纪初欧洲大陆的公路，一辆马车的速度为 9 千米每小时，在天气良好的夏天每天行程也不过 80 千米，在天气恶劣的秋冬季，道路泥泞湿滑，每天只能行进 40 千米左右，而在更多的没有道路的地区，即便是轮式车辆也难以行进，交通运输更为艰难。在同一时空下欧陆国家的牛车、马车、骡车等畜力车辆与英国先进的蒸汽机车形成鲜明对比，英国蒸汽铁路与欧陆国家的破旧公路相比，在运输速度和运输量上占据优势，进一步在工业化的进程上拉大与欧陆国家的距离。

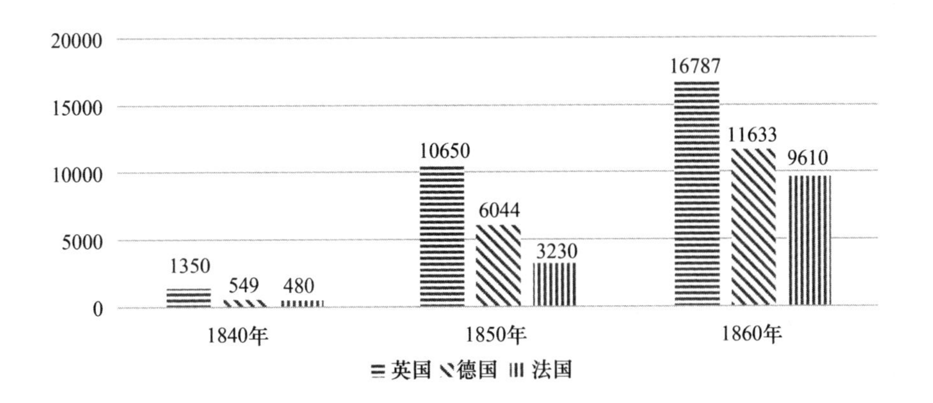

图 3－12　1840—1860 年欧洲大国铁路里程（单位：千米）

资料来源：英国国家统计局网站，http：//. statistics. gov. uk/；德国国家统计局网站，http：//www. destatis. de/e_home. htm；法国国家统计局网站，http：//www. insee. fr/en/home/home_page. asp。

在水路交通方面，蒸汽动力船只带来英国水路运输革命。随着工业革命的深入，机器生产对煤炭等大宗货物运输的需求越来越大，内河航运受水文条件影响的不稳定性和传统船只运输量较小的缺点越发明显。1788 年英国工程师威廉·赛明顿成功研制船用蒸汽机，1802 年威廉·赛明顿的蒸汽船只在福尔斯河至克莱德河之间的运河上试航成功，1812 年亨利·贝尔

① ［英］理查德·埃文斯著，胡利平译：《竞逐权力：1815—1914》，中信出版集团 2018 年版，第 188—189 页。

研制的蒸汽船试航成功，英国开始逐步使用蒸汽船只进行内河及沿海航运，1815 年在克莱德河和泰晤士河上已经有汽船进行载客运输。英国的蒸汽船只由 1814 年的 11 艘 542 吨发展到 1828 年的 38 艘 30912 吨，[①] 到 1835 年增加到 315 艘，载重量 33444 吨。[②]另外，铁制船体代替木制船体也是运输工具的进步。铁制船体相比木制船体具有坚固度高、重量轻、阻燃性好、运载量大的优点，加上英国冶铁部门能够供给大量的廉价钢铁，使得制造铁制船只比木制船只成本还要低，这些都促进了英国蒸汽铁制船只的建造和应用。到 1853 年英国建造的船只已经有 1/4 是蒸汽动力船只，而且 25% 以上是铁制船体。[③] 与铁路建设一样，在蒸汽船只建设上欧洲其他国家也被英国甩在身后，在 1815 年泰晤士河出现蒸汽船只后不久，欧洲大陆的多瑙河、黑海、里海甚至俄国的伏尔加河、第聂伯河上也出现了蒸汽船只，但这不属于普遍现象，欧陆国家蒸汽船在数量和吨位上远远少于英国，传统的风帆船只和驳船仍是主流水上运载工具，世界名画《伏尔加河上的纤夫》就反映出 19 世纪 70 年代俄国船只落后的动力系统以及纤夫们悲惨的生活。

交通领域强大的海上运输力量对英国获得大国竞争力尤为重要，海上运输是英国工业生产和海外贸易的中间桥梁，关系到英国强大的工业生产能力是否能够转化为财富收益。凭借强大的工业制造能力，英国打造了一支全球性海上运输力量，几乎垄断了世界各国和其海外殖民地之间的运输和贸易。根据数据统计，1860 年欧洲海上强国拥有的商船登记吨位中，英国为 4658 千吨，全世界 1/3 以上的商船都飘扬着英国的国旗，全球 1/4 的国际贸易商品经由英国港口进行转运，直到 1890 年英国船舶的总吨位仍超过世界其他国家的船舶吨位之总和，成为世界上最大的海运力量。强大的海运力量为英国本土源源不断地输送来自世界各地的工业原料，并将本国工业制成品通过海运送往全球各地，完成工业经济的闭环。英国超强的海

① D. H. Aldcroft and M. J. Freeman, "Transport in the Industrial Revolution," Manchester University Press, 1983, p. 101.

② H. J. Habakkuk; M. Postan, "The Cambridge Economic History of Europe. Volume VI, The Industrial Revolutions and After: Incomes, Population and Technological Change," Cambridge University Press, 1978, p. 225.

③ H. J. Habakkuk, M. Postan, "The Cambridge Economic History of Europe, Volume VI, The Industrial Revolutions and After: Incomes, Population and Technological Change," Cambridge University Press, 1978, p. 247.

运能力在战时仍能保证英国获得必要的生产资料和战争资源，这也是拿破仑在战争中难以遏制和封锁英国的重要原因。

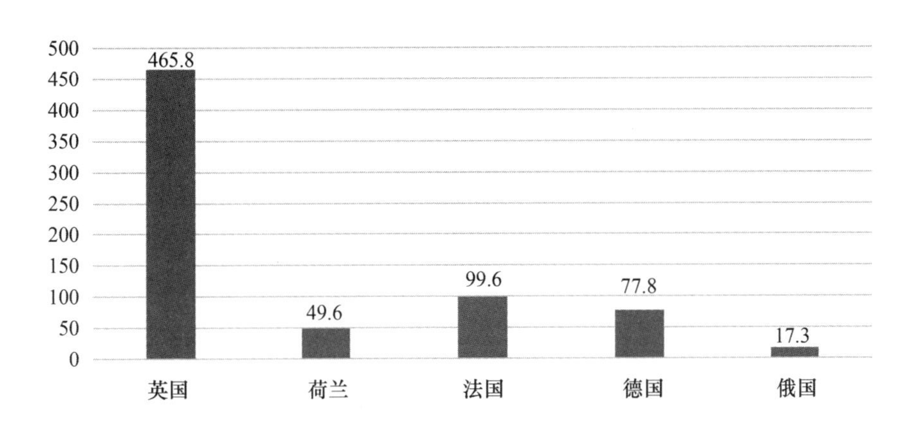

图3－13　1860年欧洲国家海上商船登记数（单位：万吨）

资料来源：［英］B. R. 米切尔著，贺力平译：《帕尔格雷夫世界历史统计：欧洲卷》，经济科学出版社2002年版，第751—754页。

四、技术赋能打造强大军力，构筑强国力量

英国崛起为世界霸权国除了有着经济技术的领先之外，也伴随着战争和血腥，17—18世纪欧洲的每一次大型战争中几乎都有英国的身影，从1756—1763年英法七年战争到美国独立战争，从组织数次反法同盟与拿破仑战争到为竞争小亚细亚与俄国进行克里米亚战争，更有数不尽的殖民地掠夺战争。强大的军事力量是英国维护本土及殖民地安全、保障全球贸易畅通、打击竞争国家赢得战争优势的坚强后盾，而先进的技术水平和强大的工业能力是这一时期英国打造和保持强大军事力量的关键。

（一）技术优势带来军事装备优势

英国独领风骚的军备力量由强大且领先的工业技术和工业能力所支撑，新兴技术使大规模生产更高精度、更大威力和更远射程的武器成为可能。第一，工业技术优势带来军事装备性能的优势。英国领先的冶金技术、机械技术与军事装备制造相结合，大大提升了英国武器性能，步枪、

火炮的性能与铸铁质量、铸造技术、镗孔精度密不可分，而英国的工业技术使其能够制造出口径更大、精度更高、耐用性更强的枪炮以及更为锋利和坚韧的刺刀。另外，英国在武器研发制造方面也领先于其他国家，例如新式子弹（圆柱锥形子弹，射击后弹丸膨胀嵌入膛线，获得更大动能转速和精度）、雷汞火帽（解决哑火问题，燧发枪每 7 发子弹一次哑火，火帽应用后降为每 200 次一次哑火）、新型火药（无烟火药，避免暴露）、来复枪（内置膛线，提高弹丸命中精度和速度）等[①]，这些军械的发明和改进也提高了英军武器的作战效能和杀伤能力。第二，工业化生产技术优势带来英国军事装备供给优势。武器生产上，英国现代化工厂车间的效率和产能远远大于传统的作坊式生产模式，使得英国在军备产量上具有优势。在当时欧洲很多国家由于生产能力低下，制造费用高昂，军事装备配备比例很低，往往几个人共用一把步枪，各种新老装备混用，装备齐全的英国军队也由此占据了装备优势。第三，工业技术优势带来武器装备标准化。枪械、火炮需要有较高的标准化才能提高射击精度和零件互换性，英国先进的工业技术水平使得其武器装备的标准化水平最高，而其他国家的武器由于标准化低更容易出现故障，战场更换维修不便贻误战机。

（二）技术优势造就海上霸权

强大的海军是掌控海权的前提条件，阿尔弗雷德·马汉认为，英国霸权的建立与强大的海上力量有着密不可分的关系。“海权具有一种无声的、持久的、使人筋疲力尽的压力。它在断绝敌人的资源的同时，保护着自己的资源……占绝对优势的英国海上力量是决定欧洲历史的一种重要因素，它使英国……建立起现在依然存在的大帝国”。[②] 同样，控制海权与获取国家财富息息相关，一如瓦尔特·拉利所言：“谁控制海洋谁就控制了贸易；谁控制了贸易谁就控制了世界的财富，进而控制世界本身。”[③] 因此，只有建立强大的海军舰队英国才能将自身的力量投射到全球各个角落，才能占据广阔的殖民地、控制重要的航线、建立关键的海上基地、护送商船的航

---

① ［美］T. N. 杜普伊著，李志兴、严瑞池、王建华等译：《武器和战争的演变》，军事科学出版社 1985 年版，第 223 页、238—240 页。

② ［美］A. T. 马汉著，安常容、成忠勤译：《海权对历史的影响 1660—1783》，解放军出版社 1998 年版，第 203 页。

③ Daniel A. Baugh, “Great Britain's Blue - water' Policy, 1689 - 1815,” International History Review, Vol. 10, No. 1, 1988, p. 33.

行，最终为大不列颠帝国的全球运行保驾护航。

作为岛国的英国极为重视自身海上力量的发展，可以说英国凭借工业革命而崛起，因海洋而兴盛，而工业技术优势在打造强大的海军舰队中发挥了重要作用。首先，技术优势使得英国率先建造更高性能和战斗力的军舰。蒸汽动力优势和钢铁冶炼优势使得英国较早地开发建造蒸汽战船和铁壳军舰，新式的军舰在航速、吨位、防御力等方面都优于欧洲大陆国家的军舰。其次，工业化生产能力和生产效率为英国建造和维持超大型舰队提供了可能。为了保持海军的优势，英国制定了以建造和维护强大海军为核心的国防战略，早在1782年就由首相谢尔本提出了“两强标准”的相关观点，1817年英国外交大臣卡斯尔雷制定了“两强标准”，即英国的海军实力要大于等于其他两个次级海军国家的力量之和，这种海军建设标准共计持续了100多年。[①] 凭借着长期重视海军建设的传统和强大的工业生产能力优势，英国打造了一支规模庞大的远洋海军，到1815年时英国的海军优势已经十分明显，英国海军拥有军舰达755艘，占据世界海军舰艇总数的一半，其军舰吨位高达60.9万吨，而同期的法国和西班牙仅为22.8万吨和5.99万吨。[②] 从海军战列舰队总吨位上看，英国在18世纪中期开始一直处于领先地位，其战列舰队总吨位基本稳定在法国、荷兰、西班牙、俄国这些海上强国之和左右，成为毫无争议的世界海军最强国。

表3-5　1750—1850年欧洲强国海军战列舰总吨位数列表（单位：万吨）

国家	1750年	1780年	1800年	1830年	1850年
英国	20.5	25.5	33	25.6	24.9
法国	9.7	19.4	13.6	12.4	10.3
荷兰	4.6	3.9	3.5	1.5	1.6
西班牙	3.5	14.8	17.6	0.8	0.3
俄国	5.3	5.6	14.5	15.2	16.6

资料来源：[英] 安德鲁·兰伯特著，郑振清、向静译：《风帆时代的海上战争》，上海人民出版社2005年版，第214页。

① 王本涛：《英国海军“两强标准”政策探析》，《近现代国际关系史研究》2018年第2期，第120页。

② Michael Duffy, “World Wide War and British Expansion, 1793 - 1815,” in P. J. Marshall, ed., “The Oxford History of British Empire, Vol. II: The Eighteenth Century,” Oxford University Press, 1998, p. 204.

最终，英国强大的海军不仅成为保障本土免遭侵犯的屏障，也使得大英帝国遍布世界的殖民地得以保护和维系，往返于各大洲的远洋贸易运输得以安全开展。在与欧洲大国竞争的过程中，强大的海军使得英国的海上生命线不至于被斩断，无数的财富、资源得以源源不断的运送到英国本土，强大的海军的存在是英国在面对至暗时刻支撑其国家不至于崩溃的最重要砝码。

（三）技术优势带来战场优势

强大工业生产能力和领先的军备优势为英军在战争中取得胜利提供了坚强的保障，英国在1750—1860年间参与的战争中赢取了绝大部分胜利，在大国战争的强强对抗中一次次展示着自身的不可挑战的实力地位。以克里米亚战争为例，作为拿破仑战争后欧洲最惨烈、最庞大的战争，参战双方的军事技术实力在很大程度上决定了战争的胜负。克里米亚战争中俄国的军事装备与英国差距很大，工业优势赋予了英国强大军备优势。在冷兵器方面，俄国士兵使用的军刀又钝又易折断，根本无法与英国通过大工业制造出来的谢菲尔德钢刀相抗衡，英军士兵的钢刀能够轻易地刺穿身穿厚重大衣的俄军士兵，而俄军的刺刀刺到敌军士兵后却会反弹回来。[①] 在枪支方面，俄军的枪支以老式燧发枪为主，精度差、装填慢，射程只有182米左右，与19世纪初拿破仑战争时期的枪支没有差别，而英军的米尼步枪刻有膛线，且配备新型的弹药，解决了前膛枪一直存在的气闭性差的问题，该枪同俄军步枪相比射速更高、威力更大、精度更准、射程更远，超过914米距离。1854年英法联军在克里米亚登陆后于阿尔马河遭遇俄军，当成排的英军进入俄军射程范围之前，英军的新式复线滑膛枪已经杀死了大批的俄军。杰弗里·帕克认为，英法联军的胜利反映出的是科技上的优势，而不是训练或纪律的出色。[②] 在火炮方面，俄国的火炮为老式的铜铸前装滑膛炮，装备的炮弹为传统的实心炮弹，射程仅600多米，而英国已经装备了爆破弹，其射击距离和杀伤范围远远大于俄军炮弹。在军舰方面，俄国的军舰主要是传统的风帆军舰，仅有的少数蒸汽动力军舰还是明轮推进式，极易遭受火炮攻击而损坏，而英国已经装备一定数量的装甲战

---

① ［英］理查德·埃文斯著，胡利平译：《竞逐权力：1815—1914》，中信出版集团2018年版，第301页。

② ［美］杰弗里·帕克著，傅景川译：《剑桥插图战争史》，山东画报出版社2004年版，第198页。

舰和众多的螺旋桨推进蒸汽风帆战舰，机动性和防御能力更强，在吨位和火力配置上俄国军舰同样也是远远落后于英国。在后勤给养方面，英国惊人的现代工业生产能力以及强大的海上交通和铁路运输实力，使得英军能够源源不断地获得装备和给养，反观俄国在1855年军火库中仅有9万支枪，缺乏现代工业的俄国装备生产速度极慢，并且此时的俄国仅有3条铁路且不通往克里米亚方向，只得依靠牛车马车进行辎重运输。其结果就是虽然俄国投入军队达120万人之巨，兵力上远多于25万人的英军和40万人的法军，但俄国仍以损失52.2万人的代价宣告失败。

五、技术赋能助力海外扩张，建立全球帝国

先进的技术创新力和大规模工业生产能力带来的军事优势、交通运输优势和产品优势使得英国能够在对外扩张中独占鳌头，建立全球性商业殖民帝国。对外殖民扩张在英国的崛起中占据重要的作用，资本主义的扩张属性和工业生产的特点都要求把殖民扩张作为推动经济发展、追逐利益的重要手段。英国的大国地位也由此与殖民地息息相关，当英国积极开拓殖民地并通过殖民地获取权力和财富时，英国的国力蒸蒸日上，当19世纪末，英国的殖民势力范围受到竞争国家的觊觎时，英国的地位随之受到挑战，随着殖民体系的瓦解英国也正式走向没落。

海外扩张首先表现为军事扩张和战争行为，因此强大的军事力量和海洋控制能力成为衡量一国海外扩张能力的重要指标。正如上文所述，在英国强大的工业能力打造下的皇家海军是18—19世纪最为强大的海上军事力量，装备先进工业技术铸造的各型武器的英军有着更强的战斗力，正是军事技术和军事装备的优势才使得英国能够打败竞争对手和殖民对象，在全球范围内建立殖民范围。在18世纪的西半球，英国建立了17块殖民地，法国建立了8块殖民地，荷兰建立了3块殖民地，英国所占殖民地不仅面积最广而且人口最多，这些地区也成为英国工业产品的倾销市场。英国的海外扩张主要表现为商贸扩张。英国海外贸易的繁荣是建立在国内制造业范围不断扩大的基础之上的。[①] 在全球贸易竞争中，同样是由于英国先进

① H. J. Habakkuk, M. Postan, "The Cambridge Economic History of Europe. Volume VI, The Industrial Revolutions and After: Incomes, Population and Technological Change," Cambridge University Press, 1978, p. 5.

和高效的工业生产能力使得其工业制成品具有成本优势、质量优势和产量优势，使得英国的商品能够较为容易地在全世界进行倾销，以此建立全球性的商业殖民帝国。工业优势下的殖民扩张和海外贸易使得英国达到了三个目的。

第一，获得了丰富且廉价的轻重工业原料，进一步推动工业生产发展。英属殖民地为英国的工业发展源源不断地输送物资，在广大殖民地英国获得了工业生产和海军建设所需的棉花、亚麻、铜、沥青、橡胶、焦油等基本原料。“加拿大的小麦和木材，澳大利亚的羊毛，印度的棉花、黄麻和茶叶，西印度群岛的蔗糖都是为英国市场生产的。”① 充足且廉价的原料通过英国庞大的海洋运输船队源源不断地运往本土，为英国机器制造业的发展提供了颇具优势的原料供给，进一步推动英国工业生产的发展。

第二，极大地增加了英国的商品贸易收益和财政收入。强大的工业生产能力带来的大量廉价制成品与广阔的海外市场相结合，使得英国的海外贸易繁荣无比，1830 年英国的对外贸易额远远超过其他大国，法国作为第二大贸易大国的出口额还不及英国的一半，荷兰仅为英国的 1/4，其他国家的贸易额与英国相比更不值得一提。② 通过殖民掠夺和海外贸易，英国的财政也越加充裕，使得英国能够更加从容地参与大国竞争和各类战争，并且能够通过扶植欧陆盟国减少本国的战争损失。18—19 世纪欧洲各种规模的战争不断，很多国家由于财政赤字严重难以维持战争，英国却有着较充足的财政使其能够支撑到最终胜利。同时，英国也愿意凭借财政实力资助盟国减轻本国的战争损失，例如，在与法国的竞争中，英国采取了财政援助的措施资助盟国同法国作战，据统计，1757—1760 年俄国每年获得英国 675.1 万英镑的财政援助，到拿破仑战争末期，英国给盟国的援助更加巨大，仅在 1813 年就高达 1100 万英镑，在整个反拿破仑战争中，英国对盟国共提供了 6500 万英镑的财政援助。③

第三，减少了对欧洲大陆市场的依赖，使得英国在与欧陆强国竞争中少受掣肘。通过占有庞大的殖民地和全球势力范围，英国的出口贸易对欧

---

① ［英］P. J. 马歇尔著，樊新志译：《剑桥插图大英帝国史》，世界知识出版社 2004 年版，第 19 页。

② ［英］J. P. T. 伯里编，中国社会科学院世界历史研究所译：《剑桥新编世界近代史（第 9 卷）：动乱年代的战争与和平》，中国社会科学出版社 1992 年版，第 64 页。

③ ［美］保罗·肯尼迪著，陈景彪等译：《大国的兴衰：1500—2000 年的经济变迁和军事冲突》，国际文化出版公司 2006 年版，第 77 页。

洲市场的依赖越来越低，非欧洲市场占英国出口的比重越来越大，英国的贸易更具全球化。据统计，1752—1754 年仅美洲就占英国制造业总出口的 25%，除去呢绒之外的其他制造业商品出口占比更是达到 50% 之多。[①] 英国对欧洲大陆的商品贸易出口额占总出口额的比重从 18 世纪初的 82% 下降到 18 世纪 70 年代的 40% 左右，英国的海外贸易中欧洲所占的比例从 18 世纪初的 74% 下降到 19 世纪初的 33%。[②] 广阔的殖民地带来稳定的原料供给和全球商品市场提升了英国的生产能力和抗打击能力，使得英国在与欧洲国家的竞争中不至于被封锁遏制，从而为最终的竞争胜利提供了物质保障。19 世纪初，拿破仑实行“大陆封锁政策”，禁止欧洲大陆与英国之间的一切商业和贸易活动，禁止任何英国及其殖民地的船只进入欧洲大陆港口，试图打击英国的经济贸易最终拖垮英国，而英国正是凭借着全球市场和广阔的殖民地分担风险从而抵抗欧洲大陆封锁。

总之，正是通过技术赋能打造的强大工业能力带来的军事战争优势、远洋运输优势和商品生产优势，使得英国能够在群雄竞争中占据最大的世界殖民势力范围，获得最为广阔的海外商品市场和稳定廉价的工业原料供给，赢取巨额的海外财富和财政收入，分摊风险保持国家韧性。最终，英国通过技术赋能优势成为独占世界贸易中心、全球生产中心和国际航运中心的无可比拟的全球性大国。

本章小结

英国在与欧陆大国的竞争中得以脱颖而出，与其强大的技术赋能力息息相关，通过技术赋能农业生产，英国实现了粮食供给安全和人口的增长；通过技术赋能工业，英国获得了强大的生产能力和制造优势；通过技术赋能交通，英国打造了全球领先的海陆运输体系；通过技术赋能军备，英国打造了一支实力超群的海陆力量，最终实现了国家实力的快速崛起，构建了遍及全球的殖民体系，成为全球生产中心和世界贸易中心。

---

① D. C. Coleman, “The Economy of England 1450 - 1750,” Oxford University Press, 1977, P. 144.

② P. J. Cain and A. G. Hopkins, “British Imperialism 1688 - 2000,” Pearson Education Ltd, 2002, pp. 89 - 90.

经济和市场在英国技术赋能优势的构建中起到关键性作用。在市场需求上，由人口增长、城市化加速、全国统一市场带来的强劲国内需求和广阔的海外市场需求，给现行的生产模式和生产技术带来了巨大的压力，不断地激励着生产主体采用更为高效的技术进行生产活动；在市场主体上，随着行会制度瓦解出现了大量为利益所驱动参与竞争的工商业主体，这些市场主体为了赢得更高的利润纷纷投入新兴产业，采取更先进的生产技术进行市场活动，使得新技术迅速铺展开来；在经济金融上，繁荣的现代金融市场不断为英国的工业技术转化注入着资金支持。同时，基于强大的市场力量，新兴起的资产阶级要求进行制度革命，新的政治制度和社会结构更加适应新兴技术发展的要求；新的经济制度如产权制和专利制等更好地保护了私人产权，激发和鼓励了人们进行发明创造的热情，引导和刺激了资本向新技术产业流动。另外，在战略和政策上，英国推行旨在保护本国工业发展的重商主义和殖民政策，为本国工业技术的成长提供必要的空间和资源。总之，英国在市场主导下已经实现了相对欧陆国家的技术创新优势、技术融合转化优势，构建了与先进技术发展特点更加契合的制度机制，由此形成了强大的技术赋能优势，通过技术赋能实现了综合国力的全面领先。

欧陆国家在技术赋能方面与英国恰好相反，在政治制度上存在封建专制的贵族统治，传统势力为了自身的利益轻视和阻挠技术革新和工业发展，甚至将工业化看做社会的堕落；在经济上存在着严格的限制经济发展的政府规章和行会管理制度，实施垄断专营并极力阻止技术革新和限制经营规模；在市场需求上欧陆国家国内外市场相对较小，没有强烈的技术革新的压力；在创新主体上欧陆国家建立和完善产权制度及专利制度较晚，不能完全激发社会和个人进行发明创造的热情；在战略上欧陆很多国家定位不清且较为短视，没有沿着服务于技术创新和工业化的方向制定和调整政策。这一切使得欧陆国家未能全面激发技术革新激情，难以高效、深入、全面地推动先进技术向国民经济各行业各部门转化应用。只有英国适应了工业技术时期技术发展的特点，构建了市场主导的技术赋能体系，通过技术赋能国家综合实力各重要组成部门，获得国家实力的持续提升，最终从欧洲诸强中脱颖而出成为工业技术时期无可比拟的世界主导国。

市场主导型技术赋能模式总结：

（1）从构建方式上看，市场主导型技术赋能模式主要依靠经济和市场的力量刺激和激励技术研发创新、引诱和鞭策市场主体进行技术转化、压迫和倒逼政治经济制度的改革，由此建立强大的技术赋能力。在市场主导型技术赋能模式形成中，一般发端于供需关系的不平衡，庞大的市场需求对落后的生产模式产生的压力迫使既有技术进行自我革新。同时，基于市场主体的竞争、金融市场的投资，技术创新转化速度加速，最后从强大的经济市场中产生的新型生产模式和新兴利益团体要求政治经济制度革新，以提高制度机制与现有技术发展的耦合度。

（2）从适用范围上看，市场主导型技术赋能模式为工业技术初期的经济市场高度发达的国家主要采用的方式，这种模式的适用范围并不十分广泛。18 世纪西欧商品经济的发展和资产阶级力量逐渐强大，资产阶级掌握政权并期望建立有限责任的“守夜人”政府，同时，这一时期的技术创新以产业技术为主，由此使得市场在技术创新和转化中起到关键作用，出现了以市场为主导的技术创新赋能模式。随着大国竞争的激烈和技术研发难度的提高，单纯依靠市场主导的技术赋能模式劣势逐渐显现。

（3）市场主导型赋能模式的条件。繁荣兴旺的市场和强大的经济金融实力是市场主导型技术赋能的前提，只有具备繁荣兴旺的市场才能不断产生需求压力以刺激技术革新转化，只有形成充满活力的市场才能持续鞭策市场主体在竞争中不断进行技术革新，也只有具备繁荣的经济金融条件才能为市场主导的技术赋能进程提供资金投入和资本支持，同时也只有以强大的经济市场为前提才能不断倒逼制度革新与调整，建立与技术发展相耦合的制度机制。

（4）市场主导型赋能模式的优点。市场主导的技术创新赋能具有覆盖范围广、跟进及时、容错率高的优点。市场的高度竞争与市场主体的逐利行为促使各行各业都极为注重技术创新和先进技术的转化应用，因此市场主导下的技术赋能可以涵盖更为广阔的技术领域，并及时跟进各项技术的研发创新。同时，由于各项技术创新赋能的实施主体分散，实施路径多样，使得技术研发创新与融合转化的容错率更高，技术探索偏差的整体损失更小。

（5）市场主导型赋能模式的缺点。首先，在技术赋能领域上，市场主导下的技术赋能并不一定与国家实际需求相契合，很多时候存在市场基于逐利目的进行的研发创新与国家战略需求不吻合的情况，不利于国家整体实力的提升。其次，在关键技术攻关上，由于缺少国家力量的组织协调，市场主导的技术赋能仅依靠市场进行各项资源的优化配置，基于成本收益考虑的研发创新的效率效能往往较低，不能适应激烈的大国竞争要求。最后，市场主导的技术赋能往往关注生产和服务领域，对于基础科学和底层技术的投入不够，到了工业技术后期及信息技术时期，基础科学水平往往成为制约一国技术能力的关键，完全市场主导的赋能模式的弊端越发凸显，赋能效力越发低下。

第四章　政府市场协作型技术赋能：二战后美国与苏联对比分析

第二次世界大战使欧洲国家山河破碎、满目疮痍，英国、法国、德国等大国在长期战争消耗下人力、物力、财力几近枯竭，国家实力遭到毁灭性削减，难以在短期内恢复元气，在战争中走出的美国和苏联成为新任超级大国，美苏竞争成为信息技术时期世界大国竞争的考察案例。战后爆发式出现的新兴技术对生产力发展和国防军事产生着极为重大的影响，任何一方在技术赋能上的落后都将导致其在国家实力比拼中掉队，进而影响着国际影响力和超级大国地位的天平。美苏在军事技术研发创新和军备建设竞争中你追我赶、难分胜负，形成了战略均势对抗局面，但苏联在计算机、信息技术、自动化等更广泛的技术研发创新及军民技术转化上与美国相差甚远，最终导致其整体实力逐渐被美国拉开差距。苏联日渐衰败的国力逐渐难以支撑庞大的苏维埃联盟及其争霸世界的野心，最终诸种矛盾逐步显现而又难以修复弥补，苏维埃联盟走向解体。

第一节　技术发展背景

这一时期的技术发展建立在20世纪初第二次科学革命的成果基础上，技术与科学从此紧密地相互结合与相互渗透，技术的发展演进严格依靠科学知识和科学理论的引导，科学的发展也越来越依赖先进技术设备的支持。在技术形态上，先进技术表现为电子计算机、原子能、集成电路、空间技术、复合材料等的发明和应用，各项技术对人类生产生活产生着变革性影响。在技术效用上，与以往技术对人类身体的延伸和加强不同，该时期的技术效用主要表现为对人类脑力运算的提升和加强，使得人类能够处理更为复杂的社会经济事物和科学研究活动。在技术研发上，这一时期技术研究的专业化更高、投入更大、门槛更高，重大技术研究突破往往被少数国家所垄断。在技术革新速度上，这一时期技术的革新速度极快，不同领域技术关联性高，一旦某一国家在关键性技术领域的研发创新速度落后，将会导致其在更多项技术领域方面发展缓滞，进行技术追赶和超越会变得十分困难。

一、技术发展特点

美苏冷战时期与第三次技术革命的发展阶段相重合，这一时期技术发展的显著特点是高新技术以集群形式出现，尤其以计算机信息技术为引领带动整体技术的突破发展。在动力来源上，该时期虽然有新兴能源的出现，但未能引起能源革命，技术革新对社会经济最大的推动力来自于运算能力的跃升以及对信息的搜集、整理、加工、处理能力的提高。在研发创新主体上，由于技术的研发难度大、门槛高，形成了以政府、企业、科研机构三位一体的研发创新模式。在技术演进周期上，该时期技术革新迭代的速度大大加快，周期大大缩小，先进技术对生产力的转化作用更为显著，并引起生产力发展模式和产业结构的巨大变革，具体来说包括以下几个方面：

第一，高新技术以集群形式出现。以往时期先进技术创新往往以单一技术的发明与进步为特点，个别技术领域推动着社会生产生活的发展进步，而二战后的技术革新以群体性技术涌现为特征，以原子能、电子计算机、集成电路、信息通信、复合材料、生物工程为代表的各类型先进技术迸发涌现，对政治、经济、文化产生了变革性影响，共同推动了人类生产力的发展和生活方式、思维方式的转变。在这些技术中，以计算机和信息技术的地位最为显著，作为生产力工具，计算机信息技术对其他技术的发展起到引领带动作用，有很多观点将战后技术发展简述为计算机信息技术时代。

第二，未能产生新的能源革命，技术革新以对人类脑力的增强为主要标志。这一时期技术的突破带来了原子能、太阳能、潮汐能等多种新型能源，尤其是原子能技术的掌握将成为人类应用人畜动力、化石能源后的新一代能源来源。虽然原子能蕴含着巨大的能量和开发潜力，但由于原子矿物开采加工的难度、核电站运行的安全以及核聚变应用的技术等方面的限制，传统能源仍然占据主导地位。因此，这一阶段技术革新以人类的运算能力和信息处理能力的提高为特征，电子计算机、信息技术、集成电路的持续高速发展使得人类具备了极强的信息搜集处理加工能力，人类运算能力的加强成为本阶段技术创新的显著标志。

第三，技术革新带动生产力发展模式和产业结构的巨大变革。技术的革新使得生产力的发展从资源主导型向知识主导型转变。密集型劳动生产、大规模的自然资源开发不再是推动社会经济发展的主动力，知识和信息、劳动者素质和技能、先进的技术装备成为提高生产率的关键。在产业结构上，技术的发展导致数千年来人类产业结构的巨大变革，以往主导国民经济的第一产业、第二产业的比重和重要性降低，高新技术更为集中的第三产业尤其是知识经济的比重和重要性上升。

第四，技术研发形成政府牵动、企业主体、科教主导的结构模式。首先，政府推动在技术发展中占据重要地位，发达国家纷纷加强对科学技术研究的重视和投入，通过政策引导、资金投入、产业扶植、税费政策等多种方式纷纷扶植高新技术产业的发展。其次，战后以信息技术为主体的高新技术往往与民用市场相关，企业在技术研发中占据主体地位，据统计，发达国家中企业所属研发机构拥有的科研人员和经费占整体科研人员和经费的绝大部分。[①] 最后，由于创新的高技术属性，大学及科研院所在技术研发中起到主导作用。例如，最早的计算机是美国国防部用来计算弹道的，研发计算机由政府资助，但研发单位是宾夕法尼亚大学这种科教机构。

第五，技术创新门槛高，投资大，难以模仿追赶。该时期技术创新难度相比以往时代大大增加，技术的研发需要专业化的科学实验团队、持续的充足资金投入和大量的科学技术人才培养等条件，是一项高收益但同时高门槛、高投入、高风险的活动。同时，由于信息技术的特点，技术迭代速度极快，基于摩尔定律的处理器每隔 1 年多运算能力就能翻一翻，这在以往技术时期是难以想象的。信息技术的研发难度及其迭代速度使得大部分国家难以在技术领域追赶或弯道超车，技术创新成为少数技术实力领先大国的独角戏。

---

① 吴金明、李轶平、欧阳涛：《高科技经济》，国防科技大学出版社 2001 年版，第 53 页。

第六，技术革新周期短，标准化程度高，技术垄断效应更强。基于人类技术创新能力的提高、大规模的科研投入以及信息技术快速迭代的特点，战后技术革新的周期越来越短，在农业技术时期，先进技术革新的周期以数百年甚至千年为单位；在工业技术时期，技术革新的速度也以百年计算；到了信息技术，时代大部分技术革新的速率往往以年为单位。同时，由于信息的全球互联互通性和及时性的要求，只有统一标准的全球信息才能够被迅速地收集、存储、处理和传播，这就使得信息技术必然有着高度一致的标准协议，由此也使得技术领先者的标准往往成为通用标准，从而带来更高程度的技术垄断。

二、先进技术表现

这一时期各领域各类型的新技术以集群模式迸发，对人类的政治、经济、生产生活等各个领域产生着变革性的影响。聚焦于国家层面，对国家综合实力和竞争力产生重大影响作用的技术主要包括原子核技术、宇宙空间技术、电子计算机技术、自动化技术、集成电路技术以及信息通信技术。这些技术对国家的国防军事、经济生产、产业结构的既有运行模式产生了颠覆性的变革，带来了新一轮的国家经济军事实力调整的机遇，自然成为赋能强大综合国力的核心技术组成。

原子核技术。核技术是人类历史上最具变革性的军事技术之一，核武器的出现改变了国家军事力量的构成模式，重新定义了作战方式和军事理论，深刻改变了国家间竞争的方式和大规模战争的概率。核武器是利用原子裂变或原子聚变反应释放巨大能量带来的爆炸效应的大规模毁灭性武器，与传统的化学炸药相比威力极大，1 千克的铀裂变产生的能量是同等重量 TNT 炸药的 2000 万倍，并通过爆炸产生的高压冲击波、光辐射、放射性辐射、电磁脉冲达到杀伤效果。根据类型不同，核武器可以分为利用铀 -235 或钚 -239 重原子核裂变反应的原子弹；利用重氢（氘）、超重氢（氚）等轻原子核聚变反应的氢弹；以及高辐射、低能量、低附带伤害的战术核武器中子弹。

核武器对国家实力和大国战争产生着变革性影响。核武器具有足以将敌对国家消灭的威力，一个国家是否拥有核武器使得其在国际权力等级中被赋予了不同的地位，因为“原子弹不只是加在已经很长的武器单上的又一件更具毁灭性的武器，它预示着武器单上的其他武器相对不那么重要了”，而且“人类还想不出防御这种武器的办法”。[①] 为此，大国为了获得国家安全的保障和竞争优势必然尽力开发核技术，并建立立体二次核打击能力以保持核反击威慑，正如华尔兹所指出的：“只要一个国家在受到打击后能够报复，或者似乎能够这样做，它的核力量就不会因对手的技术进步而过时。”[②] 另外，核武器改变了大国战争的概率，由于核武器与核反击能力的存在，任何一方都难以承受遭到大规模核打击的损失，拥核大国出于理性计算认为发生全面核战争的收益将远低于战争损失，因此大国之间的对抗和竞争烈度受到了核武器的制约。

电子计算机。电子计算机是用于高速计算的电子机器，它能够按照指令对各种数据进行加工和处理，具备逻辑计算、数值计算及存储记忆的功能。电子计算机的出现解决了人类进行大量复杂计算的困难，实现了高速精准运算的可能，计算机的发明和使用对经济生产、日常生活、军事装备、科研活动几乎社会各个领域产生了极为深刻的影响。同时，计算机能够与原子能、空间技术、生物工程、材料科学等诸多领域相互交叉融合，辅助和推动各项技术的高速发展。

1946 年 2 月，美国宾夕法尼亚大学的莫克利和艾克特研制成功第一台通用电子数学计算机 ENIAC（Electronic Numerical Integrator and Computer，电子数字积分计算机），该计算机以真空电子管作为元器件，外部存储使用磁带，代表了第一代电子管计算机。1954 年美国 IBM 公司研制成功第一台晶体管计算机，使得计算机的运算能力大大增加、体积大大缩小、可靠性提高，成为第二代计算机的鼻祖。1970 年开始 IBM 公司推出大规模集成电路计算机，引领第三、第四代计算机的发展，该型计算机的逻辑元件采用大规模和超大规模集成电路，开创了计算机的微型化时代，使得计算机从科学研究军事计算扩大到更广泛的社会生活领域。1979 年英特尔公司基于 8088 处理器推出全球首台个人电脑，电子计算机迎来个人时代。

集成电路。集成电路又称微电子电路、微芯片，是 20 世纪 50 年代后期开始发明的一种新型高效半导体器件，可以用作微处理器、振荡器、放

① ［英］理查德·洛克卡特著，王振西译：《50 年战争》，新华出版社 2003 年版，第 198 页。

② Kenneth Waltz, “The Emerging Structure of International Politics,” International Security, Vol. 18, No. 2, 1993, pp. 44–79.

大器、定时器或计算机存储器，是推进计算机和信息通信技术进步的核心。集成电路采用特定的工艺把电子电路中的电阻、电容、晶体管等集成在半导体材料薄板上，成为具有电路功能的微型电子结构。相较于由独立电路元件组成的标准电路，集成电路体积小、重量轻、焊点少、可靠性高，面积在几平方厘米到几平方毫米不等，从而实现电子元件的微型化、低功耗和高性能。1958 年美国的仙童公司和得州仪器公司分别设计成功了第一块集成电路，1963 年美国仙童公司工程师弗兰克·威纳尔斯和萨支唐首次提出 CMOS 技术，低功耗高效率的 CMOS 替代了传统的 TTL 电路，1964 年英特尔公司的戈登·摩尔提出摩尔定律，1971 年英特尔公司成功地研制出世界上第一款微处理器 4003，1978 年美国研发成功第一代超大规模集成电路，在仅 0.5 平方厘米的硅板上集成了 15 万个晶体元件，到了 1988 年美国研发成功 16M DRAM 动态随机存取存储器，可以在 1 平方厘米硅片上集成 3500 万个晶体管，集成电路正式进入超大规模集成电路阶段。

信息技术。信息技术即产生、搜集、传输、存储、显示、提取、加工利用信息的相关技术，根据表现形式不同又可分为硬件技术和软件技术。信息技术的特征是数字化、网络化、虚拟化，其核心功能是提高人类处理信息的效率。信息技术是对人的脑力的模拟和延伸，是代替和提高人类的部分脑力计算的技术工具，信息技术的使用使得人类能够更加有效地进行资源优化配置，人类生产生活进入新的阶段。大规模集成电路和互联网技术的突破使得信息的加工处理速度极快，大到生产方式和产业结构变革、政府治理的转变、国防信息化，小到人类的衣食住行，都受到信息技术的深刻影响。

自动化技术。自动化是指各类机器设备、系统、生产过程、管理过程在无人或少人操作的情况下进行自动操作、自动检测、自动分析判断、自动调节、自动处理以实现既定目标的过程。自动化技术能够极大地提高生产的标准化和管理的精准度，同时将人类从危险恶劣、复杂繁重、高频单调的工作中解放出来，因此被广泛应用于工业生产、电力系统、气象观测、交通运输、军事装备、科学研究等国民经济和社会各个领域。自动化技术涉及计算机、微电子、嵌入式芯片、控制论、系统工程、信号与系统分析等众多学科和技术，是多种技术的综合集成。现代国民经济中，自动化技术和自动化程度的高低很大程度上决定着一国生产效率的高低，关系到一国产业结构的升级和信息化的高低，成为衡量一国生产力水平和国民经济质量的重要指标。

第二节　美国与苏联技术赋能水平分析

美苏之间的技术赋能水平差距与之前的秦国和六国以及英国和欧陆大国不同，秦国相较于六国在技术创新力、技术融合力以及技术耦合度均占据一定优势，英国更是在整体的技术赋能体系上全面领先于欧陆强国。美苏之间技术赋能水平在军事技术和经济技术两种领域表现不同，苏联在军事技术的创新力与美国旗鼓相当，在军事技术的转化及军备建设上一度超越美国，但是在经济技术的创新上却与美国差距甚远，在经济技术转化应用以及军民技术融合上也远不及美国，由此构成了苏联不完整、不平衡、不协调的技术赋能特征，在整体技术赋能水平上落后于美国。

一、美国与苏联技术创新力对比

作为战后世界上两个超级大国，美苏都有着扎实的科研基础、庞大的人才队伍、一流的科研条件和对科研创新重视的传统，两国整体科研水平处于世界最前列。但在具体领域，美苏两国的技术创新力仍有不同，在军事技术领域苏联与美国旗鼓相当，但在经济技术、民用技术、信息技术领域，苏联大大落后于美国。

军事技术领域，美苏双方在技术创新上你追我赶，难分伯仲。从关键性军事领域的创新成果来看，在核技术领域，美国率先在核技术领域取得突破，1945 年研制出世界第一颗原子弹，此时的苏联也已经深耕核技术多年，并在 4 年后成功引爆了其第一颗原子弹，随后美国抓紧研制氢弹，苏联也紧跟美国步伐取得热核技术的突破。在火箭及空间技术上，苏联于 1957 年率先发射了世界第一颗人造卫星，美国仅在 1 年之后也发射了其第一颗卫星，之后两国在太空领域开展了长期较量，苏联在 1961 年完成了人类首次轨道飞行，于 1965 年进行了人类第一次太空行走，而美国则发射了首颗地球同步卫星并在 1969 年率先实现了人类登月。同样，在核潜艇、弹道导弹、远程轰炸机等关键性战略军事装备技术研发上，美苏亦呈现你追我赶、势均力敌的态势，双方的军事技术研发能力直至苏联 20 世纪 80 年代衰落之前一直旗鼓相当。

经济技术和民用技术领域，苏联的技术创新能力和技术研发成果与美国差距较大。尤其是20世纪70年代后，苏联在计算机、生物技术、新材料、光电子技术等关键性新兴技术领域大大落后于美国、西欧、日本等国家和地区，整体科技水平方面与西方国家的差距在15年左右。以量化指标来看，苏联使用的计算机大多是欧美6—10年前已经停产机器的仿制品，20世纪80年代苏联的工业用计算机的数量仅仅是西欧先进国家的1/15，是美国的1/17。技术的落后带来了生产效率的低下，苏联“在1983年的劳动生产率仅相当于意大利的72%，日本的60%，法国的51%，西德的46%，美国的38%”①。技术的落后使得苏联大量的工业制成品科技含量低，质量问题严重，不仅面对国际市场难以具备竞争力，在国内市场的报废率接近20%，造成了严重的生产消耗和资源浪费。技术创新力的不足使得苏联失去了经济高速发展的强大动力，为了保持经济增长其更加依赖扩大资源和人力的粗放式生产方式，导致其与欧美的技术差距进一步拉大。

二、美国与苏联技术融合力对比

技术融合方面，苏联的军事技术转化应用能力与美国大体相当甚至略强于美国，但在经济民用技术的转化应用以及军民技术融合上却与美国相差甚远，由此导致苏联的整体技术融合转化力不及美国。

在军事技术的转化效率和规模上苏美整体水平相当，苏联一度略高于美国。冷战对抗期间，美苏两国都积极将最新的军事科研成果及时转化应用于国防军事和武器装备制造上，以期通过技术赋能赢得军事实力优势，两国在军事技术转化效率和规模上旗鼓相当。当两国掌握核技术之后，都以极快的速度打造自身的战略核力量，分别建成了世界上最大的核武库。美国的核武器规模在20世纪五六十年代领先于苏联，但苏联经过多年奋力追赶最终于20世纪70年代中期超越美国。在弹道导弹的研制上，两国都竭尽所能地将已掌握的导弹技术转化为各型战略投射载具，最终美苏都建立了完善的海陆空立体式弹道导弹发射体系，苏联在弹道导弹规模上也超

① Schroeder G.，“The System Versus Progress: Soviet Economic Problems,” The Centre for Research into Communist Economies，1986，p. 35.

越了美国。另外，在常规武器方面，美苏也开展着技术转化的军备竞赛，争相将最新技术应用于国防军备建设之中，分别建立了世界上最具战争能力的常规军事力量体系，整体上形成势均力敌的局面。但考虑到苏联本土受到二战的重创中断了正常的经济建设和科学技术研究，以及两国在战后初期经济规模和科研条件上的差距，苏联能够实现与美国同等甚至领先的技术转化规模和效率，足以证明苏联在军事技术融合转化上的强大实力。

在经济技术的转化上，苏联与美国相差甚远。美国的诸多新兴技术都能够通过经济和市场及时转化到经济生产和社会生活中，推动了美国产业结构的升级和转型，不断提高美国的经济运行质量和国民生活水平。第三次技术革命的主要成果如微电子技术、信息技术、生物技术在美国得到迅速广泛的转化应用，各行各业积极应用新技术成果提高生产效率、追求经济价值。同时，基于新兴技术出现的半导体、微电子等一系列新兴产业不断为美国社会经济注入新的活力，推动着美国的产业结构升级和经济的持续繁荣。与美国相反，苏联在经济技术的转化应用上速率较慢、范围较窄，不能及时发挥技术革新带来的赋能作用。苏联在战后诸多技术领域起步较早，并有着不错的技术水平，但其并没有将这些技术及时转化到经济生产和社会生活中，很多技术只为特定部门所服务和使用，技术转化的效率很低。以电子计算机为例，苏联在 1950 年就研发出自己的第一个晶体管，1956 年研制出了自己的硅晶体管，1961 年研制出了自己的全晶体管计算机，可以说苏联的技术储备和技术水平在早期处于世界领先地位，但是苏联的计算机技术主要用来服务核部门、导弹部门等军事领域，没有更多地将其转化到社会经济生产之中，而美国则在 1957 年就成立了第一家半导体企业仙童公司，后来著名的摩托罗拉、英特尔、IBM、苹果等企业不断地将最新的半导体技术商业化，服务于经济发展和社会生活，为国民经济的发展创造了重大价值。

在军民技术融合转化上，苏联同样不及美国。美国有着长期军民技术融合的历史，通过政府、军方、企业的合作打通了军转民、民转军的双向通道，军民技术融合不仅提高了技术研发效率，加速了技术转化进程，还促进了国防建设和经济发展的良性互动。例如，20 世纪五六十年代的计算机、半导体技术本身就是政府资助用于国防军事计算的项目，但美国很快将其转移融合到社会经济领域，20 世纪 70 年代后美国的商用计算机和个人计算机发展迅猛，在成功接棒军事技术研发基础上不断创新，持续引领计算机半导体的发展，同时为军方提供着更高性能、更加廉价、更为稳定的软硬件，获得经济效益和军事效益的双丰收。而苏联的军事部门和经济部门相互独立，各自为政，不同部门、不同体系之间技术研究各自独立，技术成果不能相互转移融合，很多具有社会经济价值的军事技术并没有转移到经济生产和社会生活中，先进技术的赋能作用难以有效发挥。美苏在进行太空竞赛的斗争中耗费了大量的人力、物力、财力，到最后都无力支持长期的太空竞赛，但美国将空间探索中相关的材料技术、遥感技术、半导体技术、电子计算机技术等转移到社会生产生活领域，催生了众多新兴产业，带来了众多新兴岗位，获得了巨大的社会经济收益，而苏联却由于低效的军民技术融合效率导致其太空项目中积累的诸多科研成果无法及时与社会经济部门相融合，不能将技术优势转化为实际的社会经济收益。

三、美国与苏联技术耦合度对比

美苏两国的技术耦合度在不同领域各有优势，相对而言，苏联在涉及重大项目的军事技术领域技术耦合性更强，而美国在经济技术领域有着更高的技术耦合优势。二战后特别是 20 世纪 70 年代后逐渐兴起的以电子计算机、信息技术、微电子、半导体、生物技术为主的新兴技术呈现出多点并进、集体迸发的特征，学科领域越来越细化，研究越来越深入，技术迭代升级快，在技术应用上更加偏向于经济和民用领域，总体来说有着快速、灵活、多元、细化、民用的特点。同苏联相比，美国的制度设计、社会文化更加契合 20 世纪六七十年代后信息技术的发展特点和要求，而苏联的制度机制与新兴技术发展特点不相契合。

总之，美苏在军事技术创新力、军事技术转化效率和规模、制度文化与军事技术的耦合度上不相上下，苏联甚至在部分领域强于美国，但是在新兴的信息技术、微电子、半导体等国民经济相关领域中，无论是在技术创新能力、技术融合转化效率还是在制度机制与技术发展耦合度上，苏联都与美国有着较大差距。综上所述，相对于苏联，美国有着整体技术赋能优势，而苏联的技术赋能力显然不完整、不充分、不协调。

第三节　政府市场协作与美国技术赋能优势形成

政府与市场的充分协作是美国形成整体赋能优势的主要原因，在这种赋能模式下既能发挥政府的资源调配能力、战略规划引领作用和长期巨额投入优势，又能发挥市场快速、灵活、多元的优点，使得美国在国民经济、军事各部门都构筑了强大的技术赋能力。苏联则充分发挥了政府主导技术赋能的优势，并在战略军事领域获得巨大的成功，但严重的路径依赖、市场作用的缺失、教条死板的科研环境等使得苏联在更广泛的国民经济领域难以形成技术赋能优势。

一、政府主导与苏美军事技术赋能水平旗鼓相当

美苏两国的军事技术赋能水平不相上下、旗鼓相当，主要原因在于双方都将军事技术竞赛置于国家战略层面予以充分重视；在政策和组织保障上都建立了高效顺畅的组织领导体系，并给予极大的独立权、财政权和管理权；在投入上都以整个国家作为后盾，在人力、物力、财力上不计成本的投入；与此同时，双方有着深厚的相关技术积淀并通过多种方式汇集当时最为尖端的科学技术人才。在超级大国战略竞争的压力下，美苏在军事技术创新和转化上你追我赶、互相竞逐，任何一方都不愿落后，由此形成整体军事技术赋能水平旗鼓相当的局面。

（一）战略上将军备竞争置于最高层级规划设计

美苏两国在军事技术领域的竞争是坚定而明确的，尤其将核军备建设和空间探索作为国家战略进行规划设计。核军备和太空领域的竞争不仅关系到军事对抗和国家安全，也被赋予宣传和证明各自意识形态和政治制度优越性的标签，成为了美苏国家战略的重要部分。在核军备竞争中，无论是罗斯福时期设立的“曼哈顿计划”、杜鲁门时期的“遏制战略”、艾森豪威尔时期的“大规模报复战略”，还是肯尼迪时期的“灵活反应战略”、约翰逊时期的“相互确保摧毁战略”，都将打造核力量和确保核优势作为保护美国安全、增强国家实力、确保对苏联威慑的国家战略。每一位美国总

统在任期内，即便对核常规力量的分配态度不一，但都将建立军备优势作为执政战略不可或缺的一环，要求确保美国在关键技术领域和军备建设上的领先。

苏联方面，为了维护国家安全以及与美国开展竞争，同样将核军备及太空竞赛设为国家战略。1960 年的苏联最高苏维埃会议上，赫鲁晓夫在报告中指出，未来的世界战争中，核战争是唯一的方式，核武器是最主要的手段。他认为，“决定国际力量的不是我们有多少士兵和枪支，国家的防御力量在决定性的程度上取决于火力如何，取决于这个国家掌握着什么样的发射工具”，“苏联的武装部队必须在相当大的程度上转变到核火箭武器方面”，由此将优先发展核武器及战略导弹定位为苏联军事战略的基本方针。[①] 苏联的核军备战略同样具有延续性，勃列日涅夫时期，苏联的军事战略由防御性战略转向进攻性战略，在对前一时期军事战略进行总结修改后，苏联与美国一样加强了对常规力量的建设，但核力量仍然是苏联进攻性战略极为重要的部分。在勃列日涅夫时期，苏联全面加强了原子技术、空间技术、火箭技术领域的研究进程，加速了对战略核力量和太空力量的建设，以期在技术、军备、国家影响力上赶超美国。美苏历届政府持续高度重视并从战略层面对核军备和太空竞赛加以规划设定，力求超越和压制对方，为两国在军事技术上不惜代价的研发创新和大规模军备建设提供了战略指引。

（二）集中统一的政策部署和高效顺畅的组织体系

强有力的政策支持和高效顺畅的组织体系是进行重大技术攻关和项目实施的保障，在核军备和太空探索竞争中，美苏两国都建立了最高层级的组织管理体系以协调整合各类资源，保证项目计划的稳定运转。由于军事技术竞争直接关系到国家的安全和军事实力，项目级别较高、难度复杂、涉及领域广、耗资巨大，一般情况下都是由国家最高领导牵头组建领导机构，给予该机构较高的行政权、管理权、独立权和保密地位，以便整合全国的资源加速推进技术研发和项目实施。

美国通过建立重大国防科技工程的方式保障高效的组织管理。首先，

---

① 许志新：《六十年代苏联军事战略的变化及其后果——防御性战略向进攻性战略的转变》，《苏联东欧问题》1986 年第 5 期，第 31 页。

在立项上由联邦政府根据战略需要进行高层级立项。无论是为了赢得二战研制原子弹的“曼哈顿计划”，还是应对苏联太空领域挑战立项的“阿波罗计划”，以及冷战后期的“战略防御研究计划”等，基本上都是由时任总统亲自批准和推进，在国会以重大工程项目立项，享有高等级的权力。以“曼哈顿计划”为例，该计划是罗斯福总统亲自批准，1942年6月，根据罗斯福的命令建立代号“S－11”的特别委员会开启原子弹的研制，随后交由格罗夫斯准将为总负责人管理计划执行，并赋予该计划“高于一切行动的特别优先权”。其次，在组织上建立高效简洁的管理模式。一般情况下，美国重大国防科技工程会成立由国防部和相关部门共同参与的专门委员会，采取“集中＋分散”的管理方式加强对重大工程的领导和协调，保证工程计划的有效实施。[①] 对于需要跨部门协调的工程项目，建立由国家科技顾问、各合作单位组成的高级领导小组进行项目政策的制定和协调。最后，在技术研发和项目推进中，构建政府领导下的垂直管理体系，整合各高校、研究院所、企业共同推进重要项目的攻关。同时根据战略规划总目标制定具体的子任务，分由不同团队和企业实施，减少混乱和责任不清，并面向市场利用企业研发创新力量推进工程项目高效实施。

苏联方面，关系到国家安全的重大战略由苏共中央领导集中部署和管理安排，以国家战略的形式组织协调全国力量推进技术的实施。以苏联的原子弹研发为例，为了追赶美国加快原子弹的研制步伐，苏联成立了国防委员会专门委员会、苏联人民委员会第一管理总局和技术委员会三个机构全权负责核武器的研制工作[②]，形成苏共中央－专门委员会－各管理局的垂直管理体制，简化了各项官僚部门流程，保证了项目效率。原子弹研究机构就具有了充分的资源调动权、财政自由权及行动自主权，能够有效地整合和调配所需资源集中于工程项目中，高度集中的政治经济体制建立的高效顺畅的组织管理体系确保了苏联重大军事技术工程的顺利推进。

（三）高效强大的组织动员力和不计成本的投入

军备竞赛大多工程巨大、耗资惊人，而且在短时间内不会有太多经济

① 贺新闻、王艳、李同玉：《美国国防科技重大工程组织管理模式及其启示》，《中国工程科技论坛第123场——2011国防科技工业科学发展论坛文集》，2011年，第489页。

② Рябев Л. Д. （общ. ред. ），“Атомный проект СССР：Документы и материалы，Т. Ⅱ，Атомная бомба，1945－1954，Книга 1，” Наука，Физматлит，1999.

回报，即便是原子能技术、太空技术，转化为民用也有一定的时间差，激烈的军备竞赛是对国家经济实力和资源调配力的考验。1942 年实施的“曼哈顿计划”集结了当时最优秀的科学家，共计雇佣了 13 万人，耗费近 20 亿美元。苏联从 1945 年到 1949 年原子弹成功爆炸期间共计建成 35 个核工程项目，总计花费约 47 亿卢布，苏联内务部工业建筑总局组建了共计 18 个建设工程局，调用了 24 万余人参与到施工中。[①]“阿波罗计划”从 1961 年开始持续到 1972 年，历时 11 年，初期预算 70 亿美元，最终耗费 254 亿美元，占当时美国全部科研经费的 20%，共计整合数百家大学和科研机构、2 万余家企业，涉及 30 多万人参与其中。2009 年美国宇航局在研讨会上对“阿波罗计划”以 2005 年美元计价进行成本估算，共计耗费了约合 1700 亿美元。[②] 两国在建造核潜艇、洲际弹道导弹、战略轰炸机、维持太空竞赛方面的花费更是难以计数，在某种程度上说，这一时期的美苏竞争也是美苏两国经济投入的较量。

美国 20 世纪初的经济实力已经是世界第一，在 1894 年美国的工业生产就达到世界第一，1900 年美国的工业产值占整个世界的 30%。[③] 到了二战结束后美国的经济实力处于世界绝对领先水平，战后初期，美国以世界 6% 的人口和土地占据了资本主义国家工业总产量的 2/3，占有世界黄金储备的 3/4，美国一国的 GDP 占据了世界一半以上。[④] 在此之后，随着其他国家战后经济社会的重建，美国的 GDP 占世界的比重逐步下降，但到 20 世纪 70 年代仍占有世界 GDP 的 30% 左右。超强的经济实力为美国进行技术研发和军备竞赛提供了坚实的后盾，使得美国能够持续维持高强度的技术研发投入和军备竞赛。

苏联在经济实力上没有美国强大，但其在战后迅速恢复的经济以及高度集中的政治经济模式为苏联进行军工科技研发以及开展军备竞赛提供了条件。首先，苏联在二战后迅速恢复了国民经济，并保持经济在一段时期内的高速增长。二战给苏联造成了极其严重的损失，直接物资损失按 1941 年计价约为 6790 亿卢布，占整个苏联国民财富的 1/3。1946 年苏联通过恢

---

① 刘玉宝：《苏联第一颗原子弹成功研制的决定性因素分析——基于苏联核计划解密档案文献资料的研究》，《史学集刊》2018 年第 6 期，第 42—43 页。

② Fandom. NASA WiKi - Apollo Program, https: //nasa. fandom. com/wiki/Apollo_program.

③ 吴于廑：《世界史：现代史编》（上卷），高等教育出版社 2002 年版，第 4 页。

④ 刘绪贻：《美国通史——战后美国史 1945—2000》，人民出版社 2002 年版，第 11—12 页。

复和发展国民经济的第四个五年规划（1946—1950 年），在苏共和全体苏联人民的努力之下迅速医治战争创伤恢复国民经济。到 1950 年苏联的工业总产值、农业总产值、国民收入已经比战前一年增加 48%、27%、38%，共计恢复和建成 6200 个大企业，工业增长速度达 23%，工业总产值比 1940 年增加 73%。[①] 在此之后苏联的经济保持了高速增长，有着大规模经济保障的基础。其次，苏联的政治经济模式使得其能够以调动一切物力、财力集中资源进行重大项目研发和推进。俄罗斯科学院乌拉尔分院 B. B. 阿列克谢耶夫院士认为，苏联的动员型经济是"为保证民族生存和保持民族独立而采取的一项战略，是某一国家依靠本国资源和条件建设社会主义社会时出现的特有经济现象"[②]。在这种经济体制之下，苏联能够以行政命令的方式主导国民经济各部门的发展和国内资源的分配，强制进行资源调配甚至无偿征用各类资源集中于关键领域，并且在生产中能够不受市场制约以较低的成本完成各项计划。因此，国民经济的快速发展提供的坚实基础和高度集中的政治经济体制使得苏联能够在美苏竞争中集中全部力量投入于关键领域，为苏联进行重大军事技术攻关和大规模军事技术转化竞争提供了强力的保障。

（四）雄厚的科研基础和全球顶尖人才汇集利用

雄厚的科研基础和庞大的顶尖人才队伍是美苏形成强大军事技术创新力的关键。20 世纪，随着科学技术研究走向深入，技术创新难度越发提高，重大技术创新必须依赖坚实的科学理论积淀与专业的科研队伍才能有效推进。而美苏双方在核物理、数学和空间技术领域都有着深厚的研究基础，并通过多种方式培养和汇集了世界上最为庞大、最为顶尖的人才队伍和科研团队，正因如此双方才能够在军工技术领域相互竞逐，不断进取。

美国方面，20 世纪后伴随着国力的昌盛，美国的教育和科研实力逐渐处于世界领先地位，本土培养了一批举世闻名的科学家，为美国的科学技术发展提供了智力支撑。"曼哈顿计划"的领导者、首席科学家、原子弹之父罗伯特·奥本海默，氘的发现者、"曼哈顿计划"重要成员、著名化学家、物理学家哈罗德·克莱顿·尤里，"康普顿效应"发现者、第一台

---

① 吴于廑：《世界史：现代史编》（上卷），高等教育出版社 2011 年版，第 54—55 页。

② 刘玉宝：《苏联第一颗原子弹成功研制的决定性因素分析——基于苏联核计划解密档案文献资料的研究》，《史学集刊》2018 年第 6 期，第 43 页。

核反应堆建设者阿瑟·霍利·康普顿等都是美国本土培养的优秀科学家。

与此同时，顶尖外来人才的汇集为美国技术创新提供了更为丰富的人才供给。美国的外来优秀人才可以分为二战前从欧洲避难而来的和二战后期从德国抢夺而来的两类。一类是二战前主动从欧洲逃往美国的科学家。由于纳粹对于部分科学家的迫害和对于犹太人的恐怖政策，使得一大批欧洲科学家或是躲避战乱，或是反对纳粹而逃往美国。例如，著名犹太科学家爱因斯坦基于对法西斯的反对，于1932年前往美国从此开始在美国的科研生涯，并通过书信建议罗斯福促成了“曼哈顿计划”的启动；计算机、量子理论、核武器、博弈论全才“计算机之父”冯·诺依曼于1930年前往美国，为美国第一颗原子弹的研制做出重大贡献；诺贝尔物理学获得者丹麦科学家尼尔斯·波尔为躲避纳粹迫害于1943年逃往英国并在美国参加“曼哈顿计划”；美国“氢弹之父”爱德华·泰勒于1933年在犹太人援助委员会的帮助下逃离德国，在1941年入籍美国，帮助美国加速了核武器的研发；匈牙利著名核物理学家利奥·西拉德1938年移居美国，协助爱因斯坦致信罗斯福总统建议美国赶在德国之前研制出原子弹，促成了“曼哈顿计划”。另一类是在二战后期从德国争抢的科学家和工程师。为了争夺轴心国的科学人才和技术情报，美国专门成立了“回形针技术”和“阿尔索斯突击队”，负责抢夺纳粹国家的科学家和工程师，通过该计划美国获得了德国100多枚V2火箭和大量的仪器设备以及相关资料，将大约1600名德国技术专家及其家人运送到美国工作。比较有代表性的有德国著名核物理学家维尔纳·海森堡、奥托·哈恩，火箭专家多恩伯格和冯·布劳恩。特别是被誉为“导弹之父”的火箭专家冯·布劳恩在1945年被美国俘获后连同其团队126名专家被遣送至美国，1958年冯·布劳恩设计的朱庇特－C型火箭发射了美国第一颗卫星，1960年冯·布劳恩掌管美国国家航空航天局，1961年研制出著名的土星五号火箭将美国第一位宇航员送入太空，1969年在冯·布劳恩指挥下人类第一次登上月球，可以说冯·布劳恩为美国太空竞赛立下了汗马功劳，也证明了美国人才抢夺计划的成功。

苏联方面，首先，苏联在基础科学特别是数学、物理学上一直有较好的基础优势，培养了一大批科研人才。在核物理研究领域，苏联一直走在世界前列，有着雄厚的科研实力和人才储备。在研究机构上，苏联在20世纪30年代建立了列宁格勒技术物理研究所核实验室、乌克兰技术物理研究所核实验室、苏联科学院物理学研究所核实验室等专门核研究机构，并配以物质资金支持。[①] 从1933年到1940年，苏联定期召开全苏原子核物理大会与世界学者共同交流和讨论原子科学，推动了苏联核物理研究。在研究成果上，1932年苏联物理学家伊万年科提出了原子核结构假说，1935年列宁格勒技术物理研究所发现了原子核同质异能现象，1936年物理学家弗伦克尔提出了原子核液滴模型，1939年哈里顿和泽利多维奇证明了铀235的链式裂变，1940年弗廖罗夫和彼得扎克发现了铀核自发裂变现象。[②] 雄厚的科研基础及一系列基础理论研究的突破为苏联进行核武器的研究提供了强有力的技术支撑。在空间技术涉及的火箭和导弹方面苏联也有着如科罗廖夫、格鲁什科、谢夫鲁克、波别多诺斯采夫等一批火箭卫星设计师，特别是科罗廖夫这一天才式的人物在二战后出任苏联弹道导弹和航天事业的总设计师，在其带领下苏联率先进行了弹道导弹试验，发射了人类第一颗人造卫星，其设计的“东方号”运载火箭将人类首次运送到太空。可以说，强大的本土科研实力和人才供给是苏联与美国进行军事技术研发竞争的底气所在。

其次，对德国科研人员的争夺和利用。由于德国在诸多技术领域处于世界领先水平，有着丰富的技术储备和科研人才队伍，苏联在二战后期同美国一样积极抢夺德国科学家及工程师。在核物理领域，苏联从德国搜寻招募到了冯·阿登、尼古拉乌斯·里尔、古斯塔夫·赫兹、彼得·蒂森等人，为了更好地管理和运用这些德国专家，苏联专门成立了“А和Г研究所、В和Б实验室，截至1948年7月1日，这四个机构的德国专家分别是168人、101人、41人、14人，共计324人”[③]，这些人在乌拉尔核裂变材料的研发和生产中起到了很大的作用。在火箭技术方面，德国技术资料和人才更是对苏联火箭的设计研发起到了关键作用。由于德国在火箭研究和制造方面率先取得突破，为获取火箭技术，苏联加紧对德国火箭基地和工厂的争夺，在登比察火箭试验场、柏林、佩内明德等地苏联搜集到大量德国的火箭零件、仪器设备和图纸资料，并且获得格特鲁普等德国技术专家。战后苏联设立驻德国火箭技术特别委员会和诺德豪森研究所，专门组

---

① 钟建平：《苏联核计划与核反应堆的研制》，《吉林大学社会科学学报》2019年第4期，第143页。

② 刘玉宝：《苏联第一颗原子弹成功研制的决定性因素分析——基于苏联核计划解密档案文献资料的研究》，《史学集刊》2018年第6期，第43页。

③ 张广翔、张文华：《苏联核工业管理机构与核计划的推进（1945—1953）》，《史学月刊》2019年第9期，第102页。

织利用德国专家进行火箭技术研究，为了吸纳德国人才，苏联还在德国公开招募科研人员和工程师，并许以优厚的待遇和保障。这一政策又为苏联招募到一批重要的高级技术人才，如陀螺仪和理论力学家马格努斯、自动控制专家霍赫、舵机专家布拉西格、弹道专家沃尔夫，等等，据统计，截至 1946 年，在苏占区从事火箭研究工作的德国人就有 5870 人。① 通过对搜集到的德国火箭资料和技术专家的利用，苏联在较短时间内摸清了火箭的设计、构造、材料和制造工艺，并且在卡普斯京亚尔试验区建立了苏联 V2 火箭制造厂进行逆向仿制。德国的“技术转移提高了苏联的技术起点，缩短了苏联研发火箭的时间，为后来的技术创新打下了基础”②，也使得苏联能够在较短时间内实现技术跨越，在美苏弹道导弹的竞争中赢得技术优势。

二、路径依赖与苏联整体技术赋能水平的落后

苏联在军事技术研发上与美国难分伯仲，远远领先于世界各国，为何在计算机、信息技术、自动化等方面的技术创新水平与美国差距巨大？苏联的军事技术转化效率效力惊人，为何在经济技术转化和军民技术融合上如此低效，不能将其掌握的最新技术转化为社会经济收益？为什么苏联的制度机制促进了军事技术的发展却成为了经济技术发展的阻碍？究其原因，主要在于苏联过分注重政府主导而忽视了经济市场的作用，这种赋能模式难以适应高速、多元、民用为特征的新兴技术发展要求。首先，苏联在战略上长期偏重于国防军事领域，将大量资源汇集于军工部门，新兴技术因战略误判没有得到足够重视；其次，苏联高度集中的经济体制，重投资轻消费，导致国内消费市场有限，加之海外市场狭小，使得苏联技术革新缺乏动力；再次，苏联的计划经济管理模式否定价值规律和市场调节作用，竞争的缺失导致生产主体感受不到技术革新的压力；从次，高度集中的管理体制下部门林立、各自为政，致使先进技术无法有效转移融合，阻碍了军民技术转化和整体技术研发效率提升；最后，苏联在科研管理上的

---

① 王芳：《苏联在德国复原 V－2 火箭的机构与人才建设（1945—1946）》，《自然科学史研究》2014 年第 1 期，第 120—123 页。

② 王芳：《苏联对纳粹德国火箭技术的争斗（1944—1945）》，《自然科学史研究》2013 年第 4 期，第 523 页。

教条死板不能激发科研工作者的积极性和创造力。总之，战略路线决策的失误、体制的僵化以及市场机制的缺失共同造成了苏联经济技术赋能水平的低下。

（一）战略误判长期偏重军工领域轻视新兴技术发展

苏联在国家战略上长期偏重军工领域是导致苏联错过计算机信息技术发展机遇的首要原因。苏联有着侧重军事和重工业的战略传统，这种战略在历史上既符合了生产力发展的时代要求，也契合了苏联特殊国情的需要，促使苏联从落后的农业国发展为先进的工业国，从军事装备和军事力量弱国发展到与美国并驾齐驱的超级军事大国。但是任何国家的发展战略都应该随着时代发展而调整，苏联在计算机信息技术、知识经济发展的新浪潮中仍然坚持军事优先和侧重传统重工业发展的战略，使得苏联在国家战略上对信息技术定位错误，将绝大部分资源应用在军工领域，导致新兴技术和新型产业未能在国家战略层面得到重视，从而错失最佳发展机遇。

1. 固守重工业发展战略忽视新兴技术发展

苏联的工业化战略一直到20世纪70年代初期整体上都是非常成功的，这种战略使得苏联在短时间内实现工业化，省去了西方工业国家漫长的发展过程，获得了强大的工业能力和军事能力。使得苏联这一新生政权能够经受住多次严酷考验，为二战苏联对法西斯的胜利反击提供了根本保障，战后又使得苏联快速地恢复遭到严重破坏的国民生产，在美苏冷战中有力地支撑着与美国的大国竞赛。据统计，苏联在1950—1978年间的社会总产值增长了6.9倍，年均增长7.7%，作为苏联重点发展的工业领域的生产总值增长10.4倍，年均增长高达9.1%，苏联在这一时期的国民收入也大幅增长，20世纪70年代末相比50年代初增长7.7倍，年增长率为7.8%。[①] 1950年苏联的国民收入仅为美国的31%，经过20多年的发展，到1975年苏联的国民收入已达到美国的66%，工业总产值也由1950年占美国工业总产值的30%，提高到1975年的80%，并且在20多项工业产品的产量上领先于美国位列世界首位。[②] 工业化路线带来了一个具备强大生产能力和物质能力的苏联，超强的综合实力使得苏联成为与美国并立的超

① 赵锡琤：《苏联经济的调整与改革》，四川大学出版社1988年版，第40页。

② 于德惠、赵一明：《理性的光辉：科学技术与世界新格局》，湖南出版社1992年版，第154页。

级大国。

优先发展重工业的思维经过几十年的强化深深扎根于苏联的国家战略中，而没有随着技术发展和国情世情的变化进行调整，逐渐产生了弊大于利的后果。面对20世纪70年代计算机信息技术革命引发的经济社会变革，苏联继续坚持着原有的军事工业发展战略而未及时作出有效反应，使得席卷西方的计算机和自动化革命绕过了苏联。在1960年苏联制定的20年经济发展规划中，将钢铁、水泥、石油、煤炭、化肥列为重点目标，并制定了详细的增长指标。[①] 这一时期西方大国已经开始朝向低耗能、高附加值的集约化经济转型，工业发展逐步从钢铁、水泥、汽车等传统重工业领域转向计算机、信息技术、自动化、生物工程等新兴领域，苏联仍将传统的粗放型产业作为发展重点，在经济模式上已经落后于西方。如果说20世纪60年代信息技术产业的发展前景仍不甚明朗，但到了20世纪七八十年代苏联仍然对信息技术的发展判断错误。1984年，当西方发达国家信息化产业已经茁壮成长带来巨大的经济社会效益时，苏联仍旧提出把国民经济转移到集约化发展的道路上，机器制造业起着主导作用的传统观念，对于信息化的特征、影响及作用仍旧认知不清，未能就信息技术和信息产业做出正确的判断和部署，最终影响到苏联的经济转型和产业升级。

2. 固守军事优先战略阻碍新兴技术的发展

苏联长期以来将军工建设置于经济发展之上，优先发展军事技术和军工产业，经济建设被要求服务于军事建设，根据军事建设的要求来决定经济建设的规划。在苏联建立初期，为了新生政权的成长和巩固，集中发展军事工业这种政策是合理的，在其后的二战以及冷战初期这种军工优先战略仍符合苏联的国家需求和当时技术发展的特点。但当苏联建立起完备的军事工业体系和强大的国防力量后，尤其是代表先进生产力的新兴技术崛起时仍继续坚持军事工业优先的战略，便阻碍了国内经济的正常运转，耗费了宝贵的国家财富，阻碍了苏联经济社会的转型升级。

（二）国内外市场需求狭小无法带来技术革新的动力

以计算机信息技术为主导的新兴技术产业虽然能够应用于军事领域，但更多地与经济社会领域相关联，市场需求的大小影响着持续进行技术革

① 安维复：《科技革命与苏联兴亡》，《当代社会主义问题》2000年第1期，第9页。

新的现实动力。美国的新兴技术产业能够得到发展的一大原因在于其庞大的海内外需求市场不断引导企业进行技术创新和产品升级，以满足市场苛刻的需求。同时，大量的市场需求给企业带来了可观的利润收益，激发了企业继续进行技术研发的决心，由此市场需求和技术创新转化形成一种良性互动。而在苏联，由于高度集中的计划经济体制注重生产和积累、压制消费，导致其国内消费市场固定且狭小。同时，苏联国民收入相较西方也较低，且增速持续下降，也使得苏联居民实际消费能力不足。再加上苏联对外贸易以社会主义国家为主，对外出口市场狭小，且以初级产品为主，不能有效扩展海外高技术产品市场。计划型消费模式、乏力的消费能力、海外市场的匮乏致使苏联难以形成有效的消费市场，从而缺少经济技术革新的动力。

第四节　技术赋能力差异对美苏实力的影响

基于国际关系史实考察，美苏大国竞争的焦点从传统的资源领域转移到先进技术领域，无论是军备竞赛还是国民经济实力比拼都与新兴技术密切关联。在军事领域，美苏核军备竞赛和太空竞赛本质上都是两国原子技术和空间技术创新力和转化力的竞争，具有技术赋能优势的一方能够在战略力量对比中占据优势；在经济生产领域，以计算机信息技术为代表的新技术集群能够极大地提高社会生产力，率先掌握先进技术并积极转化于国民经济的一方将获得国家整体经济实力的优势。

一、技术赋能水平相近与美苏战略平衡

冷战期间美苏军事对抗中最重要也是最具战略性的当属核军备竞争和太空探索竞争，这两个领域不仅关系到军事战备和国防安全，也被两国当做衡量超级大国地位和国际实力位次的重要标志。核武器由于其大规模杀伤特性使得拥核一方获得对敌拒止能力，能够打破既有的战略力量平衡，获得国家安全的保障和较高的外交筹码，核武器的掌握与否以及二次核打击能力的构建直接关系到大国实力地位的相对变化和国家安全的维护。而空间探索和利用在当时不仅具有高空侦查和军事打击作用，更被看做美苏

大国实力位次的一个衡量指标，因此也成为美苏激烈竞争的技术领域。核军备与太空竞争具有高度的技术依赖性，美苏强大的技术创新力保障了两国技术的领先性，高效的技术转化力确保了高强度军备竞赛的实施，再加之强技术耦合保障下的制度政策支持，经过长期的战略竞逐美苏双方在核军备及空间探索领域旗鼓相当、难分伯仲，形成了战略平衡局面。

（一）技术赋能与美苏核军备平衡形成

核武器作为大规模杀伤性和毁灭性武器，发挥其军事价值的关键是核弹本身的研制和核弹投射平台的建设，核弹根据其类型可以分为原子弹、氢弹和中子弹，核弹的投射平台包括陆基弹道导弹平台、海基核潜艇平台和空基战略轰炸机平台，美苏的核军备竞争也主要在这些领域开展。美苏在军事技术赋能上势均力敌，两国都极为重视核技术的研发创新，都通过国家战略实施和保障战略核力量的构建，最终在核武器研制与立体核打击体系构建上形成核恐怖平衡。

1. 核弹研究制造竞争

在各型核武器的研制上美国处于略微领先地位，但由于苏联的快速追赶双方在核技术上难分伯仲。在核武器的研究方面，美国为率先掌握原子技术的国家，1945 年 7 月 16 日，美国在新墨西哥州沙漠进行了第一次核爆炸试验，并于 1945 年 8 月 6 日在日本广岛和长崎成功投放原子弹。率先掌握核武器技术的美国在大国竞争中对苏联具备了战略性优势，为此，苏联加速原子弹的研制，1949 年 8 月 29 日在哈萨克塞米巴拉金斯克试验场成功试爆第一颗原子弹，打破了美国的核垄断。苏联原子弹引爆成功后，美国总统杜鲁门决定加快热核武器的研发，1952 年 11 月 1 日美国在太平洋马绍尔群岛进行核试验，成功试爆世界第一颗氢弹，紧接着 1953 年 8 月 12 日苏联宣布成功进行氢弹爆炸试验。在战术核武器方面，美国于 1962 年在内华达州率先实验中子弹，苏联由于较为重视大当量核武器的研发制造，勃列日涅夫宣布苏联掌握中子弹技术但不会大规模生产。从原子弹、氢弹到中子弹，美苏之间你追我赶相互竞争，苏联在原子弹试爆上落后美国 4 年，到了氢弹试爆上只落后美国不到 1 年，技术水平均处于世界前列。在核弹的制造方面，美苏都有着强大的技术转化能力和强大的工业制造能力，经过多年竞争也形成势力均衡的局面。信奉全面核战争理论的艾森豪威尔担任美国总统后制定了“大规模报复战略”，大举发展核武器和战略空军力量，减少和削弱常规军事力量投入，将核力量作为展示美国实力和形成对苏联战略优势的重要手段。苏联方面，为了维护国家的安全及争夺世界霸权，同样将打造核武器作为最重要的军事战略，在此之后，两国围绕核力量展开了前所未有的军备竞赛。基于数据分析，从 1945 年开始到 20 世纪 70 年代中期，美国在核弹研制数量上领先于苏联，但到了 70 年代后期，苏联的核弹数量逐渐赶上并超过美国，双方在核弹研究和制造上形成均势。

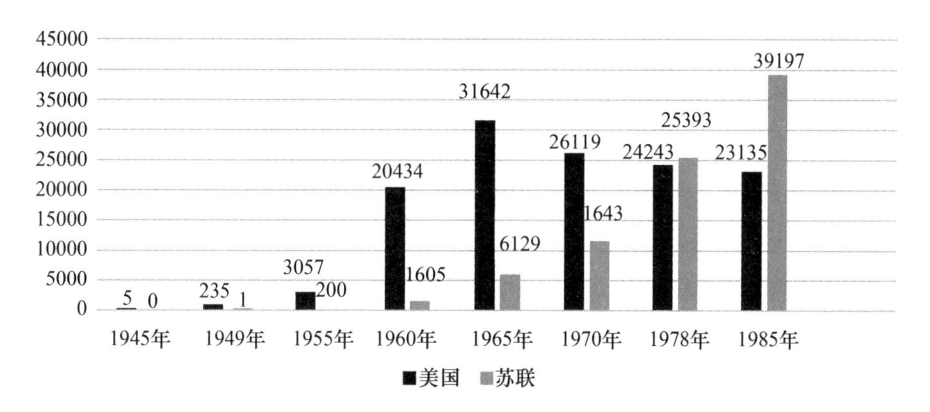

图 4－1　1945—1985 年美苏核弹数量对比（单位：枚）

资料来源：斯德哥尔摩国际和平研究所、美国国防部。

2. 核武器投射平台竞争

核武器的投射平台是组成战略核力量不可或缺的部分，只有具备抗打击力强、隐蔽性高、多位一体的战略核打击力量才能形成有效的核威慑。核武器的投掷平台一般分为空基核武器平台、陆基核武器平台、海基核武器平台，对应战略轰炸机、陆基洲际弹道导弹和战略核潜艇三种主要运载发射工具，这些平台研发技术门槛高、研发难度大、投资高昂，美苏围绕着核武器投射平台建设进行了长期的较量。

战略轰炸机。战略轰炸机是最早的也是最基本的核弹运载投射工具，它具有航程远、载弹能力强的特点，通过抵达目标区域投放核弹的方式对敌方纵深目标进行打击。1943 年美国就研制出第一款战略轰炸机 B29 超级堡垒轰炸机，该机型在二战太平洋战场上发挥重大作用，并于 1945 年执行广岛、长崎核弹投放任务。1947 年苏联生产出第一架图－4 型战略轰炸机，该机型于1951年10月成功投掷原子弹使得苏联也具备战略核打击能力。在冷战期间美国相继研发出B50超级空中堡垒轰炸机、B36和平缔造者轰炸机、B45龙卷风轰炸机、B47同温层喷射轰炸机、B52同温层堡垒轰炸机、B1枪骑兵轰炸机等多种型号的战略轰炸机，苏联方面也研发出图－95、图－16、图－22、图－22M、图－160等型号战略轰炸机与美国开战空基核力量竞赛，双方在空基核力量领域形成军事威慑的局面。

洲际弹道导弹。洲际弹道导弹具有发射距离远、反应时间快、自我保护能力强的特点，一般情况下洲际弹道导弹射程大于8000千米，通过高超音速飞行可在半小时到一小时之内携带核弹头攻击世界任何一个角落，因此成为核弹的最主要投送工具和大国核打击力量的主体。苏联在研究和复制德国V2导弹的基础上较快掌握了导弹的设计制造能力，20世纪50年代初，苏联开始独立研制自身的弹道导弹，1957年8月21日成功发射世界第一枚洲际弹道导弹SS－6型弹道导弹。这款导弹可携带4100千克的百万吨级当量的核弹头，大大改变了美苏战略核力量形势。苏联弹道导弹研制的成功给美国安全带来较大的压力，促使美国加速战略导弹研究进度，1959年美国的第一款洲际导弹“宇宙神”开始装备部队。1960年苏联成立火箭军，将火箭军列于苏联五大军中之首，全力发展洲际弹道导弹，美国方面1964年提出“相互确保摧毁战略”同样要求加强战略核力量的摧毁和反击能力。1961年苏联开始第二代洲际弹道导弹SS－7和SS－8的实验和部署，成为苏联最早的可以规模化部署战斗值班的洲际导弹。之后苏联第三代洲际导弹SS－9、SS－11、SS－13、SS－18等具备了更高的打击精度、更快的反应速度和更强的抗干扰能力。与之均势的美国在洲际核力量方面也不甘落后，先后研发出北极星、民兵系列等多种型号洲际弹道导弹与苏联竞争。总体来说，苏联在陆基洲际导弹方面数量上占优势，而美国在精度上领先，双方均具备相互摧毁的能力。①

战略核潜艇。战略核潜艇又称弹道导弹核潜艇，是以核反应堆为动力来源，具有弹道导弹发射能力的海上核力量平台。由于战略核潜艇以核反应堆为驱动力无需上浮充电，具有续航时间长、航速快、隐蔽性好、生存能力强的特点，通过战略核潜艇携带和发射洲际弹道导弹成为大国面对核

① ［日］藤井治夫：《美苏核军备竞赛及核武器部署》（上），《世界知识》1982年第11期，第20页。

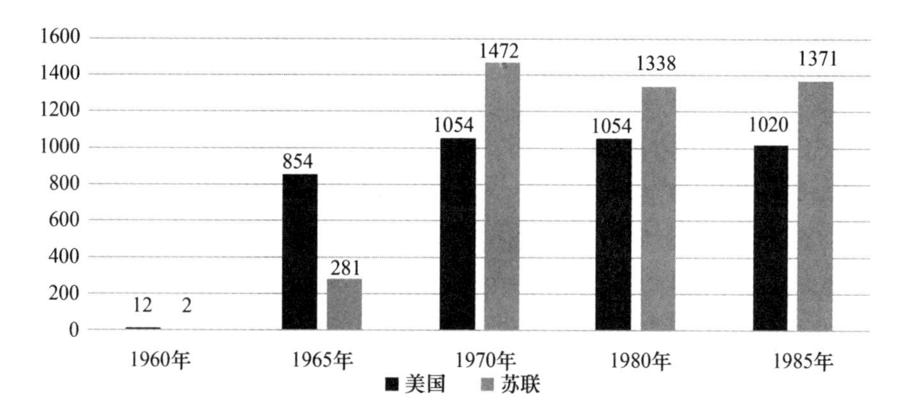

图4－2　1960—1985年美苏陆基洲际导弹数量对比（单位：枚）

资料来源：斯德哥尔摩国际和平研究所、美国国防部。

攻击、保存二次核打击能力的主要方式。1959年美国建造完成的世界第一艘弹道导弹核潜艇下水服役，面对美国的优势苏联加快本国战略核潜艇的研制，1960年苏联第一艘战略导弹核潜艇服役，由此美苏两国都具备了海基核反击能力。此后，两国围绕战略核潜艇的数量、导弹携带能力、静音水平等方面开展了长期的竞争以提高自身核威慑能力。最终在海基核力量方面，苏联的战略核潜艇在数量上对美国占有优势，美国在潜射弹道导弹的核弹头数量上领先苏联，美苏实力不分伯仲。

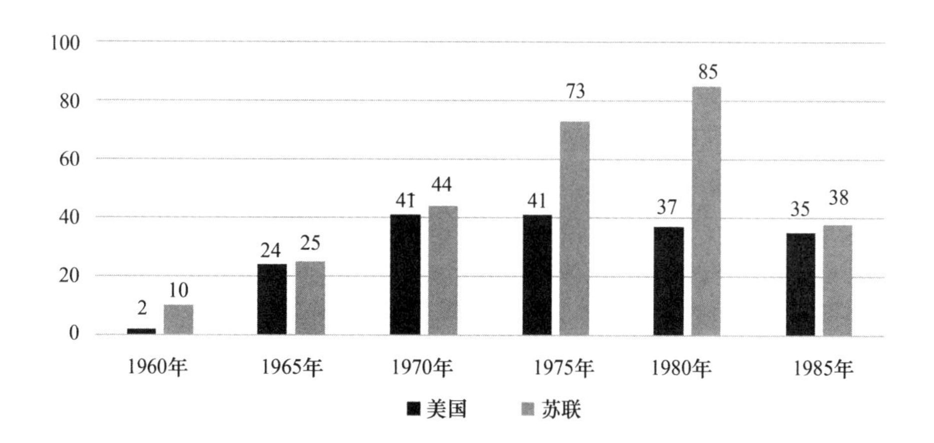

图4－3　1960—1985年美苏战略核潜艇数量对比（单位：艘）

资料来源：斯德哥尔摩国际和平研究所、美国国防部。

美苏双方经过长期的核军备竞赛，在战略核力量上基本形成较稳定的核均势态势，双方无论在陆基、空基还是海基核武库储备均处于严重饱和状态，任何一方都无法确保具有一次消灭对方的能力，而战略核潜艇等二次打击能力的存在使得双方都具有核反击能力，基于收益损失考量美苏尽力避免发生核战争，核军备竞赛处于长期均势局面。

（二）技术赋能与美苏太空开发探索竞逐

火箭技术的进步使得人类对太空的探索和利用成为可能，发展空间技术成为大国寻找和利用太空资源的必然要求，也是增强国家空天力量及服务经济社会发展的重要方式。美苏的太空竞争不仅在于对太空资源的开发和利用，还包括两国看重太空这一全新领域的巨大象征作用，美苏两国相信空间技术水平和太空探索能力是超级大国的标签，能够彰显本国制度的优越和实力的强大，为此太空成为美苏竞争场所，争相研究和发射飞行器进行太空探索。

1955 年美苏两国都宣布了将人造卫星送入轨道的计划，由于苏联在弹道导弹研究领域的优势使得其在太空竞争初期处于领先地位，1957 年 10 月 4 日苏联发射世界第一枚人造地球卫星“斯普特尼克－1”号，率先开启人类太空纪元，1 个月后，苏联再次发射火箭将更大的卫星和一条名叫徕卡的狗送入地球轨道。能够发射更大尺寸的卫星代表着苏联的火箭运载能力和弹道导弹技术的强大，使得美国十分紧张加速同苏联竞争。1958 年 1 月美国发射第一颗人造卫星，同年 7 月美国总统艾森豪威尔签署《美国国家航空暨太空法》，10 月美国国家航空航天局成立，负责制定、研究、执行美国的太空计划。在此之后，美苏加速在太空领域的竞争，直到 1965 年，苏联在太空竞赛中被认为处于领先地位，苏联的优势表现为更多的第一和首次，包括 1959 年发射第一颗月球探测器、1961 年完成首次载人轨道飞行、1963 年完成人类第一位女性航天员升空、1965 年完成人类首次太空行走。美国方面也不甘示弱，完成了首颗通信卫星升空、首颗气象卫星发射、首颗地球同步卫星发射等。

在卫星发射竞争的同时，美苏将登陆月球作为共同目标，1960 年 7 月美国宣布启动“阿波罗计划”，1961 年苏联首次载人航空成功后大大刺激了美国，肯尼迪决定加速登月计划步伐，要求 20 世纪 60 年代末将美国宇航员送入月球，并宣称“我们选择去月球……我们选择在这 10 年中去月球，并做一些其他事情，不是因为它们很容易，而是因为它们很难”，以表明登月决心。经过长期的努力和多次的辅助任务，1969 年著名的“土星 5 号”火箭运载着“阿波罗 11 号”飞船踏上奔月之旅，阿姆斯特朗成为第一位登上月球的人类。苏联方面在 1964 年通过《关于探索月球和外层空间有关工作的决议》授权进行登月计划，并计划于 1968 年实现登月。但苏联的登月计划遭遇领导人变更、著名的火箭设计师科罗廖夫逝世、N－1 火箭发射失利等多种原因最终未能登月，1970 年苏联决定终止载人登月计划转向空间站建设方向。美国方面由于巨大的投入消耗也逐渐减少对登月的兴趣，1975 年“阿波罗号”与“联盟 19 号”在轨道上对接，美苏两国宇航员在太空握手标志着两国太空竞赛的缓解。

表 4－1　1957—1978 年美苏发射航空器次数

年份	美国	苏联	年份	美国	苏联
1957 年	0	2	1968 年	15	71
1958 年	5	1	1969 年	10	70
1959 年	10	3	1970 年	29	81
1960 年	16	3	1971 年	31	83
1961 年	29	6	1972 年	31	71
1962 年	52	20	1973 年	23	86
1963 年	38	17	1974 年	22	81
1964 年	57	30	1975 年	28	89
1965 年	63	18	1976 年	26	99
1966 年	73	11	1977 年	24	98
1967 年	57	66	1978 年	32	88

资料来源：廖春发：《美苏 1957—1978 年历年发射次数统计》，《国外空间动态》1979 年第 10 期，第 34 页。

表 4－2　美苏太空竞赛大事件时间表

时间	苏联	美国
1957 年 10 月 4 日	发射世界第一颗人造卫星	—
1958 年 1 月 31 日	—	发射美国第一颗人造卫星
1958 年 12 月 18 日	—	发射世界第一颗通信卫星

续表

时间	苏联	美国
1959 年 1 月 2 日	发射世界第一个月球探测器	—
1959 年 2 月 17 日	—	发射世界第一颗气象卫星
1959 年 9 月 13 日	发射世界第一个在月球表面硬着陆的航天器	—
1960 年 7 月 5 日	—	发射首颗侦察卫星
1961 年 2 月 12 日	发射首颗金星探测器	—
1961 年 4 月 12 日	世界第一次载人轨道飞行	—
1961 年 5 月 25 日	—	美国第一次载人亚轨道飞行
1963 年 7 月 26 日	—	发射首颗地球同步卫星
1965 年 3 月 18 日	首次人类太空舱外活动	—
1969 年 7 月 20 日	—	首次人类登陆月球
1971 年 4 月 23 日	发射世界上第一座空间站	—
1975 年 7 月 15 日	“阿波罗号”与“联盟 19 号”在轨道对接，太空竞赛缓解	—

资料来源：廖春发：《美苏 1957—1978 年历年发射次数统计》，《国外空间动态》1979 年第 10 期，第 34 页。

总的来说，在军事领域由于美苏都具备较强的军事技术赋能水平，美苏军事竞争整体处于势力均衡状态。在战略规划保障、高效组织体系领导、不计成本的投入以及雄厚的科研基础和顶尖人才团队的合力下，无论是战略核力量的研制部署还是在宇宙空间的探索，美苏双方你追我赶、相互竞逐、难分高下，任何一方都难以占据绝对领先地位。军事力量的势均力敌使得美苏大国竞争呈现整体战略平衡的局面，为两国超级大国地位的维持和冷战期间的长期和平提供了保障。

二、技术赋能差距与苏联国力衰落

核武器和二次核打击能力使得美苏对抗发生全面战争的收益远低于损失，因此，在美苏核均势长期稳定存续的情况下，国民经济领域成为影响双方综合国力的关键。这一时期对国民经济和国家实力影响最大的当属电子计算机、信息通信、半导体、生物工程等新兴技术及相关产业，特别是

20 世纪 70 年代后期随着这些新兴技术的蓬勃进步，人类生产力发展不再以钢铁水泥等传统劳动密集型、资源密集型领域为导向，而是转向知识密集型领域。美国在保持与苏联军备均势的同时，将更多的精力投入到计算机、自动化、信息技术等新的领域，新技术引发的产业革命激发了经济的新一轮繁荣，为美国的综合实力增长注入了新的驱动力。而苏联则继续沿着原子技术、军事工业的道路行走，面对新的技术革命和产业革命未能做出有效反应，加之国内外市场狭小、技术创新能力不足、技术转化效率低下，导致错过技术革命和经济转型的时机，最终经济发展逐渐趋缓直至停滞倒退，越发无力支撑超级大国竞争。

本章小结

苏联在与美国实力较量中逐渐落败是由其不平衡、不健全的技术赋能水平造成的。在军事技术领域，苏联与美国并肩引领全球军事技术前沿，双方竭尽全力地将军事技术转化到军备力量建设上，形成战略均势平衡。在经济技术领域，美国引领了第三次技术革命，通过新一轮产业革命推动了国家实力的持续增长，而苏联却错失技术革命机遇，产业结构逐渐落后，经济日渐衰微，而庞大的军事开支又消耗着宝贵的国家财富，导致国力日渐不支，最终在美苏竞争中走向落败。

政府全权主导、体制机制僵化、市场要素缺失是苏联不平衡、不健全的技术赋能力形成的主要原因。苏联完全由政府主导而缺乏市场要素的技术赋能模式与从 20 世纪 70 年代兴起的电子计算机、信息技术、自动化、生物工程等技术发展走向难以适应。苏联在战略规划上长期坚持军事工业优先政策，对信息技术等新兴技术定位不清、投入力度较少，没有以革命的姿态拥抱信息技术革命的到来。经济制度的僵化、封闭和高度统一使得苏联长期重视生产投资而忽视消费，消费市场狭小、消费能力不足，无法为以民用市场为主的新技术产业提供有效市场需求动力，最终使得苏联与美国综合国力逐渐拉开差距。

为了维持国家的运转和支撑超级大国竞争，苏联只能继续依靠传统的劳动力、资本、资源的高投入模式发展，产业结构持久不能得到升级，再加上为追求霸权而进行的不计成本的军备投入、大规模对外援助、对外干预和对外战争等更是时刻消耗着苏联宝贵的国家财富，长此以往，苏联在高强度的美苏超级大国对抗中渐渐实力不支。国力的衰落使得苏联许多被压制的问题和矛盾显现，引发经济危机、政治危机和民族危机，最终在国内外因素的共同作用下走向崩溃瓦解，美苏超级大国竞争以苏联的彻底失败告终。

政府市场协调型技术赋能模式总结：

（1）从建构方式上看，政府市场协调型技术赋能模式同时依靠政府与市场两方面的力量推进技术赋能。在技术研发创新上，一般由政府负责基础科学的投入以及重大技术项目的攻关，市场负责更为广泛的产业技术的研发创新；在技术融合转化上，由政府综合协调不同部门之间的技术转移融合，尤其是军民技术之间的融合转化，并通过政府政策、税收、补贴引导和加速特定技术产业的发展，而市场则通过经济激励、市场竞争、金融资本等方式加速技术成果的转化速率；在技术耦合上，基于政府调查和市场反馈综合研判当前制度机制可能存在的问题，通过制度改革和政策修订不断改进相关制度机制、完善相应法律法规，由此构成强有力的国家技术赋能体系。

（2）从适用范围上看，政府市场协调型技术赋能模式更加适应信息技术时期的国家技术赋能特征。在信息技术时期，科学技术研究越发深入细致，技术创新投入极大、门槛极高，因此必须通过政府的综合协调和投入保障才能有效开展基础科学研究。同时，信息技术时期的技术革新以集群形式出现，各类先进技术争相迸发，仅靠政府主导根本无法覆盖全部技术领域的创新和转化，因此需要通过市场力量来覆盖和推动更大范围的技术革新，并通过市场的激励和刺激作用提高技术赋能转化的效率。

（3）从赋能条件来看，政府市场协调型技术赋能模式必须兼具强有力的政府能力和繁荣有序的经济市场。只有具备强大的组织力、行动力、改革力的政府才能科学制定技术战略政策，才能整合调动各方面资源对于关键性技术进行攻关，才能及时发现和勇于改进体制机制中的不足和问题；同时，也只有繁荣有效的市场才能持续产生需求刺激、竞争压力、资本支持来推动产业技术的革新和转化。除此之外，还必须处理和协调好政府与市场之间的关系，综合发挥双方的优点长处以弥补彼此的缺陷与不足，因此政府市场协作型技术赋能模式的有效运行要求较高。

（4）从政府市场协调型技术赋能模式的优点看，该模式具备政府主导型技术赋能模式对于关键性技术创新转化高效、快速的优点，同时兼具了市场主导型技术赋能模式覆盖范围广、跟进及时、容错率高的长处。在政府市场协调型技术赋能模式中，既能够有效地整合协调国家资源开展关键性技术攻关，迅速实现特定技术的转移转化取得技术赋能成效，也能够利用市场资源和市场力量进行广泛的技术创新和高效深入的技术转化，同时分散和减轻技术路线偏差的损失，最终构筑更高水平的技术赋能效力以持续提升国家综合竞争力。与优点相对应，该模式必须同时具备强大的政府能力和完善的市场机制，且拥有较高水平的政府与市场协作关系，双方既要有机协调又要保持各自功能角色，协作难度较大。

第五章　新技术革命下的技术赋能展望

当前新一轮技术革命和产业革命正在加速推进，新兴技术发展以智能化为方向，与科学深度融合，迭代速度极快，呈现出跨领域、跨行业的融合趋势，研究门槛和难度极高。蓬勃出现的新兴技术已经展现出对经济社会和国防军事的强大赋能作用，并将深刻改写未来的国家竞争焦点，为各国通过技术赋能途径提升国家实力与国际竞争力提供了机遇。能否抓住新一轮技术革命机遇，能否利用新兴技术的强大赋能力提升国家综合实力，将在很大程度上影响未来国家实力的变化以及世界力量格局的重组。

第一节　新一轮技术革命的主要特征及表现

当下正在兴起的新技术革命由于尚在发展初期阶段，各界对新一轮技术变革的界定上存在较大争议。有学者认为，当前的技术变革是一场全新的技术革命，新的技术突破及产业变革的序幕已经拉开，也有学者虽然承认新技术的突破性并认可其影响的广泛和深刻，但认为其仍属于信息技术革命的范畴，更像是2.0版本的信息技术革命。本书认为，当前及未来的一段时间之内，人类技术发展将处于智能技术主导的时代，智能技术与信息技术有着深刻联系又有着本质区别。智能技术建立在信息技术的基础之上，可以说没有信息技术的深入发展作为前提，智能技术难以产生实质性突破。但智能技术与信息技术又有着严格的区别，信息技术以信息的交互为要点，解决的是人类信息的收集、存储、传播、利用的问题，是对人脑运算能力和信息处理能力的增强，而智能技术时期技术的发展以智能化为显著标志，其属性为模拟、辅助和增强人类的分析思维能力，是一场全新的技术革命。

一、新技术革命的主要特征

（一）技术发展以智能化为方向

历史上手工工具技术延伸了人类的手臂，机器工业技术解放了人类的双手，信息技术强化了人类的计算能力和信息交互能力，而智能技术的目标和作用则是模拟和增强人类大脑的分析思考能力。智能技术建立在计算机信息技术的发展基础上，信息技术主要在于帮助人类收集、传输、存储信息，当信息技术发展到一定阶段时，在信息互联的基础上人类社会已经存在遍布全球的网络终端，产生了海量的数据，如何高速传输交互数据、有效分析挖掘利用数据、有效控制移动终端成为下一阶段发展的核心。因此，智能技术成为人类技术突破的方向，催生出以5G为代表的高速无线传输技术，大数据、云计算、区块链、量子计算、人工智能、物联网技术等。通过这些技术，人类能够智能地收集海量的信息、快速准确地挖掘分析数据中的价值，并根据不同领域的需求智能地开展创造和发布指令，辅助人类分析思考和提高决策能力。当然，智能技术时期并不只有智能技术领域的进步，除了智能技术相关核心技术外，新型材料、新型能源、空间探索、生物技术等不同领域同样也进行着快速技术革新，但是这一时期整体的技术突破是以智能技术为核心的，传统技术领域的进步往往是通过智能技术辅助得以实现。以空间探索中的火箭技术为例，在新的发动机材料和燃料技术未能突破的条件下，人类的火箭发动机技术在20世纪70年代已经达到巅峰，火箭发动机推力数十年未见有效提高，航天探索在原有的技术路径下遭遇发展瓶颈，而智能技术则能够开辟新的技术路径以赋能传统技术进步。太空探索技术公司（SpaceX）将人工智能技术大量应用于火箭的结构设计优化、发射前的故障预测、发射过程中的监控与控制以及发射后的数据收集与分析，这使得“重型猎鹰”火箭能够将27台梅林1D发动机并联运行实现高达2280多吨的起飞推力，成为现役最大推力的火箭，而运载能力更大的星舰一旦试验成功将推动人类探索太空的进程。由此可见，智能技术与传统技术结合能够带来新的技术方式和技术突破，实现原有技术难以达到的效果，因此，智能化成为这一时期技术发展的最根本特征。

（二）科学与技术深度融合

随着人类技术的演进，到了当前智能技术时期，科学与技术已进入深度融合发展的阶段。自20世纪初相对论、量子论为代表的科学革命之后，科学理论历经100余年未能取得新的重大突破和范式革新，在这种情况下，当前的科学发展更多的以服务技术为表现形式，科学技术化成为鲜明特征。与此同时，技术的进步也越发离不开科学理论和科学知识的指导，技术发展与科学理论已密不可分，技术科学化也愈加深入。智能技术的发展建立在全面深入的科学理论基础之上，技术进步的每一个步骤都严格遵循科学理论和科学规律的方向，技术研究属于专业科研团队的特权，像早期技术时期的偶然发明发现以及在生产活动经验基础上的发明创造在智能技术时期已不现实。例如，增强人类未来运算能力的量子计算机是依照量子力学运行规律进行高速数学和逻辑运算的物理机器，其工作原理在于利用量子独特的叠加属性以实现增强运算的目的。经典计算机的信息单元比特只有0态和1态，而量子计算机的基本信息单位为量子比特，量子比特既可以处于0态和1态，又可以是0态和1态的任意线性叠加，从而达到传统计算机难以比拟的计算能力。① 机器学习与数学理论密不可分，涉及概率论、统计学、逼近论、凸分析、算法复杂度理论等多门学科，而机器学习的算法更是离不开数学，其常见的决策树算法、朴素贝叶斯算法、支持向量机算法、随机森林算法等可以说本身就是对于数学统计分析模型的建立和应用。人工智能研究的范畴更为广泛，包括语言的学习与处理、智能搜索、感知问题、模式识别、神经网络、复杂系统、遗传算法等领域，涉及数学、神经生理学、心理学、仿生学、哲学和认知科学、语言学、信息论、控制论、不定性论等学科。总而言之，在智能技术时代，科学与技术实现了相互渗透、相互促进的辩证统一，科学理论指引着技术的进步方向，技术工具的进步又为科学理论的研究提供有力支撑，科学与技术在相互联系中加速前进。

---

① 郭广灿、陈以鹏、王琴：《量子计算机研究进展》，《南京邮电大学学报（自然科学版）》2020年第5期，第3—10页；吴楠、宋方敏：《量子计算与量子计算机》，《计算机科学与探索》2007年第1期，第1—16页。

（三）技术迭代革新速度极快

智能技术时代的技术进步与迭代速度极快。首先，从技术发展的规律来看，技术革新的速度呈指数加速趋势。在农业技术时期，人类的技术发展速度以千年为单位，技术发展基本呈平滑曲线，很少有大的跃升，到了工业技术时期技术发展速度明显加快，技术革新以百年为单位，而信息技术时期技术发展进步速度已经以年为单位，从人类技术发展的趋势及目前智能技术发展的表现看，智能技术更新迭代将更加快速，在深厚科学基础、激烈的国家市场竞争以及密集的科研投入下，必将推动智能技术的高速迭代。其次，智能技术时期技术的数字虚拟化的特点也有利于技术的迅速迭代。在智能技术时期，大部分技术是数字虚拟的软件形态，而不是机器机械等硬件形态，硬件的更新往往需要产品结构的重新设计、制造工艺的革新、工程材料的进步等，而这些方面的进步需要漫长的时间。以发动机为例，新发动机的设计制造需要绘制图纸、确定材料、开发模具、实验验证等多个阶段才能正式确定参数和型号，这之间需要较长研制生产的时间，加之受制于材料技术和燃料技术限制，发动机技术进步幅度很小，即便是以 10 年为单位，发动机也很难实现功率倍增的效果。二战时期的德国虎式坦克使用的 HL 230 P45 汽油发动机功率为 700 马力，而现在美国最先进的 M1A2 坦克使用的莱康明 AGT－1500 燃气涡轮发动机功率为 1500 马力，仅仅是二战时期坦克的两倍。而虚拟形态为主的智能技术只需要进行数据的更新、算法的优化、版本的升级就能以很短的时间带来技术上的迭代进步，甚至在人工智能机器学习模型加持下可以不分昼夜地自主学习和自我进化，不仅大大缩短了智能技术的迭代时间，同时也极大提升着新技术的效力效能。

（四）技术跨界融合成为常态

智能时代，技术创新不再局限于某个特定领域，而是呈现出跨领域、跨行业的融合趋势，这种跨界融合不仅推动了技术的快速发展，还催生了新的产业生态和商业模式。首先，人工智能、机器学习、大数据、云计算等技术的发展使得数据的收集、处理、分析和应用变得更加高效和精准，从而促进了不同领域之间的信息共享和互通。其次，智能技术的应用范围越来越广，渗透到各行各业，跨领域的应用和融合使得原本独立的行业相互交叉、渗透，有助于推动技术创新和产业升级，提升整个社会的生产效率。例如，人工智能技术与传统汽车技术的跨界融合催生了自动驾驶技术，通过机器学习、人工智能、大数据等技术与机器机械的配合，自动驾驶汽车可以自主感知周围环境，智能决策和自动驾驶，这种跨界融合不仅改变了汽车的驾驶方式，也推动了汽车产业的创新发展。

（五）技术研究门槛高难度大

从发展趋势看，智能技术时期的技术研发门槛较高，对资金、技术、人才等投入要求巨大，仅有少部分国家才有能力和条件进行相关技术研发。在农业技术时期，几乎任何国家都可以生产制造手工工具，在工业技术时期，虽然技术研发有了一定难度，但并没有排除大部分国家的参与。以日本为例，19 世纪中期的日本仍处于农业技术水平，而此时西方工业革命已经开始了 100 年，欧洲大国已经广泛使用机器机械步入工业化阶段，但随着日本明治维新对西方技术的引进和学习，短短数十年时间便基本掌握了机器工业技术，形成了自己的工业体系。智能技术时代的技术创新需要具有扎实的基础科学能力、专业顶尖的科研机构、丰富的人才资源、巨额持久的资金投入，是科技、人才、经济实力基础上的综合性技术创新，远非一般国家能力所及。

随着智能技术研究门槛越来越高，伴随着少部分国家技术领先优势越发明显，更多的国家将无力参与技术竞争，未来根据技术水平将分为技术主导国和技术使用国。对于技术落后的国家来说进行技术赶超十分困难，即便是通过技术模仿也很难行得通。手工工具的模仿只需要有经验的匠人端倪一番即可进行仿造，对于机器机械可以进行拆解和逆向工程研发来分析构造并进行仿制。到了信息技术和智能技术时代，技术研发涉及基础科学、工业设计和精密制造等众多领域，即便是拿到相关技术设备也很难模仿跟进。同时，智能技术更加难以被拒绝和替代，技术落后一方不得不引进和采用技术先进一方的技术。例如，工业革命时期英国和中国分别采用蒸汽动力和人工纺织布匹，两者虽然效率差距极大，但是产出的纺织品的使用价值并无太大差别，技术落后的一方可以通过增加资源投入等粗放形式弥补一定不足，甚至英国的纺织品初始并不能打开中国市场只得采用武力方式逼迫清政府开放通商。而当今不采用智能技术设备便难以快速精准地处理海量信息，难以为各行各业提供智慧化、个性化的解决方案，难以同未来智能世界相联通，因此技术领先的一方将具有赢者通吃的权利。

二、主要新兴技术表现

新一轮的技术革命前进方向以智能化为中心，出现了多种先进技术多点突破、协调配合、群体迸发的态势。智能技术不是单一技术领域的突破和创新，而是多种新技术集群配合下的综合体系，它以实现智慧智能为技术目标，包含高速无线传输技术、大数据技术、物联网技术、云计算技术等诸多技术协调配合，其中大数据是基础资源，无线高速传播为通道，云计算、人工智能为数据处理方式和指令中心，最终实现万物互联、智能智慧的一套综合性技术体系。目前已经得到公认并具有巨大赋能潜力的新技术包括：

高速无线传输技术。现阶段高速无线传输技术的代表是5G技术，5G是指第五代数字蜂窝移动通信技术，它具有超高速、低时延、大带宽、广链接的特征，与之前的4G网络技术相比，5G在速度上是4G的100倍，在时延方面，5G为1—10毫秒，而4G为20—80毫秒，在连接数量上5G每平方千米允许100万台设备接入网络。5G技术既是智能技术革命的前沿性技术，又是新一轮工业革命的基础性技术，高速无线传输是智能技术时代的基础设施，没有强大高效稳定的数据传播技术，其他的大数据、云计算、物联网、人工智能等就难以进行整合并发挥预期作用。

大数据技术。麦肯锡全球研究所对大数据给出的定义是一种规模大到在获取、存储、管理、分析方面大大超出了传统数据库软件工具能力范围的数据集合。美国信息技术研究和分析公司高德纳（Gartner）对大数据定义为包含越来越多的种类并且数量越来越多、速度越来越快的数据。大数据具有海量的数据规模、快速的数据流转、多样的数据类型和价值密度低四大特征。维克多·迈尔-舍恩伯格认为，大数据正在改变我们的生活以及理解世界的方式，成为新发明和新服务的源泉，数据不仅可用来治国而且得数据者得天下。[①]

物联网技术。物联网概念是由国际电信联盟于2005年11月在信息社

① ［英］维克托·迈尔-舍恩伯格、肯尼思·库克耶著，盛杨燕、周涛译：《大数据时代》，浙江人民出版社2012年版，第1页。

会世界峰会上正式提出，物联网可以被认为是指将“各种信息传感设备及系统，如传感器网络、射频标签阅读装置、条码与二维码设备、全球定位系统和其他基于物－物通信模式（M2M）的短距无线自组织网络，通过各种接入网与互联网结合起来而形成的一个巨大智能网络”①。物联网的基本特征可概括为整体感知、可靠传输和智能处理，其目的是将所有目标物品通过网络连接在一起，实现任何物体在任何时间、任何地点的相互连通，并由系统对联网物体进行实时的定位、识别、监控、调动、管理。

云计算技术。所谓云计算，简单地说就是以虚拟化技术为基础，以网络为载体，以用户为主体，以为其提供基础架构、平台、软件等服务为形式，整合大规模可扩展的计算、存储、数据、应用等分布式计算资源进行协同工作的超级计算服务模式。② 根据伯克利云计算白皮书的定义，“云计算包括互联网上各种服务形式的应用以及数据中心中提供这些服务的软硬件设施，互联网上的应用服务即软件服务，而数据中心的软硬件设施就是所谓的云，云计算即软件服务和效用计算”③。云计算最大的特点是计算资源能够被动态地有效分配，使得用户能够最大限度地使用计算资源，云计算能够将庞大的数据及程序拆分成无数个小子程序，并将其分配给诸多服务器组成的云计算系统进行处理，以达到超级计算机的服务性能，具有灵活、高效、节能、廉价的优势。

区块链技术。区块链是一种块链式存储、不可篡改、安全可信的去中心化分布式账本。区块链结合了分布式存储、点对点传输、共识机制、密码学等技术，通过不断增长的数据块链来记录交易和信息，确保数据的安全和透明性。当前该技术已经被广泛应用于金融、物流、医疗、法律等多个领域。如在金融领域，区块链技术被应用于智能合约、跨境支付等方面，提高了金融交易的效率和安全性。此外，区块链还在供应链管理、版权保护等领域展现出巨大的潜力，有望推动这些行业的数字化转型和升级。

---

① 刘强、崔莉、陈海明：《物联网关键技术与应用》，《计算机科学》2010 年第 6 期，第 1 页。

② 吴吉义、平玲娣、潘雪增：《云计算：从概念到平台》，《电信科学》2009 年第 12 期，第 23 页。

③ UC Berkeley Reliable Adaptive Distributed Systems Laboratory，“Above the clouds：A berkeley view of cloud computing，” February 10，2009，https：//www2. eecs. berkeley. edu/Pubs/TechRpts/2009/EECS－2009－28. pdf.

人工智能技术。智能是一种知识与思维的合成，是人类认识世界和改造世界过程中分析问题和解决问题的综合能力，包括判断、推理、感知、识别、理解、思考、学习、决策、求解等功能。[①] 美国国防部《人工智能战略概要》对人工智能的界定："人工智能是这样一种技术，它指的是通过机器执行通常需要人类智能才能完成的任务，例如，识别模式、从经验中学习、得出结论、做出预测或采取行动。"[②] 简单的说，人工智能就是研究开发用于模拟、延伸、拓展人类智能的技术，通过对人类脑力逻辑的模仿获得学习思考分析能力，辅助和增强人类的思考和判断，协助人类处理复杂世界中的诸多问题。

从目前已展现的技术形式及其功能来看，现阶段的5G技术、大数据、云计算、物联网、人工智能技术既能够单独在各自领域发挥其赋能的作用，同时又相互协调形成一种综合体系共同服务于智能技术的发展。大数据在智能技术时代如同农业工业时代的土地、煤炭、石油、矿石、电力，成为促进技术工具运行的最基本的生产材料，没有大量的数据，云计算技术、人工智能算法便如无米之炊，不能发挥其数据整理分析能力。高速无线传输技术起到桥梁和运输的作用，将海量的数据进行高速及时的上下行传输。云计算和人工智能技术犹如生产工具，类似于手工技术和机器机械技术时期的耕犁、铁锹、蒸汽机和内燃机等生产工具，对大数据进行分析和处理，根据算法的设定和自主学习从庞大杂乱的数据产生有效的信息，并辅助人脑进行分析判断，最终构建一个智慧智能的人类社会。

第二节　新一轮技术革命对国家的影响

一、新技术对国家实力的赋能

历史上历次技术革新都推动了人类生产生活、经济、军事等领域的重

① 马宪民主编：《人工智能的原理与方法》，西北工业大学出版社2002年版，第1页。

② US Department of defense, "Summary of the 2018 Department of Defense Artificial Intelligence Strategy: Harnessing AI to Advance Our Security and Prosperity," February 2019, https://media.defense.gov/2019/Feb/12/2002088963/-1/-1/1/SUMMARY-OF-DOD-AI-STRATEGY.PDF.

大进步，从目前的研究和实际表现来看，智能技术集群将对人类社会产生颠覆性的变革影响，同时也将对国家实力提供重要赋能作用。在经济生产方面，新技术革命成果将极大地改变人类的生产方式并显著提高生产效率；在生活方面，它能够优化社会运行效率，提高人们的生活质量；在国防军事上，它将带来军事装备新一轮变革，改写未来的战争形态和战争理论。对于国家来说，率先掌握和应用智能技术的一方能够极大地提升本国经济实力和生产能力，显著增强本国军事实力和国防力量，带动国家综合实力的跃升和国际竞争力的提高。

（一）新技术与经济生产、社会生活

如同历史上每次技术变革都极大地带动生产力发展一样，智能技术与传统行业的结合将激发出现有技术水平下难以企及的生产能力，带来新一轮的生产力革命，引发新的产业变革，释放出前所未有的生产潜力。在农业方面，智能技术与农业相结合使得传统农业变身为智慧农业。传统的农业依靠机械设备、品种改良、施加化肥、喷洒农药等方式增加农业产量的路径效用几乎发挥殆尽，而智慧农业依托各种传感器，对于作物生长环境的温度环境、水分指数、二氧化碳、营养指标实时监测，通过无线网络将数据汇总到智能检测平台进行预警、分析、决策，从而实现农业生产的精准化智能化生产。由此智能技术下的农业生产就能够根据对土壤成分的分析进行最佳配比的种植，在作物生长中能够最大限度地提供适宜生长环境和精准营养供给，更大程度地摆脱自然条件的制约实现单位面积的产量跃升。在工业方面，智能技术的施展空间更为广泛，无人工厂、自动驾驶、定制生产、智慧物流等都将是对原有工业生产管理模式的颠覆。全智能生产线和大规模机器人的应用将大大减少工人的数量，机器操作具有的全天候、高精度优势将极大地提高生产效率，无人生产的黑灯车间将更加环保，遍布的传感器在物联网的调配下能够及时发现和处理生产中各个环节的问题。在城市治理和社会生活领域，城市大脑系统通过实时精密的交通流量监控和算法控制下的智慧交通调度，能够极大地缓解城市的交通拥堵，提高城市生活的适宜度，减少非必要的能源和时间的浪费，大大提高城市的运行效率。智能技术对生产力和经济发展影响的广度和深度将是前所未有的，虽然当前仅仅处于智能技术的初始阶段，但其在国家经济发展上的影响已经开始凸显，美国国防部 2019 年发布的《5G 生态系统：对美

国国防部的风险与机遇》报告指出，每一代技术的价值都呈指数增长，5G时代的领导者将在未来10年间获得数千亿美元的收入，并在无线技术领域创造广泛的就业机会。[①] 全球领先的信息服务公司埃信华迈（IHS Markit）2020年11月的《后疫情时代的5G经济：5G在后疫情世界经济中的作用》报告认为，从2020年到2035年，5G将创造13.1万亿美元全球经济产出，仅5G价值链就将创造3.8万亿美元的经济产出，并将带来2280万个新的就业岗位，5G技术将成为全球经济积极扩张和增长的源泉。[②] 在人工智能领域，根据麦肯锡全球研究院发布的《前沿笔记：用模型分析人工智能对世界经济的影响》报告，在扣除竞争影响和转型成本后，到2030年人工智能将为全球额外贡献13万亿美元的GDP增长，足以比肩历史上其他几种技术所带来的变革性影响，而占据人工智能优势的国家可以在当前的基础上获得20%—25%的经济利益增长。[③] 由此可见，以智能化为核心的新兴技术将有力地推动国家各领域生产力的发展和经济财富增长，为技术领先国创造巨大的国民生产总值和国家财富。

（二）新技术与国防军事

智能技术对国防军备的影响同样是革命性的，智能技术与国防军事的结合将带来军事战争的一次革命，对情报搜集、人员训练、指挥控制、军事装备、作战形态等整个军事系统产生颠覆式的影响。哈佛大学肯尼迪政治学院贝尔弗科学与国际事务中心发布的《人工智能与国家安全》报告认为，人工智能未来的发展有可能成为一种革命性的军事技术，与核武器、飞机、计算机和生物技术不相上下。[④] 在情报搜集方面，从海量的非结构

---

① U. S. Defense Innovation Board, "The 5G Ecosystem: Risks & Opportunities for DoD," April 3, 2019, https: //media. defense. gov/2019/Apr/03/2002109302/ - 1/ - 1/0/DIB _5G _STUDY _04. 03. 19. PDF.

② IHS Markit, "The 5G Economy in a Post - COVID - 19 Era - The role of 5G in a post - pandemic world economy," November 2020, https: //www. qualcomm. com/media/documents/files/the - 5g - economy - in - a - post - covid - 19 - era - report. pdf.

③ Mckinsey Global Institute, "Notes from the frontier: Modeling the impact of AI on the world economy," September 2018, https: //www. mckinsey. com/ ~ /media/McKinsey/Featured% 20Insights/Artificial% 20Intelligence/Notes% 20from% 20the% 20frontier% 20Modeling% 20the% 20impact% 20of% 20AI% 20on% 20the% 20world% 20economy/MGI - Notes - from - the - AI - frontier - Modeling - the - impact - of - AI - on - the - world - economy - September - 2018. ashx.

④ Greg Allen and Taniel Chan, "Artificial Intelligence and National Security," Belfer Center for Science and International Affairs, Harvard Kennedy School, 2017, p. 1.

化数据中发现蛛丝马迹的有用信息对情报部门带来了挑战，以传统的情报分析手段不可能应对呈指数增加的情报信息，而运用大数据和人工智能技术将大大提高收集、分析情报信息的能力，使军队可以在更短时间获得较以往更加准确、更为充分的情报资料。美国情报机构已经应用机器学习技术自动分析卫星侦查照片，从而使得地球表面每一平方米的成像信息都能够得到自动分析检索。在指挥控制上，通过高速通信系统能够将整个军事系统整合在一起，决策者可以及时获得更为宽广的战场视野和进行更为精确的军事力量调配，进而提高指挥机构的战略决策能力。美国国防部创新委员会发布的《5G 生态系统：对美国国防部的风险与机遇》报告就指出，5G 将增强国防部多个系统连接更广泛网络的能力，实现实时共享信息，改善跨服务、跨地理和跨领域的通信水平，同时开发战场的通用图像处理技术，以提高动态感知能力。①

智能技术与军事装备的结合将使得武器不仅仅是一种人操作的杀伤性工具，在智能系统的控制下武器将变得具有智慧和判断力，能够独立进行诸种军事行动。由于人工智能强大的处理信息能力、逻辑运算能力和深度学习能力，人工智能在军事领域的应用将彻底改变未来战争的形态，未来战争的形态朝着技术战、无人战方向发展。2020 年 8 月，美国防务网站披露，在美国国防部高级研究计划局的一次空军模拟战斗中，人工智能系统挑战一名飞行经验丰富的 F16 飞行员，其结果是人工智能系统以 5∶0 的连续完胜战绩打败了飞行员，实验人员表示人工智能的许多对抗动作超出了飞行员所掌握的对抗技巧的范畴。② 在任务执行中，无人战斗机不用考虑人的过载承受能力和飞行时长，将大大扩展可执行任务的范围；在战斗中，人工智能有着比人类更迅速的信息整理和分析能力，能够在瞬间做出最佳的飞行和战斗指令，这些都是人类大脑速度难以企及的；在训练中，人工智能可以不间断地学习各种空战案例，自动模拟各种情景对抗，自主学习迭代，在短时间内就能够掌握人类飞行员数十年的飞行经验。可以预测，人工智能深度学习技术与军事装备的结合经过一段时期的迭代进步，

---

① U. S. Defense Innovation Board, "The 5G Ecosystem: Risks & Opportunities for DoD," April 3, 2019, https: //media. defense. gov/2019/Apr/03/2002109302/ - 1/ - 1/0/DIB _5G _STUDY _04. 03. 19. PDF.

② Oriana Pawlyk, "Rise of the Machines: AI Algorithm Beats F - 16 Pilot in Dogfight," Military. com, Aug. 24, 2020. https: //www. military. com/daily - news/2020/08/24/f - 16 - pilot - just - lost - algorithm - dogfight. html.

无人作战装置在作战能力上必然超过诸多有人装备，未来战争将从有人作战向无人作战方向转变。未来无人机将在智能技术的协助下实现数据共享、编队飞行、态势感知、智能决策，能够配合重型战斗机进行编队飞行或大规模集群进攻，最大限度地消耗敌方的防御体系，减少本国的士兵损伤，获得己方最大的军事行动效益。以上仅为无人机作战一个案例，总之未来的战争发展趋势将是以人工智能技术为核心的对抗，智能技术与国防军事的结合将使得技术先进的一方获得军事装备优势和军事行动优势。

二、新技术对国家竞争的影响

每一个时期的技术特征和影响作用方式不同，导致国家竞争的重点和方式也不同。以智能技术为核心的新一轮技术革命给人类生产生活带来重大变革的同时，也使得国家竞争的核心领域和方式随之改变。在智能技术时代，国家竞争的焦点主要为技术创新竞争、技术标准竞争以及技术市场竞争。

（一）技术研发创新竞争

与前几个技术时期不同，智能技术时期技术本身越发成为国家关注的核心。农业技术时期和工业技术时期，由于技术研发的难度和门槛并不太高，技术迭代速度比较慢，大国之间技术差距往往是同一技术水准下的差距，能够通过技术引进和自主创新获得相关技术，因此单一的技术要素影响作用并不十分巨大，由此造成国家围绕着技术应用的相关领域开展竞争。例如，在农业技术时期，农业生产工具和生产技术的进步极慢，国家之间在技术上的差距并不会直接导致国家实力的悬殊，因此，国家间的竞争不是围绕着生产工具展开，而是对先进工具的主要作用对象土地和主要动力资源人口进行争夺。在工业技术时期，一国的钢铁冶炼技术比另一国先进，但落后一方仅仅比领先者在生产效率上低一些，通过扩大生产规模或引进生产技术便能够弥补自身的劣势，技术先进者与技术落后者的优势很少存在代际差别，加之机器机械的技术革新速度较慢，这就给更多国家的技术追赶提供了时机。因此，工业技术时期国家并不是围绕着机器的生产技术进行竞赛和比拼，而是对机器生产需要耗费的能源、原料以及全球市场的争夺。

在智能技术时期，技术的先进与否对国家实力的影响极大，先进的技术水平是国家在智能技术时代获取经济军事优势的前提，成为影响国家实力变化的最重要因素。由于智能技术作用范围极广、技术革新的速度极快、技术效用呈指数跨越增长的特点，在智能技术时期技术的领先往往具有悬殊性的优势。例如，在移动通信网络方面，5G 比 4G 具有更高的速率、更低的时延、更大的带宽、更大的连接容量，5G 的峰值理论传输速度是4G 的数百倍，时延是 4G 的 1/10，5G 相对于 4G 具备全方位的代际优势。率先掌握5G 技术的国家便可以基于5G 的技术优势开发自动驾驶、工业物联网、智慧医疗等新兴产业，实现产业结构的调整升级并赋予经济发展新动力。而在4G 技术下，上述领域难以取得实用性效果，技术落后的一国将直接被技术领先国远远甩在身后。在计算力方面，量子计算机的计算能力比经典计算要强大得多，例如，2020 年 12 月 3 日中国科学技术大学潘建伟团队在美国《科学》杂志公布其量子计算机原型机“九章”[①]，量子计算机求解“高斯玻色取样”仅要200 秒，而当时最快的超级计算机“富岳”需要6亿年，量子计算机的运算速度是该超级计算机的 100 万亿倍。由此可见，智能技术时期一方取得技术领先不再是同一技术水准下的效率的优势，而会在本质上形成代差性、指数级别的领先，技术先进的一方能够通过技术转化赋能经济、军事、规制优势，使得本国相对实力增长获得显著提升。另外，智能技术研究的高门槛、高迭代特性使得技术落后的一方缩小技术差距越发困难，从而导致整体实力与技术领先国迅速拉开差距。例如，没有相应的大数据、云计算、人工智能技术，一国即便拥有再多的数据也不能从中收集整理出有用信息，数据仅仅只是海量的文档和字节。因此，智能技术时期技术本身在综合国力中的作用更加凸显，技术的先进与否直接决定着大国的国家实力，因此，技术本身成为国家竞争的主要目标对象。

（二）技术标准竞争

智能技术时期，技术标准的掌控与国家权力息息相关，技术标准成为国家竞争的重要内容。基于智能技术的发展特点，掌握了技术标准制定权

---

① Zhong H. S., Wang H., Deng Y. H., “Quantum computational advantage using photons,” Science, December 2, 2020.

在很大程度上就掌握了未来技术的发展方向和道路选择，就掌握了未来全球产业发展的主动权，就能最大程度获取由此带来的经济效益和国家规制力，因此，技术标准主导国可以获得远超其他国家的国际竞争力和影响力。

在农业技术时期，基本上不存在所谓国际技术标准，手工工具的制作在生产能力上难以标准化，在功能上不需要标准化。工具的大小长短只要在人体的适用范围之内就不影响其功能性，而各地工匠对工具的加工也无需按照一个模板进行标准操作，只有度量衡、兵器、文字等涉及国家统治和管理的领域才会有标准化之需。在工业技术时期，由于机器机械复杂度上升和工业生产的出现，标准化有利于机器的制造和工业化大规模生产，但这一时期国际技术标准程度仍较低。例如，各个国家可以有自己的铁轨标准，因为大部分火车不需要执行跨国运输任务，即便有国际标准分类，也是为了便利贸易和产品型号划分，国家标准对国家的制约力有限。在智能技术时期，“兼容性/互操作性标准对于在地理上分散的系统、组织、应用程序或组件间传输有用的数据和其他信息是必需的”①，对于诸种复杂技术功能的有效实现是必要的。因此，必须选取一个或数个公认的技术标准供大家执行，进而导致智能技术时代的技术产品的标准化极高。技术标准虽然基于客观的技术使用性，但往往可以有不同的技术路线选择，一旦某一国家的技术成为了国际通行标准，该国就在实际上主导了该领域的技术发展路径，打通了其技术产品的全球市场，并且能够通过专利授予等方式获得巨大的经济效益和国际规制力。以 5G 技术标准为例，美国国防部发布的《5G 生态系统：对美国国防部的风险与机遇》报告指出：“该领域内先行国家将获得数十亿美元的收益，同时还将创造大量就业岗位，并在技术创新方面处于领先地位。同时，先行国家还会制定标准和规范，其他国家将不得不采用这些标准和规范。相反，落后的国家因为不得不采用领先国家的标准、技术和架构，从而丧失了新一代无线技术的开发能力和市场潜力。”② 除此之外，一旦一个国际标准得以执行就会产生锁定效应，全球

① 杜传忠、陈维宣：《全球新一代信息技术标准竞争态势及中国的应对战略》，《社会科学战线》2019 年第 6 期，第 90 页。

② Milo Medin and Gilman Louie, “The 5G Ecosystem: Risks & Opportunities For DoD,” Defence Innovation Board, April 2019, https://media.defense.gov/2019/Apr/03/2002109302/-1/-1/0/DIB_5G_STUDY_04.03.19.PDF.

大量的产品、应用、协议按照既定标准进行生产和设置，从而产生极强的网络效应和路径依赖，使得该技术领域甚至相关联领域的发展都需建立在该标准的基础上方可兼容，长期的路径依赖和网络效应使得任何摆脱既有技术标准的成本极高，不得不采用技术标准主导国的后续技术协议。也正是由于智能技术时代技术标准所带来巨大的权力价值和利益收益，主要国家必然会对关键性技术标准主导权展开激烈的较量和竞争。

（三）技术市场及应用规模之争

首先，市场的占有和应用规模涉及巨大的经济价值。智能技术时期相关技术的研发涉及高昂的投入，必须占据大量的市场才能回收成本和保证技术研发投入的长期稳定。根据埃信华迈的研究，5G 技术到 2035 年将创造 13.1 万亿美元的全球经济产出；根据普华永道的市场调研预测，到 2030 年人工智能将使全球 GDP 增长 14%，此时人工智能领域对全球经济贡献将高达 15.7 万亿美元，作为人工智能的最大受益方中国在 2030 年 GDP 将增长 26%，北美地区 GDP 将增长 14.5%，北欧和南欧 GDP 分别获得 9.9% 和 11.5% 的增长。[①] 根据中国信息通信研究院发布的《云计算发展白皮书（2023 年）》，2022 年中国云计算市场规模达 4550 亿元，未来几年保持高速增长态势，到 2025 年市场规模将超过万亿元。[②] 而根据梅塔卡夫法则，网络价值以用户数量的平方速度增长，智能技术产品的推广速度和所占有的市场用户规模决定了一国所能收获的价值回报大小。面对如此巨大的经济价值，国家之间必然对各类智能技术的全球市场开展竞争，以期获取丰厚的经济回报。

其次，智能技术的市场的占有率和应用规模涉及垄断性优势的维持。第一，市场先占优势直接关系到一国智能技术的市场份额。根据达维多定律，第一个将新产品推进市场的企业能够自动获得 50% 的市场份额，后进的第二、第三家企业的市场份额及收益将远远低于第一家企业。因此，国家必然争夺先占优势以获取最大国际市场收益。第二，智能技术的高黏贴

① Anand S. Rao and Gerard Verwei, "Sizing the prize What's the real value of AI for your business and how can you capitalise?" Pricewaterhouse Coopers LLP, June 2017, https: //www. pwc. com/gx/en/issues/data - and - analytics/publications/artificial - intelligence - study. html.

② 《云计算发展白皮书（2020 年）》，中国信息通信研究院，2020 年 7 月。http: //www. cb-dio. com/BigData/2020 - 07/29/content_6158863. htm。

性使得既定份额的保持率极高。例如，在工业技术时代，技术产品的交易往往是一次性的，一国购买欧洲工业国的纺织品并不会产生后续的影响，一旦有其他物美价廉的产品便可以轻松替代。与常规工农业产品不同，智能技术相关产品涉及标准协议的执行和后续技术性支持，一旦技术设备投入运用便产生路径依赖，加之构建智能技术体系的基础设施投入相当之高，涉及应用范围广阔，这就给技术使用国的技术替换提高了成本和难度，由此导致智能技术市场极易产生高度依赖。例如，英国在2020年7月宣布禁止购买华为通信设备，但由于通信设备属于信息社会的基础设施，涉及国民经济社会各个领域，因此要以极高的代价到2027年才能完全替换原华为通信设备。

最后，智能技术的市场的占有和应用的规模涉及技术本身的发展和迭代。在智能技术时期，市场不仅仅是技术产品的消化主体，更为技术发展提供着基本的生产原料和训练场地。在工业技术时期，经过工厂加工生产的工业制成品通过市场销售就完成了一次完整的商品经济过程，而在智能技术时期则不同，应用市场起到为智能技术提供生产材料的重要作用。数据是智能技术时期最基本的生产材料，是推动国家经济发展和维系国家安全的重要战略资源。只有在广阔市场上开展大规模的技术应用才能产生大量优质数据，而人工智能和机器学习也必须在充足优质的数据基础上不断自主学习、反复进行算法训练才能技术迭代。以智能语音交互为例，这一技术被广泛应用于智能电视、智能家居、汽车导航等语音控制活动中。在这一技术中，语音识别、语意判断、文本分析是最大的技术难题，解决这一难题的方法便是掌握尽可能多的语音信息，积累更多的语意词条，通过优化机器学习算法以提高人机交互的准确度。而更广阔的市场及技术应用便代表着有更多的语言、方言、口音的语音词条进入数据库，更多的交互反馈数据得以保存，后台便能根据这些数据不断地优化算法、改进技术缺陷以提高语音交互的准确度。这也正是前几年智能语音识别的准确性并不高，常常听不懂和回答错的原因之一，而经过几年的学习训练，现今的主流语音交互系统已经可以具有较精准的识别能力，不仅能够和人类进行聊天对话，还能够按照人类指令进行更深层次的控制操作。

基于智能技术特性可以判断，未来智能技术时代将是强者恒强的模式，市场占有广阔和应用规模庞大的一方便能够占据更多的数据资料进一步提高技术能力，从而进一步巩固和扩大自身的市场地位，而市场较小的一方则会失去必要的数据材料，使得在技术上难以进步迭代，最终没落消失。由此可见，对于市场的占有不仅关乎着经济利益，同样也关系到技术创新的命运。

第三节　新技术革命下的技术赋能力构建

面对百年未有之大变局和实现国家崛起民族复兴的历史使命，中国必须紧紧抓住新一轮技术革命的历史机遇，将关键性、战略性技术的研发创新与融合转化作为赋能国家综合实力跃升的主动力。在以智能技术为核心的新一代技术革命及其引发的产业革命中，我们既有着自身的优势也存在着一些不足。在未来的大国技术竞争中，我们要结合新兴技术发展特点和历史时期大国竞争的经验教训，注重发挥自身的优势并努力弥补缺陷和不足，以技术创新推动高质量发展，以先进技术赋能综合国力增长，勇于引领全球技术革新和产业变革潮头，为中华民族伟大复兴注入强大的驱动力。

第一，坚持党的领导，维护社会大局长期稳定。稳定的社会环境是社会经济发展的前提。更是重大技术创新和产业发展的保障，历史经验和教训证明，能够有效开展技术创新和技术转化以建构强大技术赋能力的国家都有着稳定有序的社会环境，而在混乱动荡的社会中难以产生和孵化重大技术创新，也不可能开展深入高效的技术转化赋能。中国改革开放40多年来取得的伟大成绩根本上在于党领导全国人民不断完善社会主义制度并长期保持稳定和谐的社会发展环境，在未来的国家崛起道路上越是接近伟大复兴的目标，我们面临的国内外环境和阻力就会越发纷繁复杂，就越要坚持党统领全局的地位毫不动摇。只有在党的领导下保持战略定力维护社会的整体稳定，激发全体人民的凝聚力战斗力，才能应对可能出现的重大风险挑战，才能始终沿着强国复兴的方向稳步前进。在未来的征途中，我们既不走封闭僵化的老路，也不走改旗易帜的邪路，既不能被外部势力所干扰阻挡，更不能出现动荡内耗，必须始终坚持党的领导和中国特色社会主义制度，更好地发挥党总览全局、协调各方的核心作用，为民族复兴和伟大崛起创造良好的整体环境。未来的国际格局、国际秩序将长期处于大调整大变动的阶段，面对种种风高浪急甚至惊涛骇浪的风险挑战，我们越发要在党的领导下坚定自己的道路，保持自身的稳定，以稳健有力的步伐走好高质量发展之路。

第二，全面深化改革，提高制度技术耦合性。历史国家经验证明，与技术发展要求相契合的政治经济制度是保障持久赋能力的有力支撑。无论是农业技术时期的秦国、工业技术时期的英国还是信息技术时期的美国，都通过不同方式建立了与当时先进技术发展要求相契合的政治经济制度，为本国的技术研发创新和融合转化创造了良好的制度环境。当前正在开展的新一轮技术革命和产业变革将对整个社会生产方式、产业结构、社会治理、生活方式带来全方位的影响和冲击，面对新技术革命的历史机遇，中国必须坚持在党的领导下全面深化改革才能协调好、理通顺各部门各领域的关系，整合好各行业、各单位的力量，使整个社会适应新技术革命的步伐，迎接新技术革命带来的机遇和挑战。同时，也只有在党的坚强领导下才能全面打通束缚新生产力发展的堵点卡点，更加全面深入高效地拥抱新一轮的技术革命。在某种程度上可以认为，未来技术竞争比拼的就是改革能力和创新能力，改革能力强的一方必然能够更加快速、更加全面、更加深入地拥抱新技术革命，通过技术赋能实现国家综合实力的跃升。

技术革命涉及社会变革，其最大的阻力来自内部，改革是对既有利益的打破和对已有模式的解构。技术革命带来的变化必然触动传统部门的利益，必然影响一部分行业和人员的既得利益，必然受到来自保守势力极大的阻力，历史上很多国家技术创新停滞的原因就在于既有利益集团的抵制和干涉。技术革命将带来国家整体实力的增强，但从内部看也将造成行业的调整和财富的再分配，根据熊彼特“创造性破坏理论”，经济创新的过程就是不断改变经济旧结构、创造新结构的创造性破坏的过程。从长远看，技术革新扩大了生产可能性边界和生产效率，将使每一个人最终受益。但是从短期看，经济学家乔治·默凯尔认为，技术创新并非中性的，而是分布式的，技术变革通过各种手段改变着社会内部的权力关系，可以威胁到政府、企业和普通民众。① 因此，新技术的采用短期内将同时出现获利者和利益受损者，既有技术获利者往往试图威胁和阻碍新技术的采用和推广，他们设法通过影响政府政策、暴力阻碍和拖延等方式减缓威胁其

① Joel Mokyr, “Technological Inertia in Economic History,” The Journal of Economic History, Vol. 52, Issue 2, 1992, pp. 325－338.

利益的技术变革。从1811年到1816年，英国爆发了勒德派骚乱，勒德主义者认为，新的蒸汽纺纱机将使得纺织工人失去工作，对纺织厂和动力织机进行了打砸破坏。爱迪生在推广电灯的过程中遇到的最大困难是煤气利益集团的阻碍，因为当时主要的照明方式是煤气灯，在爱迪生筹建发电厂的过程中，煤气公司通过贿赂官员、勾结保险公司等各种办法阻碍电厂的建设，爱迪生感慨道："社会从未打算欣然接受任何发明。"因此，中国必须通过党中央领导下的全面深化改革才能形成鼓励技术创新、激励技术转化、支持和服务创新创业的良好环境。

第三，完善科技创新机制，抓好基础科学研究。技术创新是技术赋能的前提和基础，缺乏强大的技术创新力的技术赋能将会是无源之水、无本之木，历史上的技术赋能强国无不是技术创新大国，无不引领着当时技术发展的潮头。经过几十年的艰苦奋斗和不懈努力，中国已经基本建立了比较成熟的科技创新体系，具备了较为强大的科研创新实力，成为世界上最具科技竞争力的国家之一。但同时我们也存在着基础科学研究薄弱、科技创新体制不够完善的问题，为此要在尊重科学研究规律的基础上狠抓基础科学研究，不断完善科技创新机制，以释放科技创新活力，构建科技创新强国。

基础研究是科学体系的源头，是技术创新的总开关，正是基础科学的重大进步才引领20世纪后一系列新兴技术的喷涌而出。目前，我国在基础科学研究及原始创新上仍旧较薄弱，导致我国技术创新能力长期受限，特别是同美国相比，我们目前仍是技术应用大国，但不是科学研究和技术创新强国，中国在工业化和信息化过程中所用到的科学技术大部分是西方原创，基础科学研究的落后是制约高技术发展的瓶颈。未来更加激烈的技术竞争要求我国必须补足基础科学的短板。首先，在战略上高度重视和支持基础科学研究。要改变过去重技术轻科学、重应用轻研究的状况，制定中长期的基础科学发展规划，从政策制度上做好顶层设计，重点扶植长远性、基础性和战略性的基础科学研究。其次，加大基础科学研究投入。根据国家统计局公报，2022年我国基础研究经费为2023.5亿元，基础研究占研究与试验发展经费的6.57%，虽然近年来基础研究投入的增长较快，但所占比重与发达国家15%—20%的水平相比仍有很大差距。为此要继续优化研发投入结构，持续提高基础科学研究投入在整体研发中的占比，同时完善基础研究的多元化投入体系，在政府持续增加投入的同时鼓励社会资本和企业加大对基础科学研究的投入。再次，尊重科学研究规律，改进科技管理体制，营造良好的制度环境和科研氛围。虽然我国已经建立了较为全面合理的科技创新体系，但仍存在着科研管理和评价标准单一、基础研究和应用研究未能合理区分的问题。为此必须明确区分科学研究与技术创新的不同，科学的发展有自己的规律，要尊重科学研究的特点。基础科学的任务在于认识世界发现规律，不面向市场、不产生直接社会效益，要改进基础研究评价体系，不能以量化指标考核基础科学从业者；基础科学研究进步更多的依靠科学家的灵感和探索精神的推动，应提高科研人员的自主性和主动权，让科学工作者充分发挥自由探索精神，不被各种考核及报表所束缚。最后，要形成尊重基础科学、崇尚科学工作的社会氛围，鼓励更多的人投入到基础科学研究中。与应用技术研究相比，基础科学需要长期坐冷板凳，且社会回报较低，导致更多的人才进入市场技术领域，为此要营造崇尚基础科学研究的氛围，给予基础科学研究者更高的社会荣誉和相应经济回报，吸引更多的优秀人才投身于基础科学研究事业中。

第四，把握技术发展方向，打好核心技术攻坚战。虽然新一轮的技术革命仍在进行中，未来技术发展面貌并不能完全明确，但当前的技术发展趋势已经十分明朗，一些重要技术已呈现革命性突破的先兆，这就使得我们的技术研发有了比较明确的方向。未来中国的技术创新必须把握智能技术发展的方向，瞄准人工智能、大数据、云计算、高速无线传输、物联网等前沿技术领域，充分利用好新一轮技术革命历史机遇，全力抢占关键性前沿技术的战略制高地，勇于引领技术发展潮头，勇攀世界技术发展高峰。与此同时，要探索建立前沿技术规划体系，界定和动态更新战略性、前沿性技术目录，积极引导各类资源开展前沿技术创新活动。

在做好长远技术发展的同时，短期内应以攻克“卡脖子”技术为目标打好关键技术攻坚战。当前美国对中国的一系列高科技领域的制裁使我们深深感到受制于人的“卡脖子”之痛，一些关键性材料、装备、技术及产业链严重受制于人，目前我国的半导体芯片自给率较低，核心工业软件基本依赖进口，尖端产业发展需要的诸多关键性技术被国外垄断。为此，在技术研发领域应重点发挥我国制度的优越性，全力实现关键技术的重大突破。中国特色社会主义具有非凡的组织动员力、统筹协调力、贯彻执行力，能够充分发挥集中力量办大事、办难事、办急事。在当今重大技术研发高门槛、高投入、高风险的条件下，重大基础性、关键性技术研发必须依靠政府的统筹才能有效实施重大科技攻关，为此要充分发挥新型举国体制优势，加强国家战略科技力量建设，更好发挥国家实验室、国家科研机构、高水平研究型大学、科技领军企业的科技攻关作用，加快突破关键核心技术，努力抢占科技制高点。

第五，实施强有力的人才战略，培养和吸引国内外人才。技术竞争的核心是人才竞争，在新一轮的技术革命中人才是技术创新的关键，人才成为推动社会经济发展和国力增长的第一资源。未来具有充足人才储备并能够充分发挥人才作用的国家才能抓住技术革命和产业变革的机遇，为此要深入实施人才培养和吸引战略。首先，围绕国家发展战略需要培养丰富的本土人才队伍。科学无国界，科学家有祖国，任何时候一个国家的科学研究根本上只能依赖本土学者和科研人员。在本土人才培养上要以国家战略需求为导向，划定技术领域人才需求细分清单，持续培养未来技术发展所需要的后备人才。同时要大力选拔培养创新型高端人才，努力在战略性关键领域培养一批世界级科学大师、领军人才，形成可持续性的人才供应链，解决我国顶尖人才不足的问题。其次，积极吸引国际优秀人才。在做好本土人才培养的同时要注重运用国际人才资源，历史上的技术强国无不大量吸纳国外优秀人才服务于本土科技创新和产业建设。在人才引进中要做好国际人才的选择和考核，吸引国际优秀科研人员特别是具有重大科研成绩的专家到中国工作。最后，充分发挥中国的市场优势和就业优势吸引全球顶尖人才到中国就业，以优厚的待遇和顶尖的科研条件吸引著名专家学者加盟中国科研机构和高新技术企业，以稳定的社会环境、优厚的待遇、一流的科研条件将中国打造为全球科研工作者的向往之地。

第六，保持开放心态，充分开展国际科技合作。现代科学技术特点下任何一国都不可能在全部科技领域达到世界顶尖水平，任何一个国家都不可能穷尽掌握所有科学研究比较优势，进行国际合作不仅是全球化条件下的互利选择，也是提高中国技术水平的关键举措。首先，实施更加开放包容、互惠共享的国际科技合作战略，以开放合作应对“小院高墙”。追求科技自立自强并非自我封闭，科学技术研究也不可能闭门造车，越是面对技术保护主义越要扩大国际科技合作。面对部分国家的不友好政策，应充分利用其制度特点规避科研交流障碍。其次，开辟新的技术合作范围和合作伙伴，从以往以美国为主的科研合作转向全球范围的科研技术合作。在当前中美技术竞争不可避免的情况下，中美技术合作必然受到越来越多的限制，中国应当在更广范围内选择技术合作对象。欧洲国家有着近代自然科学发展的深厚底蕴，在众多科研分支领域有着世界先进水平，可重点针对欧洲国家进行技术合作，根据中国的技术发展需求和所在国技术发展的特点，有针对性地进行多种形式的科研合作。最后，完善全球科技合作网络，设置国际科研平台和科研基金，发起国际大科学计划，吸引国际一流研究机构和知名科研团队共同开展科技创新工作。

第七，积极参与国际技术标准制定，引领全球技术治理。技术标准的主导权关系着国际技术机制的话语权和规制权，背后关联着全球技术产品的利益分配权，“国际技术竞争的关键在于技术知识产权以及开放且拥有体系和接口的标准的控制能力”[①]，而掌握国际技术标准主导权的国家将在新一轮技术革命及其衍生产业中占据竞争优势。在互联网信息技术时期，由于技术发展滞后，中国在技术标准上没有太多话语权，在以智能技术为核心的新技术革命中我们必须全力参与技术标准制定并积极主导关键性技术机制运行。首先，完善顶层设计，制定技术标准化战略，根据新兴技术涉及的标准协议的领域进行分类梳理，明确我国在国际技术标准体系中的目标和定位，制定和实施具有竞争力的技术标准主导权推进战略。其次，整合国内资源对新技术领域关键性通用技术实施统一标准，避免不必要的国内技术标准竞争，集中力量共同参与国际竞争。最后，积极参与各类国际技术标准制定，在现有的技术标准组织或管理委员会中通过新技术优势逐步占据更多的技术标准比例，争取更大的投票权和话语权。在新兴技术领域要主动牵头组建新的技术标准组织，特别是和共建“一带一路”国家组建技术标准联盟，引进和建立更多设立在中国的技术标准总部，掌握更多的技术标准主导权和裁定权。

第八，完善市场机制，为技术创新转化注入持久动力。近现代历史实践证明，经济和市场力量在构建国家技术赋能体系中起到关键性作用，市场需求的刺激、市场竞争的压力、市场对资源的调配在加速技术研发创新。推动全面深入高效的技术转化上起着不可替代的作用。考察国际关系史可以发现，近代技术赋能强国都有着繁荣的市场体系、高效的资源配置、强劲的内部需求。因此，加快建立高标准市场体系，创新生产要素配置方式，畅通内循环经济环境，扩大消费在国民经济中的比重，繁荣壮大

---

① Dieter Ernst, “Global Production Networks and the Changing Geography of Innovation Systems: Implications for Developing Countries,” Economics of Innovation and New Technologies, Vol. 11, No. 6, 2002, pp. 497 -523.

消费市场成为促进我国高新技术产业发展的关键。

首先，要建立高标准市场体系，创新生产要素配置方式，让各类先进生产要素向新质生产力领域流动。第一次工业革命时期的英国和二战后的美国经验证明，市场在资源配置中能够起到优化配置资源、激发创新热情、促进技术高效转化的作用，正是强大繁荣的市场推动了这些国家的技术革新与产业升级，通过市场的强大推力将各类先进技术赋能于国家实力提升。为此，我们要加快完善社会主义市场经济体制，建设高标准市场体系，实现产权有效激励、要素自由流动、竞争公平有序，不断激发劳动、知识、技术、管理、资本、数据等要素向新质生产力领域流动，持续释放市场的强大技术赋能作用。

其次，打通生产消费各环节堵点，畅通内循环经济环境。经济内循环关系到诸多部门和领域，内循环的健康发展和畅通运行需要打通各个环节，消除堵点痛点，才能在整体上畅通国内大循环。要将涉及内循环经济的研发、生产、物流、销售、服务作为整体看待，协调整个经济链上的各个环节，十指弹琴统筹兼顾。在经济内循环中任何一个堵点都会引起整体循环的阻滞，因此需要各部门、各领域协作打通内循环的各个渠道，保障内循环流畅。还要规范市场环境，完善市场机制，提高内循环经济水准。经营环境的公平与否、知识产权的保护力度、产品的质量、服务的保障、维权的渠道都关系到经济内循环的健康成长，因此，必须积极推动知识产权保护，不断推动产品质量升级，完善消费者权益保护，落实市场主体地位和责任，营造公平健康的市场环境，进一步释放消费潜力，增强消费对我国未来经济发展的基础性作用。

再次，构建现代消费观念，培育壮大新型消费，扩大消费在国民经济中的比重。扩大内需是促进内循环经济的着力点，我国已稳居全球第二大消费市场，但人均消费能力和消费意愿与美国相比仍较低，居民消费率有待继续提高，国内消费市场仍有较大的开拓空间。与西方国家相比我国居民有着重视储蓄的传统，居民储蓄率高达45%左右，而法国、德国为20%—30%，美国、英国低于20%，高储蓄具有较强的家庭抗风险能力，同时也制约着消费的升级。同时，我国最终消费支出占GDP比重约为56%，与美国、英国约80%的占比有较大差距，消费对经济增长的贡献还不够大。因此，中国要挖掘和激发既有消费潜力，引导居民形成现代储蓄消费观念，不断完善社会保障体系和保障水平，减轻居民住房、医疗、教育、养老负担，积极开拓培育新型消费，使居民愿意消费、敢于消费、主动消费，以强大的消费能力助力内循环经济的健康发展，为高新技术产业提供持久需求动力。

最后，扎实推进共同富裕，扩大低收入群体收入和消费能力。我国居民收入持续提高的同时，也存在着收入分配不均衡不合理的问题，大量低收入群体的存在制约了我国消费市场的扩大和内需的增长。当今我国收入分配的主要问题表现为城乡之间、东西部区域之间居民收入的差距，其中东部地区居民可支配收入是西部地区的1.61倍，城镇居民可支配收入是农村居民的2.5倍。因此，必须切实调节地域、城乡收入差异，提高低收入群体的收入水平，让低收入群体的新增需求连接到生产端，最终才能为我国高技术产业的发展提供更为广阔的市场空间。

第九，积极开拓国际市场，不断提高海外市场占有率。国际市场是各国获取资源、推动经济增长和技术创新的重要舞台，国际市场占有率成为一国高技术产业实力的重要反映形式。面对新一轮的技术革命和产业革命机遇，中国必须高度重视国际市场争夺，以最大程度地赢取国家利益。在国际技术市场竞争中，我们必须吸取苏联脱离国际市场的教训，充分重视和积极参与国际竞争以最大化地提高国际市场占有率。首先，鼓励中国企业积极参与国际竞争，通过政策引导、财政税收优惠等手段支持中国高新技术企业勇于开拓国际市场，在国际竞争中把握产业发展动向，经过残酷的市场竞争历练出一流的企业和产品。其次，完善海外维权体系，加强维权能力建设。在海外配置资源和开发市场的过程中不可避免地会遇到经济贸易纠纷甚至是不公平不公正的对待，为此要建立常态、快速、有效的海外维权机制，为中国企业提供相关海外市场调查评估和预警防范支持，并在海外利益受到侵犯时提供及时可靠的法律、政治、安全保障。再次，通过共建“一带一路”平台为沿线国家提供技术基础设施，积极拓展中国的技术标准和技术市场。可以选取共建“一带一路”的环境和条件较成熟的国家，将其打造为中国技术体系的国际应用样板，提升样板国家的数字化水平和社会治理能力，以实际成效推介中国的技术产品和技术标准。最后，提升海外市场本地化服务能力，根据不同的市场特点提供相适应的技术服务，在涉及国家安全等敏感领域更多的以合作的方式提供技术方案，尽可能地减少国际市场阻力，建立长期合作共赢的市场关系。

第六章　结语

科学技术是人类历史发展中最具变革性的力量，特定时期的技术发展水平在整体上限定着国家获取实力提升的领域、范围、方式手段，改变着综合国力各要素的比重，通过赋能综合国力各领域影响着国家实力的变化。技术赋能在大国实力变迁中起着关键性变量作用，通过先进技术赋能国家综合实力的关键领域，一国可以获得经济生产力、军事战斗力、制度规制力、文化软实力等方面的提升，进而获得综合国力的跃升，改写国际力量格局。世界大国只有坚持依靠先进技术赋能不断提升其综合国力才能持续巩固大国地位，任何国家一旦停下来享受原有技术红利或错过技术发展机遇便会在大国竞逐中逐步落伍，最终被迫离开世界舞台中央。

国家技术赋能体系包括技术创新、技术融合、技术耦合三个方面，技术创新即国家对于关键性、前沿性技术的研发创新，技术融合即国家对于不同领域技术的转移融合与技术成果的转化应用，技术耦合即一国的政治经济制度、社会文化等与技术发展要求的契合程度。基于本书对技术赋能与大国竞争的研究可以发现：

第一，随着技术的发展演进，技术创新赋能效用越发强大，技术竞争逐渐成为大国竞争的核心。技术创新赋能国家实力的效用是一个逐渐上升的过程，技术创新力在大国竞争的位置也是一个从边缘逐渐走向中心的过程。在农业技术时期，受制于人类技术发展水平的限制，技术创新带来的赋能效用并未完全凸显，技术优势能够被资源的累加替代追平。到了工业技术时期，技术创新的效用急剧增加，各类机器迸发出强劲动力赋能于国民经济和社会各个领域，使得技术领先者获得大幅竞争优势。信息技术时期以后，技术创新的赋能范围更为广泛，赋能效用更为强大，同时技术研发需要的投入和门槛也极高，技术模仿和跟进更为困难。基于历史大国对比史实和技术发展演化规律，在未来的国家综合实力中，技术创新的作用将越发重要，国家对于关键性、主导性技术的掌握水平，对于前沿性、未来性技术的探索能力将越发影响到国家实力优势的形成，技术竞争必将超过经济竞争、资源竞争、意识形态竞争成为大国竞争的核心和焦点。

第二，技术融合在技术赋能中承担着转化作用，通过技术转移融合和转化应用发挥先进技术的赋能效用。技术创新好比工匠打造了一把锋利的宝剑，而技术融合则关系到这把宝剑的使用问题，技术融合转化的过程是将技术优势与为具体实践相结合发挥赋能作用的过程。基于大国历史经验，技术融合力强的国家大多能够全面、深入、高效地发挥既有技术的赋能效用，为本国综合国力的提升提供强大动能，而技术融合力差的国家则无法完全释放先进技术的赋能作用，最终难以延续强国实力优势而不得不退出大国舞台。特别是在技术创新缓滞期，技术融合力的差距很大程度上将重塑大国力量对比关系，进而改变国际竞争格局。秦国总体技术水平与六国处于同一水准，技术创新力并不构成代际优势，但秦国却将有限的技术优势转化为现实的生产优势和军事优势，为统一六国打下了坚实的基础；苏联虽然在诸多技术领域处于第一梯队甚至领军地位，但并没有将先进技术进行有效的融合转化，从而浪费了大量的技术创新成果，损耗了巨大的科研投入却未能有效提升国家实力。在当下世界各国都十分注重技术研发创新的情况下，技术融合转化就显得尤为关键，哪个国家能够建立高效顺畅的技术融合体系，哪个国家能够全面深入地推动技术创新成果的转化应用，这一国家便能通过技术赋能获取更大综合国力的优势，进而赢得更高的国际地位。

第三，技术耦合是一国构建持久技术创新力和高效技术融合转化力的必备条件。一国技术耦合度的高低关系到其制度设计、政策制定、社会文化环境等与技术发展的特点、方向、要求之间的契合程度，基于历史大国案例可以发现，无论是在农业技术时期、工业技术时期还是信息技术时期，能够持久保持技术创新优势和技术融合转化效率的都是技术耦合性高的国家。在技术耦合中，政治经济制度与技术发展特点的耦合性最为关键，秦国商鞅变法建立的封建土地私有制和中央集权制为秦国铁制工具的推广应用提供了强力保障；英国光荣革命打击了封建地主贵族势力，确立了资产阶级主导的议会政治，建立和完善了产权制度、专利制度，这些改革为英国工业技术赋能的顺利推进保驾护航；而苏联高度集中的政治经济制度适应于苏联早期工业化和国防工业的发展需求，但却与快速、多元、灵活、民用为特征的新兴信息技术互斥，导致苏联错失了技术革命和产业升级的机遇。总之，一国的政治经济关系、社会文化风俗、政策设计必须要与新兴技术代表的生产力发展要求相契合，必须随着技术发展方向的调整而调整，才能为技术赋能提供必要的制度保障。

影响国家技术赋能的主要要素包括政府能力、制度机制、经济市场和人才科教，不同因素在不同方面制约着国家技术赋能力的成效，其中政府能力和经济市场在技术赋能体系构建中占据核心地位。通过技术发展演进特点和不同时期大国对比案例研究，可以将大国技术赋能体系分为三种类型，分别是政府主导型、市场主导型、政府市场协作型。三种类型没有优劣之分，对应着不同技术发展时期和不同的赋能特点：

政府主导型技术赋能模式以政府的主导和统筹为主要动力构筑技术赋能体系，这种类型往往由政府主导技术创新研发，政府直接参与和推进技术转化，政府主动进行体制机制革新以顺应技术发展要求。政府主导型技术赋能模式必须以强大政府能力作为前提，政府必须具备强大的组织行动力、资源调配力、制度改革力、决策规划力才能保证技术赋能的长期有效开展。该模式有着高速、短期内完成特定关键技术研发创新以实现国家实力提升的优点，也有着灵活性低、覆盖面小、风险性大的缺点，政府主导型赋能模式多为农业技术时期国家技术赋能的主流模式，也是技术落后国释放技术赋能力进行国力追赶常采用的模式。

市场主导型技术赋能模式是以市场需求和经济力量为主要推动力的技术赋能模式，繁荣的经济市场、庞大的内外需求和强大的金融实力是市场主导型赋能模式的必备条件。市场主导型模式的生成一般起源于庞大的国内外市场需求对于既有生产模式的压力而引发的对技术革新的强烈需求，以及颇具活力的市场主体的竞争行为引发的整个社会参与技术创新和开展大规模技术转化的热情。同时，新技术利益阶层出于对于自身利益的维护而开展制度改革或革命，建立适宜新技术发展需求的政治经济制度和社会文化，由此建构长效稳定的赋能环境。该模式具有覆盖范围广、跟进及时、容错率高的优点，也有着对非市场型技术创新转化效率低下、逐利的技术赋能导向与国家战略需求不完全契合的缺点，这种类型多为工业技术初期的主要大国技术赋能体系的生成模式。

政府市场协作型技术赋能模式基于政府和市场的协作共同构筑技术赋能体系，兼具政府主导型和市场主导型的优点。政府市场协作型赋能模式一般由政府整合协调资源负责基础科学和重大技术工程的研发，市场负责更为广泛的民用产业技术的创新；由政府通过政策引导、财政税收等手段推动关键性技术融合转化，市场通过竞争压力、经济激励、金融资本加速产业技术的转化推广；最后经由政府的调查，市场的反馈能及时发现制度缺陷共同推进相关制度机制的改革和完善，最终建立高效的技术赋能体系。该模式需要强大的政府能力和繁荣有序的经济市场作为必要条件，从适用范围上看更加契合信息技术时代后国家技术赋能体系的建设。

农业技术时期的秦国、工业技术时期的英国、信息技术时期的美国分别以政府主导模式、市场主导模式、政府市场协作模式构建了符合技术发展规律和自身特点的技术赋能体系，通过将先进技术持续赋能于综合国力的关键部门和关键领域形成了相对于竞争对手的综合国力优势，最终改写了大国竞争优势对比，重塑了国际权力格局，赢得了大国竞争的胜利。当前新一轮技术革命和产业变革为世界各国提供了新的历史机遇，能否基于历史大国经验教训和本国特点构筑强大的技术赋能体系，能否通过强大的技术创新和高效的技术融合转化赋能综合国力，成为一国在未来国际格局中所处地位的关键。

技术决定着大国竞争范畴，技术赋能于综合国力提升，技术赋能影响着国际格局和大国地位变迁，但技术并未解决大国竞争这一本质问题，正如尼克松所言："技术可以解决物质问题，但不能解决政治问题。"[①] 当前世界百年未有之大变局加速演进，大时代需要大格局，大格局呼唤大胸怀，怎样利用技术途径将大国竞争控制在合理的限度，怎样以技术手段增强各国的互信合作与共同繁荣，怎样通过最新技术应对和化解全球风险和挑战，怎样将最新技术成果服务于构建人类命运共同体，或许是当今技术快速演进时代我们更应该思考的。

---

① ［美］理查德·尼克松著，朱佳穗、华棣、刘亚伟译：《1999：不战而胜》，长征出版社1988年版，第4页。

参考文献

一、中文文献

（一）中文著作

1. ［美］汉斯·摩根索著，徐昕、郝望、李保平译：《国家间政治——权力斗争与和平（第七版）》，北京大学出版社 2006 年版。

2. ［美］肯尼思·沃尔兹著，信强译：《国际政治理论》，上海人民出版社 2008 年版。

3. ［美］肯尼思·华尔兹著，倪世雄等译：《人、国家与战争：一种理论分析》，上海译文出版社 1991 年版。

4. ［英］马丁·怀特著，宋爱群译：《权力政治》，世界知识出版社 2003 年版。

5. ［美］约翰·米尔斯海默著，王义桅、唐小松译：《大国政治的悲剧》，上海世纪集团 2003 年版。

6. ［美］保罗·肯尼迪著，陈景彪等译：《大国的兴衰：1500—2000 年的经济变迁和军事冲突》，国际文化出版公司 2006 年版。

7. ［美］格雷厄姆·艾利森著，陈定定、傅强译：《注定一战——中美能避免修昔底德陷阱吗？》，上海人民出版社 2019 年版。

8. ［美］罗伯特·吉尔平著，武军等译：《世界政治中的战争与变革》，中国人民大学出版社 1994 年版。

9. ［美］罗伯特·吉尔平著，杨宇光、杨炯译：《全球政治经济学》，上海人民出版社 2003 年版。

10. ［美］约瑟夫·格里科、约翰·伊肯伯里著，王展鹏译：《国家权力与世界市场：国际政治经济学》，北京大学出版社 2008 年版。

11. ［美］罗伯特·基欧汉编，郭树勇译：《新现实主义及其批判》，北京大学出版社 2002 年版。

12. ［美］罗伯特·基欧汉、约瑟夫·奈著，门洪华译：《权力与相互依赖》，北京大学出版社 2002 年版。

13. ［美］罗伯特·基欧汉著，苏长和等译：《霸权之后：世界政治经济中的合作与纷争》，上海人民出版社 2001 年版。

14. ［美］亚历山大·温特著，秦亚青译：《国际政治的社会理论》，上海人民出版社 2008 年版。

15. ［英］赫德利·布尔著，张小明译：《无政府社会：世界政治秩序研究》，世界知识出版社 2003 年版。

16. ［美］约瑟夫·拉彼德、弗里德里希·克拉托赫维尔主编，金烨译：《文化和认同：国际关系回归理论》，浙江人民出版社 2003 年版。

17. ［美］塞缪尔·亨廷顿著，周琪等译：《文明的冲突与世界秩序的重建》，新华出版社 2010 年版。

18. ［美］詹姆斯·多尔蒂、小罗伯特·普法尔茨格拉夫著，阎学通、陈寒溪等译：《争论中的国际关系理论》，世界知识出版社 2003 年版。

19. ［美］鲁德拉·希尔、彼得·卡赞斯坦著，秦亚青、季玲译：《超越范式——世界政治研究中的分析折中主义》，上海人民出版社 2013 年版。

20. ［美］约瑟夫·奈著，张小明译：《理解国际冲突：理论与历史》，上海人民出版社 2002 年版。

21. ［美］斯蒂芬·沃尔特著，周丕启译：《联盟的起源》，北京大学出版社 2007 年版。

22. ［美］罗伯特·杰维斯著，李少军等译：《系统效应：政治与社会生活中的复杂性》，上海世纪出版集团 2008 年版。

23. ［美］莫顿·卡普兰著，薄智跃译：《国际政治的系统与过程》，中国人民公安大学出版社 1989 年版。

24. ［美］德隆·阿西莫格鲁、詹姆斯·A. 罗宾逊著，李增刚译：《国家为什么会失败》，湖南科学技术出版社 2015 年版。

25. ［美］亨利·基辛格著，顾淑馨、林添贵译：《大外交》，海南出版社 1998 年版。

26. 秦亚青：《权力、制度、文化：国际关系理论与方法研究文集》，北京大学出版社 2005 年版。

27. 秦亚青：《国际关系理论：反思与重构》，北京大学出版社 2012 年版。

28. 阎学通：《世界权力的转移：政治领导与战略竞争》，北京大学出版社 2015 年版。

29. 阎学通：《道义现实主义与中国的崛起战略》，中国社会科学出版社 2018 年版。

30. 王绳祖等：《国际关系史》（全 10 卷），世界知识出版社 1996 年版。

31. 刘德斌等：《国际关系史》，高等教育出版社 2003 年版。

32. 方连庆等主编：《战后国际关系史》，北京大学出版社 2003 年版。

33. 吴于廑：《世界史：现代史编》（上卷），高等教育出版社 2011 年版。

34. 吴于廑：《世界史：现代史编》（下卷），高等教育出版社 2011 年版。

35. ［美］L. S. 斯塔夫里阿诺斯著，吴象婴、梁赤民、董书慧、王昶译：《全球通史——从史前史到 21 世纪》，北京大学出版社 2012 年版。

36. ［美］威廉·麦克尼尔著，施诚、赵婧译：《世界史——从史前到 21 世纪全球文明的互动》，中信出版社 2013 年版。

37. ［英］J. P. T. 伯里编，中国社会科学院世界历史研究所译：《剑桥新编世界近代史》，中国社会科学出版社 1992 年版。

38. ［美］伊曼纽尔·沃勒斯坦著，郭方、吴必康、钟伟云译：《现代世界体系》第 2 卷，社会科学文献出版社 2013 年版。

39. ［法］费尔南·布罗代尔著，施康强、顾良译：《15 至 18 世纪的物质文明、经济和资本主义》第 3 卷，生活·读书·新知三联书店 2002 年版。

40. ［美］查尔斯·P. 金德尔伯格著，高祖贵译：《世界经济霸权 1500—1900》，商务印书馆 2003 年版。

41. ［美］查尔斯·P. 金德尔伯格著，徐子健、何健雄、朱忠译：《西欧金融史》，中国金融出版社 1991 年版。

42. ［英］约瑟夫·库利舍尔著，石军、周莲译：《欧洲近代经济史》，北京大学出版社 1990 年版。

43. ［美］西蒙·库兹涅茨著，常勋译：《各国的经济增长》，商务出版社 2005 年版。

44. ［意］卡洛·M. 奇波拉著，吴良健、刘漠云、壬林、何亦文等译：《欧洲经济史》第 3 卷，商务印书馆 1989 年版。

45. ［英］H. J. 哈巴库克、M. M. 波斯坦著，王春法、张伟、赵海波译：《剑桥欧洲经济史》第 6 卷，经济科学出版社 2002 年版。

46. ［英］马克·格林格拉斯著，李书瑞译：《企鹅欧洲史·基督教欧洲的巨变：1517—1648》，中信出版集团 2018 年版。

47. ［英］蒂莫西·布莱宁著，吴畋译：《企鹅欧洲史·追逐荣耀：1648—1815》，中信出版集团 2018 年版。

48. ［英］理查德·埃文斯著，胡利平译：《企鹅欧洲史·竞逐权力：1815—1914》，中信出版集团 2018 年版。

49. ［英］伊恩·克肖著，林华译：《企鹅欧洲史·地狱之行：1914—1949》，中信出版集团 2018 年版。

50. 钱乘旦、许洁明：《英国通史》，上海社会科学院出版社 2002 年版。

51. ［英］P. J. 马歇尔著，樊新志译：《剑桥插图大英帝国史》，世界知识出版社 2004 年版。

52. ［英］W. H. B. 考特著，方廷钰译：《简明英国经济史》，商务印书馆 1992 年版。

53. ［法］瑟诺博斯著，沈炼之译：《法国史》，商务印书馆 1972 年版。

54. ［法］乔治·杜比主编，吕一民、沈坚等译：《法国史》，商务印书馆 2010 年版。

55. ［英］科林·琼斯著，杨保筠、刘雪红译：《剑桥插图法国史》，世界知识出版社 2004 年版。

56. 吕一民：《法国通史》，上海社会科学院出版社 2002 年版。

57. ［法］基佐著，沅芷、伊信译：《法国文明史》，商务印书馆 1993 年版。

58. ［美］道格拉斯·诺斯、罗伯特·托马斯著，厉以平、蔡磊译：《西方世界的兴起》，华夏出版社 2009 年版。

59. ［美］道格拉斯·诺斯著，厉以平译：《经济史上的结构和变革》，商务印书馆 1992 年版。

60. ［美］R. 科斯、A. 阿尔钦、D. 斯诺著，刘守英译：《财产权利与制度变迁——产权学派与新制度学派译文集》，上海人民出版社 2003 年版。

61. ［德］马克斯·韦伯著，马奇炎、陈婧译：《新教伦理与资本主义精神》，北京大学出版社 2012 年版。

62. ［德］马克斯·韦伯著，林荣远译：《经济与社会》，商务印书馆 1997 年版。

63. ［英］马尔萨斯著，厦门大学经济组译：《政治经济学原理》，商务印书馆 1962 年版。

64. ［英］马尔萨斯著，朱泱、胡企林、朱和中等译：《人口原理》，商务印书馆 1996 年版。

65. ［英］亚当·斯密著，郭大力、王亚南译：《国民财富的性质和原因的研究》，商务印书馆 1974 年版。

66. ［美］约瑟夫·熊彼特著，何畏、易家详译：《经济发展理论——对于利润、资本、信贷、利息和经济周期的考察》，商务印书馆 1991 年版。

67. ［英］埃里克·霍布斯鲍姆著，梅俊杰译：《工业与帝国》，中央编译出版社 2016 年版。

68. 姜守明：《从民族国家走向帝国之路：近代早期英国海外殖民扩张研究》，南京师范大学出版社 2000 年版。

69. ［英］安德鲁·兰伯特著，郑振清、向静译：《风帆时代的海上战争》，上海人民出版社 2005 年版。

70. 郭守田：《世界通史资料选辑》（中古部分），商务印书馆 1974 年版。

71. 北京师范大学历史系世界古代史教研室编：《世界古代及中古史资料选集》，北京师范大学出版社 1991 年版。

72. 《史记》，上海古籍出版社 2011 年版。

73. 《吕氏春秋》，中华书局 2011 年版。

74. 《战国策》，上海古籍出版社 2015 年版。

75. 《左传》，中华书局 2016 年版。

76. 《唐张守节史记正义佚存》，中华书局 2019 年版。

77. 《考工记》，上海古籍出版社 2008 年版。

78. 《管子》，中华书局 2009 年版。
79. 《孟子》，中华书局 2017 年版。
80. 《墨子》，中华书局 2011 年版。
81. 《韩非子》，中华书局 2015 年版。
82. 《商君书》，中华书局 2011 年版。
83. 《盐铁论》，中华书局 2015 年版。
84. 《明本华阳国志》，国家图书馆出版社 2018 年版。
85. 《睡虎地秦墓竹简》，文物出版社 1990 年版。
86. 《通典》，中华书局 1998 年版。
87. 郭允涛：《蜀鉴》，巴蜀书社 1984 年版。
88. 钱穆：《秦汉史》，九州出版社 2011 年版。
89. 杨宽：《中国古代冶铁技术发展史》，上海人民出版社 2004 年版。
90. 张政烺、日知：《云梦竹简（Ⅱ）秦律十八种》，吉林文史出版社 1990 年版。
91. 白云翔：《先秦两汉铁器的考古学研究》，科学出版社 2005 年版。
92. 陕西省考古研究所、始皇陵秦俑坑考古发掘队：《秦始皇陵兵马俑坑一号坑发掘报告（1974—1984）》，文物出版社 1988 年版。
93. 王学理：《秦俑专题研究》，三秦出版社 1994 年版。
94. 郭淑珍、王关成：《秦军事史》，陕西人民教育出版社 2000 年版。
95. 袁仲一：《秦始皇陵兵马俑研究》，文物出版社 1990 年版。
96. 王子今：《秦汉交通史新识》，中国社会科学出版社 2015 年版。
97. 张春辉：《中国古代农业机械发明史补编》，清华大学出版社 1998 年版。
98. 杨泓：《中国古兵器论丛（增订本）》，文物出版社 1985 年版。
99. 姚汉源：《中国水利史》，上海人民出版社 2005 年版。
100. 严中平：《中国棉纺织史稿》，科学出版社 1955 年版。
101. 朱伯康、施正康：《中国经济史》，复旦大学出版社 2005 年版。
102. ［美］沃尔特·G. 莫斯著，张冰译：《俄国史（1855—1996）》，海南出版社 2008 年版。
103. 周尚文等：《苏联兴亡史》，上海人民出版社 1993 年版。
104. 陆南泉、姜长斌、徐葵：《苏联兴亡史论》，人民出版社 2002 年版。

105. 陆南泉、张础、陈义初：《苏联国民经济发展七十年》，机械工业出版社 1988 年版。

106. 沈志华主编：《一个大国的崛起与崩溃：苏联历史专题研究》，社会科学文献出版社 2009 年版。

107. 马恩列斯著作编译局：《苏共代表大会、代表会议和中央全会决议汇编》，人民出版社 1956 年版。

108. 赵锡琤：《苏联经济的调整与改革》，四川大学出版社 1988 年版。

109. ［美］马歇尔·戈德曼著，王寅通译：《戈尔巴乔夫面临的挑战：高技术时代的经济改革》，上海社会科学院出版社 1989 年版。

110. 刘绪贻：《美国通史——战后美国史 1945—2000》，人民出版社 2002 年版。

111. ［美］艾伦·布林克利著，邵旭东译：《美国史》，海南出版社 2014 年版。

112. ［美］斯坦利·L. 恩格尔曼著，高德步、王珏等译：《剑桥美国经济史（第一卷）：殖民地时期》，中国人民大学出版社 2008 年版。

113. ［美］斯坦利·L. 恩格尔曼著，高德步、王珏等译：《剑桥美国经济史（第二卷）：漫长的 19 世纪》，中国人民大学出版社 2008 年版。

114. ［美］斯坦利·L. 恩格尔曼著，高德步、王珏等译：《剑桥美国经济史（第三卷）：20 世纪》，中国人民大学出版社 2008 年版。

115. ［美］乔纳森·休斯、路易斯·凯恩著，邸小燕、邢露译：《美国经济史》，北京大学出版社 2011 年版。

116. ［美］福克纳著，王琨译：《美国经济史》，商务印书馆 1989 年版。

117. 陈海宏：《美国军事史》，长征出版社 1991 年版。

118. ［美］保罗·爱特伍德著，张敏、黄玲、冷雪峰译：《美国战争史：战争如何塑造美国》，新华出版社 2013 年版。

119. ［美］约翰·刘易斯·加迪斯著，潘亚玲译：《长和平——冷战史考察》，上海人民出版社 2019 年版。

120. ［美］理查德·尼克松著，朱佳穗、华棣、刘亚伟译：《1999：不战而胜》，长征出版社 1988 年版。

121. ［美］杰弗里·帕克著，傅景川译：《剑桥插图战争史》，山东画报出版社 2004 年版。

122. ［英］理查德·洛克卡特著，王振西译：《50 年战争》，新华出版社 2003 年版。

123. ［美］T. N. 杜普伊著，李志兴、严瑞池、王建华等译：《武器和战争的演变》，军事科学出版社 1985 年版。

124. ［古希腊］亚里士多德著，吴寿彭译：《政治学》，商务出版社 1983 年版。

125. ［古希腊］亚里士多德著，吴寿彭译：《形而上学》，商务出版社 1981 年版。

126. ［古希腊］亚里士多德著，吴寿彭译：《天象论宇宙论》，商务出版社 1999 年版。

127. ［古希腊］柏拉图著，张智仁、何勤华译：《法律篇》，上海人民出版社 2001 年版。

128. ［法］孟德斯鸠著，张雁深译：《论法的精神》，商务印书馆 1961 年版。

129. ［德］黑格尔著，王造时译：《历史哲学》，三联书店 1956 年版。

130. ［德］黑格尔著，张企泰等译：《法哲学原理》，商务印书馆 1961 年版。

131. ［德］康德著，邓晓芒译：《自然科学的形而上学基础》，三联书店 1988 年版。

132. 曾国凭、高亮华、刘立：《当代自然辨证法教程》，清华大学出版社 2005 年版。

133. 于光远等主编：《自然辩证法百科全书》，中国大百科全书出版社 1995 年版。

134. 徐治立主编：《自然辨证法概论》，北京航空航天大学出版社 2008 年版。

135. ［德］马克思、恩格斯著，中央编译局译：《马克思恩格斯全集》，人民出版社 1956 年版。

136. ［德］马克思、恩格斯著，中央编译局译：《马克思恩格斯选集》，人民出版社 2012 年版。

137. ［德］恩格斯著，于光远等译：《自然辩证法》，人民出版社 1984 年版。

138. ［德］恩格斯著，中央编译局译：《反杜林论》，人民出版社

1970 年版。

139. ［法］保罗·佩迪什著，蔡宗夏译：《古希腊人的地理学——古希腊地理学史》，商务印书馆 1983 年版。

140. ［苏］B. A. 阿努软著，李德美译：《地理学的理论问题》，商务印书馆 1994 年版。

141. ［美］A. T. 马汉著，安常容、成忠勤译：《海权对历史的影响 1660—1783》，解放军出版社 1998 年版。

142. ［英］哈尔福德·麦金德著，武源译：《民主的理想与现实》，商务印书馆 1965 年版。

143. ［英］哈尔福德·麦金德著，林尔蔚译：《历史的地理枢纽》，商务印书馆 1985 年版。

144. ［意］吉里奥·杜黑著，曹毅风译：《制空权》，解放军出版社 1986 年版。

145. 黄顺基：《科技革命影响论》，中国人民大学出版社 1997 年版。

146. 林今杜：《科技革命与当代中国的命运》，中国纺织出版社 1998 年版。

147. 冯宋彻：《科技革命与世界格局》，北京广播学院出版社 2003 年版。

148. 李景治：《新科技革命与剧变中的世界格局》，河北教育出版社 1993 年版。

149. 李景治：《科技革命与大国兴衰——科教兴国的历史思考》，华文出版社 2000 年版。

150. 金虎：《技术对国际政治的影响》，东北大学出版社 2004 年版。

151. 远德玉、陈昌曙：《论技术》，辽宁科学技术出版社 1986 年版。

152. ［美］乔治·巴萨拉著，周光发译：《技术发展简史》，复旦大学出版社 2000 年版。

153. ［美］托马斯·库恩著，金吾伦、胡新和译：《科学革命的范式》，北京大学出版社 2003 年版。

154. ［美］托马斯·库恩著，吴国盛、张东林译：《哥白尼革命——西方思想发展中的行星文学》，北京大学出版社 2003 年版。

155. ［苏］П. A. 拉契科夫著，韩秉成等译：《科学学：问题·结构·基本原理》，科学出版社 1984 年版。

156. ［美］李克特著，顾昕、张小天译：《科学是一种文化过程》，生活·读书·新知三联书店 1989 年版。

157. ［英］A. N. 怀特海著，何钦译：《科学与近代世界》，商务印书馆 1989 年版。

158. 于德惠、赵一明：《理性的光辉：科学技术与世界新格局》，湖南出版社 1992 年版。

159. 吴金明、李轶平、欧阳涛：《高科技经济》，国防科技大学出版社 2001 年版。

160. 韩汝玢、柯俊主编：《中国科学技术史（矿业卷）》，科学出版社 2007 年版。

161. ［英］查尔斯·辛格主编，辛元欧主译：《技术史第四卷——工业革命》，上海科技教育出版社 2004 年版。

162. ［美］杰里米·里夫金著，张体伟、孙豫宁译：《第三次工业革命》，中信出版社 2012 年版。

163. ［英］维克托·迈尔舍恩伯格、肯尼思·库克耶著，盛杨燕、周涛译：《大数据时代》，浙江人民出版社 2012 年版。

164. ［美］史蒂芬·卢奇、丹尼·科佩克著，王斌、王书鑫译：《人工智能》，人民邮电出版社 2023 年版。

（二）中文论文

1. 郭淑珍：《秦射远兵器有关问题综论》，《秦文化论丛》2006 年刊。

2. 郭淑珍：《从合金成分看秦俑坑青铜兵器的技术进步》，《秦文化论丛》2005 年刊。

3. 叶晔：《秦农业图景的考古学观察》，《秦始皇帝陵博物院》2018 年刊。

4. 李元：《秦土地改革运动论》，《求是学刊》1998 年第 4 期。

5. 张军、陈治国：《秦代兵器的生产和保管》，《秦文化论丛》2006 年刊。

6. 徐学书：《战国晚期官营冶铁工业初探》，《文博》1990 年第 2 期。

7. 林永昌、陈建立、种建荣：《论秦国铁器普及化与关中地区战国时期铁器流通模式》，《中国国家博物馆馆刊》2017 年第 3 期。

8. 陈洪：《从出土实物看秦国铁农具的生产制造及管理》，《农业考古》2017 年第 4 期。

9. 杨际平：《试论秦汉铁农具的推广程度》，《中国社会经济史研究》2001 年第 2 期。

10. 包明明、章梅芳、李晓岑：《秦汉时期铁制农具的统计与初步分析》，《广西民族大学学报》2011 年第 3 期。

11. 袁仲一：《秦青铜、冶铁技术发展情况概述》，《秦始皇帝陵博物院》2011 年刊。

12. 彭曦：《初论战国、秦汉两次水利建设高潮——兼说都江堰工程史》，《农业考古》1986 年第 1 期。

13. 贺润坤：《从云梦秦简〈日书〉看秦国的农业水利等有关状况》，《江汉考古》1992 年第 4 期。

14. 臧知非：《战国人口考实》，《安徽史学》1995 年第 4 期。

15. 王子今：《秦军事运输略论》，《秦始皇帝陵博物院》2013 年刊。

16. 滑宇翔：《〈史记〉"秦以牛田水通粮"新解》，《西安财经学院学报》2014 年第 3 期。

17. 蔚知：《我国古代川陕间的栈道》，《新华文摘》2010 年第 16 期。

18. 李令福：《论淤灌是中国农田水利发展史上的第一个重要阶段》，《中国农史》2006 年第 2 期。

19. 申茂盛：《秦长剑及相关问题讨论》，《秦文化论丛》2008 年刊。

20. 李秀珍等：《秦俑坑出土青铜弩机生产的标准化及相关劳动力组织》，《秦始皇帝陵博物院》2011 年刊。

21. 蒋文孝、邵文斌：《秦俑坑出土铜箭镞初步研究》，《秦文化论丛》2006 年刊。

22. 黄留珠：《秦客卿制度简论》，《史学集刊》1984 年第 3 期。

23. 杨光斌：《历史社会学视野下的"新教伦理与资本主义精神"》，《中国政治学》2018 年第 2 期。

24. 赵虹、田志勇：《英国工业革命时期工人阶级的生活水平——从实际工资的角度看》，《北京师范大学学报》（社会科学版）2003 年第 3 期。

25. 王逸舟：《试论科技进步对当代国际关系的影响》，《欧洲》1994 年第 1 期。

26. 冯江源：《高科技发展与当代国际政治的改组和转型》，《欧洲》1995 年第 2 期。

27. 蔡翠红：《国际关系中的网络政治及其治理困境》，《世界经济与政治》2011 年第 5 期。

28. 蔡翠红：《网络空间的中美关系：竞争、冲突与合作》，《美国研究》2012 年第 3 期。

29. 蔡翠红：《云时代数据主权概念及其运用前景》，《现代国际关系》2013 年第 12 期。

30. 蔡翠红：《新科技革命与国际秩序转型变革》，《人民论坛》2024 年第 4 期。

31. 沈逸：《后斯诺登时代全球网络空间治理》，《世界经济与政治》2014 年第 5 期。

32. 郑志龙、余丽：《互联网在国际政治中的“非中性”作用》，《政治学研究》2012 年第 4 期。

33. 余丽：《互联网对国际政治影响机理研究》，《国际安全研究》2013 年第 1 期。

34. 阎学通：《超越地缘战略思维》，《国际政治科学》2019 年第 4 期。

35. 阎学通：《道义现实主义的国际关系理论》，《国际问题研究》2014 年第 5 期。

36. 阎学通：《数字时代的中美战略竞争》，《世界政治研究》2019 年第二辑。

37. 阎学通：《美国遏制华为反映的国际竞争趋势》，《国际政治科学》2019 年第 2 期。

38. 蔡翠红：《大变局时代的技术霸权与“超级权力”悖论》，《人民论坛·学术前沿》2019 年第 14 期。

39. 任琳、黄宇韬：《技术与霸权兴衰的关系——国家与市场逻辑的博弈》，《世界经济与政治》2020 年第 5 期。

40. 黄琪轩：《世界技术变迁的国际政治经济学——大国权力竞争如何引发了技术革命》，《世界政治研究》2018 年第 1 辑。

41. 黄琪轩：《大国政治与技术进步》，《国际论坛》2009 年第 3 期。

42. 王逸舟：《霸权、秩序、规则》，《美国研究》1995 年第 2 期。

43. 梁启超：《科学精神与东西方文化》，《科学》第 7 卷。

44. 周雁翔：《拉瓦锡与化学革命》，《科学学与科学技术管理》1999 年第 8 期。

45. 胡志坚：《世界科学革命的趋势》，《科技中国》2019 年第 12 期。

46. 杨利华：《英国〈垄断法〉与现代专利法的关系探析》，《知识产权》2010 年第 4 期。

47. 张南：《英国工业革命中专利法的演进及其对我国的启示》，《当代法学》2019 年第 6 期。

48. 庄解忧：《英国工业革命时期人口的增长和分布的变化》，《厦门大学学报》1986 年第 3 期。

49. 金志霖：《论西欧行会的组织形式和本质特征》，《东北师大学报》（哲学社会科学版）2001 年第 5 期。

50. 耿淡如：《世界中世纪史原始资料选辑（九）》，《历史教学》1958 年第 6 期。

51. 杨杰：《英国农业革命与农业生产技术的变革》，《世界历史》1996 年第 5 期。

52. 王本涛：《英国海军“两强标准”政策探析》，《近现代国际关系史研究》2018 年第 2 期。

53. 关贵海：《科技因素对苏联经济的影响》，《当代世界与社会主义》2003 年第 5 期。

54. 许志新：《六十年代苏联军事战略的变化及其后果——防御性战略向进攻性战略的转变》，《苏联东欧问题》1986 年第 5 期。

55. 贺新闻、王艳、李同玉：《美国国防科技重大工程组织管理模式及其启示》，《中国工程科技论坛第 123 场——2011 国防科技工业科学发展论坛文集》2011 年。

56. 刘玉宝：《苏联第一颗原子弹成功研制的决定性因素分析——基于苏联核计划解密档案文献资料的研究》，《史学集刊》2018 年第 6 期。

57. 钟建平：《苏联核计划与核反应堆的研制》，《吉林大学社会科学学报》2019 年第 4 期。

58. 张广翔、张文华：《苏联核工业管理机构与核计划的推进（1945—1953）》，《史学月刊》2019 年第 9 期。

59. 王芳：《苏联在德国复原 V－2 火箭的机构与人才建设（1945—1946）》，载《自然科学史研究》2014 年第 1 期。

60. 王芳：《苏联对纳粹德国火箭技术的争斗（1944—1945）》，《自然科学史研究》2013 年第 4 期。

61. 安维复:《科技革命与苏联兴亡》,《当代社会主义问题》2000 年第 1 期。

62. [美] 班宁·加勒特、邦妮·格拉塞、许铁兵:《日益扩大的美苏技术差距及其战略意义》,《国际经济评论》1985 年第 5 期。

63. 李建中:《第四次科技革命与苏联解体》,《江苏行政学院学报》2001 年第 1 期。

64. 刘翰辰:《苏联高度集中的部门管理体制的形成与改革》,《苏联东欧问题》1985 年第 1 期。

65. 宁健强:《苏联科技体制的发展及其改革》,《今日苏联东欧》1987 年第 5 期。

66. 郭碧监:《从科学技术的投入和产出看美苏等国的基础研究》,《科学学研究》1986 年第 1 期。

67. 樊蔚勋:《科学技术改革即去苏联化》,《飞机设计》2011 年第 4 期。

68. 廖春发:《美苏 1957—1978 年历练发射次数统计》,《国外空间动态》1979 年第 10 期。

69. [日] 藤井治夫、丹东:《美苏核军备竞赛及核武器部署(上)》,《世界知识》1982 年第 11 期。

70. 郭广灿、陈以鹏、王琴:《量子计算机研究进展》,《南京邮电大学学报(自然科学版)》2020 年第 5 期。

71. 吴楠、宋方敏:《量子计算与量子计算机》,《计算机科学与探索》2007 年第 1 期。

72. 刘强、崔莉、陈海明:《物联网关键技术与应用》,《计算机科学》2010 年第 6 期。

73. 吴吉义、平玲娣、潘雪增:《云计算:从概念到平台》,《电信科学》2009 年第 12 期。

74. 杜传忠、陈维宣:《全球新一代信息技术标准竞争态势及中国的应对战略》,《社会科学战线》2019 年第 6 期。

75. 潘建伟:《更好推进我国量子科技发展》,《红旗文稿》2020 年第 23 期。

76. 张新民:《从新冠病毒疫苗研发看我国战略科技力量建设》,《中国科学院院刊》2021 年第 6 期。

77. 李巍、赵莉：《美国外资审查制度的变迁及其对中国的影响》，《国际展望》2019 年第 1 期。

78. 习近平：《加快建设科技强国，实现高水平科技自立自强》，《求是》2022 年第 5 期。

79. 习近平：《加强基础研究实现高水平科技自立自强》，《求是》2023 年第 15 期。

二、外文文献

（一）外文著作

1. Saul B. Cohen, "Geography and Politics in a World Divided," New York: Oxford University Press, 1973.

2. Kenneth N. Waltz, "Theory of International Politics," McGraw - Hill, 1979.

3. Barry R. Posen, "The Sources of Military Doctrine: France, Britain and Germany Between the World Wars," Cornell University Press, 1986.

4. Robert Gilpin, "War and Change in World Politics," Cambridge University Press, 1981.

5. Stephen M. Walt, "The Origins of Alliances," Cornell University Press, 1987.

6. John V. Granger, "Technology and International Relations," W. H. Freeman, 1979.

7. Ogburn W. F. , "Technology and International Relations," Univ. of Chicago Press, 1949.

8. Caryl P. Haskins, "The Scientific Revolution and World Politics," Harper and Row, 1964.

9. Victor Basiuk, "Technology, World Politics, and American Policy," Columbia University Press, 1977.

10. Geoffrey L . Herrera, "Technology and International Transformation: The Railroad, the Atom Bomb, and the Politics of Technological Change," New York: State University of New York Press, 2006.

11. Aaron L. Friedberg, "A Contest for Supremacy: China, America, and

the Struggle for Mastery in Asia," Norton, 2011.

12. C. K. Webster, "British Diplomacy 1813 – 1815: Select Documents Dealing with the Reconstruction of Europe," G. Bell, 1931.

13. Thomas J. Schlereth, "Material culture studies in America," Nashville, American Association for State and Local History, 1982.

14. Wolpert, Lewis, "The Unnatural Nature of Science," Faber and Faber, 1992.

15. Elhanan Helpman, "The Mystery of Economic Growth," Harvard University Press, 2004.

16. Deane Phyllis, "The First Industrial Revolution," Cambridge University Press, 1979.

17. Paul M. Hohenberg and Frederick Krantz, "Failed Transitions to Modern Industrial Society: Renaissance Italy and Seventeenth Century Holland," Interuniversity Centre for European Studies, 1975.

18. Christine Macleod, "Inventing the Industrial Revolution—The English Patent System, 1660 – 1800," Cambridge University Press, 1988.

19. T. S. Ashton, "The Industrial Revolution, 1760 – 1830," Oxford University Press, 1948.

20. Harold Irvin Dutton, "The Patent System and Inventive Activity during the Industrial revolution 1750 – 1852," Manchester University Press, 1984.

21. Phillip Johnson, "Parliament, Inventions and Patents: A Research Guide and Bibliography," Routledge, 2018.

22. Harold Perkin, "The Origin of Modern English Society," Routledge and Kegan Paul, 1969.

23. Joel Mokyr, "The British industrial revolution: An Economic Perspective," Westview Press, 1993.

24. Ellison Thomas, "The Cotton Trade of Great Britain," Kelley, 1968.

25. James Mavor, "An Economic History Of Russia," E. P. Dutton and Company, 1925.

26. Davies K. G. , "The North Atlantic World in the Seventeenth Century," University of Minnesota Press, 1974.

27. Roy C. Cave and Herbert H. Coulson, "A Source Book for Medieval E-

conomic History," Biblo and Tannen, 1965.

28. J. Malet Lambert, "Two Thousand Years of Gild Life," A. Brown & Sons, 1891.

29. H. J. Habakkuk and M. Postan, "The Cambridge Economic History of Europe. Volume VI, The Industrial Revolutions and After: Incomes, Population and Technological Change," Cambridge University Press, 1978.

30. Stella Kramer, "The English Craft Gilds," Columbia University Press, 1927.

31. Michel Beaud, "A History of Capitalism, 1500 – 1800," Palgrave Macmillan, 1984.

32. George Unwin, "The Gilds and Companies of London," Frank Cass Company Ltd, 1963.

33. Fernand Braudel, "Civilization and Capitalism, 15th – 18th Century, III: The Perspctive of the World," Harper &Row, 1984.

34. Hicks John, "A Theory of Economic History," Clarendon Press, 1969.

35. Charles Wilson and Geoffrey Parker, "An Introduction to the Sources of European Economic History 1500 – 1800," Cornell University Press, 1977.

36. Mantoux P., "The Industrial In the Eighteenth Century," Jonathan Cape, 1928.

37. L. S. Stavrianos, "The World Since 1500: A Global History," Prentice – Hall, 1971.

38. Deane Phyllis and Cole W. A., "British Economic Grows, 1688 – 1959," Cambridge University Press, 1967.

39. Alfred Thayer Mahan, "The Influence of Sea Power upon the French Revolution and Empire, 1793 – 1812," Cambridge University Press, 2010.

40. G. E. Mingay, "The Agrarian History of England and Wales, Volume VI: 1750 – 1850," Cambridge University Press, 1989.

41. Broadberry S. and O'Rourke K. H., "The Cambridge Economic History of Modern Europe, Volume 1: 1700 – 1870," Cambridge University Press, 2010.

42. D. H. Aldcroft and M. J. Freeman, "Transport in the Industrial Revolu-

tion," Manchester University Press, 1983.

43. P. J. Marshall, "The Oxford History of British Empire, Vol. II: The Eighteenth Century," Oxford University Press, 1998.

44. D. C. Coleman, "The Economy of England 1450 – 1750," Oxford University Press, 1977.

45. Ellman Michael, "Socialist Planning," Cambridge University Press, 1979.

46. P. J. Cain and A. G. Hopkins, "British Imperialism, 1688 – 2000," Pearson Education Ltd. , 2002.

（二）外文论文

1. Colin S. Gray, "In Defence of the Heartland: Sir Halford Mackinder and His Critics a Hundred Years On," Comparative Strategy, Vol. 23, No. 1, 2004.

2. Douglass C. North and Robert Paul Thomas, "An Economic Theory of the Growth of the Western World," The Economic History Review, Vol. 23, No. 1, 1970.

3. Douglass C. North and Robert Paul Thomas, "The Rise and Fall of the Manorial System: A Theoretical Model," The Journal of Economic History, Vol. 31, No. 4, 1971.

4. Qin Yaqing, "Continuity through Change: Background Knowledge and China's International Strategy," The ChineseJournal of International Politics, Vol. 7, No. 3, 2014.

5. Robert Jervis, "Cooperation under the Security Dilemma," World Politics, Vol. 30, No. 2, 1978.

6. Stephen Van Evera, "Primed for Peace: Europe after the Cold War," International Security, Vol. 15, No. 3, Winter, 1990/1991.

7. John Ruggie, "International Responses to Technology: Concepts and trends," International Organization, Vol. 29, No. 3, Summer, 1975.

8. Wendt Alexander, "Why a world state is inevitable: teleology and the logic of anarchy," European Journal of International Relations, Vol. 9, No. 4, 2003.

9. Robert Gilpin, “Technological Strategies and National Purpose: Domestic and Foreign Developments Necessitate a New Relationship,” Science, Vol. 169, No. 3944, 1970.

10. Charles Weiss, “Science Technology and International Relations,” Technology in Society, Vol. 27, Issue 3, August 2005.

11. Drezner D. W., “Technological Change and International Relations,” International Relations, Vol. 33, Issue 2, 2019.

12. Elise S. Brezis, Paul R. Krugman, Daniel Tsiddon, “Leapfrogging in International Competition: A Theory of Cycles in National Technological Leadership,” The American Economic Review, Vol. 83, No. 5, 1993.

13. Mark Zachary Taylor, “An International Relations Theory of Technological Change,” SSRN Electronic Journal, July 2005.

14. Jon Schmid, Matthew Brummer, and Mark Zachary Taylor, “Innovation and Alliances,” Review of Policy Research, Vol. 34, issue 5, 2017.

15. David S. Landes, “Why Europe and the West? Why Not China?” Journal of Economic Perspectives, Vol. 20, No. 2, 2006.

16. Kenneth N. Waltz, “The Spread of Nuclear Weapons: Why More May Be Better,” Adelphi Papers, No. 171, International Institute for Strategic Studies, 1981.

17. Carina Meyn, “Realism for Nuclear – Policy Wonks,” The Nonproliferation Review, Vol. 25, No. 1 – 2, 2018.

18. Charles P. Kindleberger, “Dominance and Leadership in the International economy—Exploitation, Public Goods, and Free Rides,” International Studies Quarterly, Vol. 25, No. 2, 1981.

19. Charles Weiss, “How Do Science and Technology Affect International Affairs?” Minerva, Vol. 53, No. 4, 2015.

20. Wolfgang Keller, “International Technology Diffusion,” Journal of Economic Literature, Vol. 42, No. 3, 2004.

21. Andre Gunder Frank, “The Development of Underdevelopment,” Monthly Review, Vol. 18, 1966.

22. Dan Bogart, Gary Richardson, “Property Rights and Parliament in Industrializing Britain,” The Journal of Law and Economic, Vol. 54, No. 2, 2011.

23. Chamber J. D. , "Industrialization as a Factor in Economic Growth in England, 1700 - 1900," First International Conference of Economic History, Stockholm, August 1960.

24. Kenneth Waltz, "The Emerging Structure of International Politics," International Security, Vol. 18, No. 2, 1993.

25. Paul Benioff, "The computer as a physical system: A microscopic quantum mechanical Hamiltonian model of computers as represented by Turing machines," Journal of Statal Physics, Vol. 22, No. 5, 1980.

26. Feynman R. P. , "Simulating physics with computers," International Journal of Theoretical Physics, Vol. 21, No. 6, 1982.

27. Joel Mokyr, "Technological Inertia in Economic History," The Journal of Economic History, Vol. 52, Issue 2, 1992.

28. David Landes, "Why Europe and the West? Why Not China," Journal of Economic Perspectives, Vol. 20, 2006.

29. Dieter Ernst, "Global Production Networks and the Changing Geography of Innovation Systems: Implications for Developing Countries," Economics of Innovation and New Technologies, Vol. 11, No. 6, 2002.

三、研究报告（政府文件）

1. MADDISONA, "The World Economy. Volume2: Historical Statistics," Paris: Development Centre Studies - OECD, 2006, https://www.stat.berkeley.edu/~aldous/157/Papers/world_economy.pdf.

2. SLAVIC RESEARCH CENTER, "Soviet Economic Statistical Series (2012)," Hokkaido: University of Hokkaido, March 2012, http://src-h.slav.hokudai.ac.jp/database/SESS.html#USSR-S7.

3. Vladimir Popov, "Life cycle of the centrally planned economy: why soviet growth rates peaked in the 1950's," Warsaw, May 2006, https://www.econstor.eu/bitstream/10419/140738/1/514548398.pdf.

4. UC Berkeley Reliable Adaptive Distributed Systems Laboratory, "Above the clouds: A berkeley view of cloud computing," February 10, 2009, https://www2.eecs.berkeley.edu/Pubs/TechRpts/2009/EECS-2009-28.pdf.

5. US Department of defense, "Summary of the 2018 department of defense artificial intelligence strategy," February 2019, https://media.defense.gov/2019/Feb/12/2002088963/-1/-1/1/SUMMARY-OF-DOD-AI-STRATEGY.PDF.

6. U.S. Defense Innovation Board, "The 5G Ecosystem: Risks & Opportunities for DoD," April 3, 2019, https://media.defense.gov/2019/Apr/03/2002109302/-1/-1/0/DIB_5G_STUDY_04.03.19.PDF.

7. IHS Markit, "The 5G Economy in a Post-COVID-19 Era-The role of 5G in a post-pandemic world economy," November 2020, https://www.qualcomm.com/media/documents/files/the-5g-economy-in-a-post-covid-19-era-report.pdf.

8. Mckinsey Global Institute, "Notes from the frontier: Modeling the impact of AI on the world economy," September 2018, https://www.mckinsey.com/~/media/McKinsey/Featured%20Insights/Artificial%20Intelligence/Notes%20from%20the%20frontier%20Modeling%20the%20impact%20of%20AI%20on%20the%20world%20economy/MGI-Notes-from-the-AI-frontier-Modeling-the-impact-of-AI-on-the-world-economy-September-2018.ashx.

9. Greg Allen and Taniel Chan, "Artificial Intelligence and National Security," Belfer Center for Science and International Affairs, Harvard Kennedy School, July 2017, https://www.statewatch.org/media/documents/news/2017/jul/usa-belfer-center-national-security-and-ai-report.pdf.

10. U.S. Defense Innovation Board, "The 5G Ecosystem: Risks & Opportunities for DoD," April 3, 2019, https://media.defense.gov/2019/Apr/03/2002109302/-1/-1/0/DIB_5G_STUDY_04.03.19.PDF.

11. Milo Medin and Gilman Louie, "THE 5G ECOSYSTEM: RISKS & OPPORTUNITIES FOR DoD," Defence Innovation Board, April 2019, https://media.defense.gov/2019/Apr/03/2002109302/-1/-1/0/DIB_5G_STUDY_04.03.19.PDF.

12. Anand S. Rao and Gerard Verwei, "Sizing the Prize: What's the real value of AI for your business and how can you capitalise?" PricewaterhouseCoopers LLP, June 2017, http://preview.thenewsmarket.com/Previews/PWC/

DocumentAssets/476830. pdf.

13. IPLytics, "Who is leading the 5G patent race? A patent landscape analysis on declared SEPs and standards contributions," February 2021, https: //www. iplytics. com/wp – content/uploads/2021/02/Who – Leads – the – 5G – Patent – Race_February –2021. pdf.

14. The White House, "America Will Dominate the Industries of the Future," February 7, 2019, https: //www. whitehouse. gov/briefings – statements/america – will – dominate – industries – future/.

15. The White House, "Maintaining American Leadership in Artificial Intelligence," February 11, 2019, https: //www. whitehouse. gov/presidential – actions/executive – order – maintaining – american – leadership – artificial – intelligence/.

16. U. S. Department of Defense, "Summary of the 2018 department of defense artificial intelligence strategy," February 2019, https: //media. defense. gov/2019/Feb/12/2002088963/ – 1/ – 1/1/SUMMARY – OF – DOD – AI – STRATEGY. PDF.

17. U. S. Defense Innovation Board, "The 5G Ecosystem: Risks & Opportunities for DoD," April 3, 2019, https: //media. defense. gov/2019/Apr/03/2002109302/ –1/ –1/0/DIB_5G_STUDY_04. 03. 19. PDF.

18. Kelley M. Sayler, "Artificial Intelligence and National Security," Congressional Research Service, August 26, 2020, https: //crsreports. congress. gov/product/pdf/R/R45178/9.

19. The White House, "The National Security Strategy of the United States of America," September 17, 2002, http: / / nssarchive. us / NSSR /2002. pdf.

20. The White House, "The National Security Strategy of the United States of America," March 16, 2006, http: / / nssarchive. us / NSSR/2006. pdf.

21. The White House, "National Security Strategy," May 27, 2010, https: / / nssarchive. us /NSSR/2010. pfd /.

22. The White House, "National Security Strategy of the United States of America," December 18, 2017, https: //trumpwhitehouse. archives. gov/wp – content/uploads/2017/12/NSS – Final – 12 – 18 –2017 –0905. pdf.

23. The White House, "United States Strategic Approach to The People's

Republic of China," May 20, 2020, https://www.whitehouse.gov/wp-content/uploads/2020/05/U.S.-Strategic-Approach-to-The-Peoples-Republic-of-China-Report-5.20.20.pdf.

24. The White House, "Interim National Security Strategic Guidance," March 2021, https://www.whitehouse.gov/wp-content/uploads/2021/03/NSC-1v2.pdf.

25. The White House, "Executive Order on Securing the Information and Communications Technology and Services Supply Chain," May 15, 2019, https://www.whitehouse.gov/presidential-actions/executive-order-securing-information-communications-technology-services-supply-chain/.

26. U.S. Industry and Security Bureau, "Addition of Certain Entities and Modification of Entry on the Entity List," August 1, 2018, https://www.federalregister.gov/documents/2018/08/01/2018-16474/addition-of-certain-entities-and-modification-of-entry-on-the-entity-list.

27. U.S. Department of Commerce, "Department of Commerce Announces the Addition of Huawei Technologies Co. Ltd. to the Entity List," May 15, 2019, https://www.commerce.gov/news/press-releases/2019/05/department-commerce-announces-addition-huawei-technologies-co-ltd.

28. U.S. Industry and Security Bureau, "Addition of Certain Entities to the Entity List," October 9, 2019, https://www.federalregister.gov/documents/2019/10/09/2019-22210/addition-of-certain-entities-to-the-entity-list.

29. The White House, "Proclamation on the Suspension of Entry as Nonimmigrants of Certain Students and Researchers from the People's Republic of China," May 29, 2020, https://www.whitehouse.gov/presidential-actions/proclamation-suspension-entry-nonimmigrants-certain-students-researchers-peoples-republic-china/.

30. U.S. Department of Commerce, "Commerce Department to Add Two Dozen Chinese Companies with Ties to WMD and Military Activities to the Entity List," May 22, 2020, https://www.commerce.gov/news/press-releases/2020/05/commerce-department-add-two-dozen-chinese-companies-ties-wmd-and.

31. Bruno Lanvin and Felipe Monteiro, "2020 Global Talent Competitiveness Index," The Adecco Group, Jan. 2020, https://gtcistudy.com/wp-content/uploads/2020/01/GTCI-2020-Report.pdf.

32. Tim Studt, "2021 Global R&D Funding Forecast released," February 22, 2021, https://www.rdworldonline.com/2021-global-rd-funding-forecast-released/.

四、网络资源

1. 习近平：《加快建设科技强国 实现高水平科技自立自强》，新华网，2022 年 4 月 30 日，http://www.xinhuanet.com/politics/2022-04/30/c_1128611928.htm。

2. 《把科技的命脉牢牢掌握在自己手中 不断提升我国发展独立性自主性安全性》，光明网，2022 年 6 月 30 日，http://epaper.gmw.cn/gmrb/html/2022-06/30/nw.D110000gmrb_20220630_1-01.htm。

3. 《加快形成新质生产力，建设现代化产业体系》，新华网，2024 年 3 月 11 日，http://www.xinhuanet.com/politics/20240311/6eb1469b19904dcb8c1fb51c35f1bb6c/c.html。

4. 《2023 年电子信息制造业运行情况》，中华人民共和国工业与信息化部网站，2024 年 1 月 30 日，https://www.miit.gov.cn/gxsj/tjfx/dzxx/art/2024/art_973024044030402ab5e742405126bc9e.html。

5. 《2022 年全国科技经费投入统计公报》，国家统计局网站，2023 年 9 月 18 日，https://www.stats.gov.cn/sj/zxfb/202309/t20230918_1942920.html。

6. Oriana Pawlyk, "Rise of the Machines: AI Algorithm Beats F-16 Pilot in Dogfight," Military, August 24, 2020, https://www.military.com/daily-news/2020/08/24/f-16-pilot-just-lost-algorithm-dogfight.html.

7. Times Higher Education, "World University Rankings 2023," October 27, 2022, https://www.timeshighereducation.com/world-university-rankings/2023/subject-ranking/education#!/page/0/length/25/locations/CAN/sort_by/rank/sort_order/asc/cols/scores.

8. Berkeley News, "Reaffirming our support for Berkeley's international

community," February 21, 2019, https: //news. berkeley. edu/2019/02/21/reaffirming – our – support – for – berkeleys – international – community/.

9. Zhong H. S. , Wang H. , Deng Y. H. , "Quantum computational advantage using photons," Science, December 2, 2020, https: //science. sciencemag. org/content/early/2020/12/02/science. abe8770. full.

10. Amy Burke, Abigail Okrent and Katherine Hale, "The State of U. S. Science and Engineering 2022," National Science Foundation, January 18, 2022, https: //ncses. nsf. gov/pubs/nsb20221/u – s – and – global – researc h – and – development.

11. Steven Deitz and Christina Freyman, "The State of U. S. Science and Engineering 2024," The National Science Board, March 13, 2024, https: //ncses. nsf. gov/pubs/nsb20243/introduction.

图书在版编目（CIP）数据

技术赋能与国家实力转化研究 / 张庭珲著. -- 北京 : 时事出版社，2024. 12. -- ISBN 978-7-5195-0628-5

Ⅰ. N12

中国国家版本馆 CIP 数据核字第 2024PH3240 号

出版发行：时事出版社

地　　址：北京市海淀区彰化路 138 号西荣阁 B 座 G2 层

邮　　编：100097

发行热线：（010）88869831　88869832

传　　真：（010）88869875

电子邮箱：shishichubanshe@sina.com

印　　刷：北京良义印刷科技有限公司

开本：787×1092　1/16　印张：18　字数：314 千字

2024 年 12 月第 1 版　2024 年 12 月第 1 次印刷

定价：178.00 元